# 现代畜牧理论与发展研究

丁伟言 朱晓文 青 易 著

东北林业大学出版社
Northeast Forestry University Press
·哈尔滨·

**版权专有　侵权必究**

**举报电话：0451-82113295**

---

图书在版编目（CIP）数据

现代畜牧理论与发展研究 / 丁伟言，朱晓文，青易著. -- 哈尔滨：东北林业大学出版社，2025.1.
ISBN 978-7-5674-3756-2

Ⅰ.S8

中国国家版本馆 CIP 数据核字第 2025L530F9 号

---

责任编辑：王　莹
封面设计：文　亮
出版发行：东北林业大学出版社
　　　　　（哈尔滨市香坊区哈平六道街 6 号　邮编：150040）
印　　装：河北昌联印刷有限公司
开　　本：787 mm × 1092 mm　1/16
印　　张：16.5
字　　数：270 千字
版　　次：2025 年 1 月第 1 版
印　　次：2025 年 1 月第 1 次印刷
书　　号：ISBN 978-7-5674-3756-2
定　　价：85.00 元

---

如发现印装质量问题，请与出版社联系调换。（电话：0451-82113296　82191620）

# 前　言

在人类社会发展的历史长河中，畜牧业作为农业的重要组成部分，一直扮演着举足轻重的角色。它不仅是人类食物链中的重要一环，提供了丰富的肉、蛋、奶等营养食品，还是农业生产体系中不可或缺的组成部分，对于促进农村经济发展、增加农民收入、维护生态平衡等方面具有重要意义。随着科技的进步和时代的发展，现代畜牧理论与发展研究日益成为学术界和实践领域关注的焦点。

本书是一部全面介绍现代畜牧业理论与实践的著作，从现代畜牧业的概念、特点、发展历程以及地位、作用入手，深入剖析了畜牧业生产的基本理论、遗传育种与繁殖、饲料与营养、市场营销、可持续发展以及智能化技术应用等多个方面。书中不仅详细阐述了畜牧业生产的基本原理、经济效益分析、资源配置及环境影响等基础理论，还着重介绍了畜牧动物遗传育种、饲料配方设计与加工、市场营销策略制定等实用技术。同时，本书还关注了畜牧业的可持续发展和智能化技术应用，探讨了资源高效利用、生态环境保护、智能监测技术、精准养殖技术等前沿话题。本书内容丰富、结构清晰，旨在为畜牧业从业者、研究人员及学生提供一本全面、系统的参考书籍，推动现代畜牧业的健康、快速发展。

现代畜牧理论的发展与研究是一个复杂而系统的过程，它涉及多个学科领域的知识和技术手段。本书仅从现代畜牧理论的兴起背景、核心内容、面临的挑战以及未来发展趋势等方面进行了初步探讨和分析。然而，随着科技的不断进步和市场的不断变化，现代畜牧理论的研究和实践仍将继续深入和完善。我们期待在未来的研究和实践中能够涌现出更多具有创新性和实用性的理论成果和实践经验，为畜牧业的可持续发展贡献智慧和力量。同时，我们也希望广大畜牧业者能够积极学习和应用现代畜牧理论和技术手段，不断提升自身的专业素养和管理水平，为推动畜牧业的转型升级和高质量发展做出更大的贡献。

由于笔者水平有限，本书难免存在不足之处，敬请广大学界同仁与读者朋友批评指正。

丁伟言　朱晓文　青　易<br>2024 年 10 月

# 目 录

## 第一章 现代畜牧业概述 ... 1
### 第一节 现代畜牧业的概念 ... 1
### 第二节 现代畜牧业的特点 ... 8
### 第三节 现代畜牧业的发展历程 ... 14
### 第四节 现代畜牧业的地位与作用 ... 21

## 第二章 畜牧业生产的基本理论 ... 29
### 第一节 畜牧业生产的基本原理 ... 29
### 第二节 畜牧业生产的经济效益分析 ... 37
### 第三节 畜牧业生产的资源配置 ... 44
### 第四节 畜牧业生产的环境影响 ... 51

## 第三章 畜牧业遗传育种与繁殖 ... 58
### 第一节 畜牧动物遗传育种的基本原理 ... 58
### 第二节 畜牧动物的遗传改良方法 ... 65
### 第三节 畜牧动物的繁殖技术 ... 72
### 第四节 畜牧动物的繁殖管理与疾病防控 ... 80
### 第五节 畜牧动物遗传资源的保护与利用 ... 88

## 第四章 畜牧业饲料与营养 ... 97
### 第一节 畜牧业饲料的种类 ... 97
### 第二节 畜牧业饲料的特点 ... 106

第三节　畜牧业饲料的营养价值与评估 ............ 114
　　第四节　畜牧业饲料的配方设计与加工 ............ 121
　　第五节　畜牧业饲料的安全与质量控制 ............ 129
　　第六节　畜牧业饲料资源的开发与利用 ............ 137

## 第五章　畜牧业市场营销 ............ 146

　　第一节　市场分析与定位 ............ 146
　　第二节　品牌建设与推广 ............ 155
　　第三节　销售渠道拓展 ............ 163
　　第四节　客户关系管理 ............ 171
　　第五节　营销策略制定 ............ 178

## 第六章　畜牧业可持续发展 ............ 186

　　第一节　可持续发展理念 ............ 186
　　第二节　资源高效利用 ............ 194
　　第三节　生态环境保护 ............ 201
　　第四节　社会经济效益 ............ 208

## 第七章　畜牧业智能化技术应用 ............ 216

　　第一节　智能监测技术 ............ 216
　　第二节　精准养殖技术 ............ 224
　　第三节　自动化管理技术 ............ 231
　　第四节　物联网应用 ............ 239
　　第五节　大数据分析与决策 ............ 247

## 参考文献 ............ 255

# 第一章　现代畜牧业概述

## 第一节　现代畜牧业的概念

### 一、现代畜牧业

#### （一）现代畜牧业的核心

现代畜牧业的核心在于其广泛的科技应用。它不仅仅是对传统养殖模式的简单放大，还将现代生物技术、信息技术、自动化技术深度融合到畜禽养殖的各个环节中。通过基因编辑技术，培育出适应性强、生长速度快、肉质优良的新品种；利用物联网技术，实时监测养殖环境，包括温度、湿度、空气质量等，确保畜禽生活在最适宜的环境中，减少疾病发生；自动化喂养系统和环境控制系统则大大减轻了人工劳动强度，提高了生产效率。此外，大数据分析的应用，使得饲料配方更加精准，营养管理更加科学，进一步提升了畜禽的健康水平和生产性能。

#### （二）规模化与集约化养殖模式

现代畜牧业强调规模化与集约化生产，这是提高生产效率、降低成本、增强市场竞争力的关键。规模化养殖意味着养殖数量的显著增加，通过大型养殖场或养殖小区的形式，实现资源的有效整合和高效利用。集约化则体现在对养殖过程的精细化管理上，包括养殖密度的合理控制、饲料转化率的提升、废弃物处理与资源化利用等，旨在以最少的资源消耗获得最大的产出效益。这种养殖模式不仅提高了单位面积的产量，还有助于减少环境污染，从而实现可持续发展。

### （三）标准化管理与质量追溯

现代畜牧业注重标准化管理，从养殖环境、饲料选择、疫病防控到产品加工、包装、运输，都有严格的规范和标准。这有助于确保畜产品的安全性和质量稳定性，满足消费者对高品质食品的需求。同时，建立完善的质量追溯体系，使得每一批产品都能追踪到其来源、生产过程及质量检测记录，增强了消费者对产品的信任度，也为行业自律和监管提供了有力支持。标准化管理和质量追溯体系的建设，是现代畜牧业向高端市场迈进的重要基石。

### （四）环保理念与可持续发展

现代畜牧业在追求经济效益的同时，也高度重视环境保护与可持续发展。通过推广生态养殖模式，如循环利用养殖废水、粪便作为有机肥料，减少化肥使用，既解决了养殖污染问题，又促进了农业生态系统的良性循环。同时，注重节能减排，采用节能型养殖设施，减少能源消耗和温室气体排放。此外，加强对病死畜禽的无害化处理，防止疾病传播和环境污染，体现了现代畜牧业对社会责任的担当。通过这些措施，现代畜牧业在保障食品安全和供给的同时，也为保护生态环境、促进人与自然和谐共生做出了贡献。

现代畜牧业是一个集高科技应用、规模化生产、标准化管理、环保理念于一体的新型产业形态。它不仅提升了畜牧业的整体竞争力，也为保障国家粮食安全、促进农民增收、推动农业绿色发展提供了重要支撑。

## 二、现代畜牧业的技术支撑

### （一）生物技术革新畜牧业

现代畜牧业深深植根于生物技术的快速发展之中。基因编辑技术的引入，使得培育抗逆性强、生长速度快、肉质优良的畜禽品种成为可能。通过精准地修改动物基因，科学家能够提升动物的健康水平，减少疾病发生率，从而大幅提高生产效率。同时，生物技术在饲料开发上也展现出巨大潜力，利用微生物发酵技术，可以转化非传统饲料资源为高质量蛋白源，不仅拓宽了饲料来源，还减少了对生态环境的压力。此外，生殖生物技术的进步，如胚胎移植、性别控制等，进一步优化了繁殖过程，确保了畜群遗传品质的稳定提升。

## （二）信息技术赋能智慧养殖

信息技术的广泛应用，标志着现代畜牧业正在向智能化、精准化方向迈进。物联网技术通过传感器网络，实时监测畜禽的生长环境、健康状况及生产性能，数据即时上传至云端，经大数据分析后，为管理者提供科学的决策支持。智能穿戴设备的应用，能够连续监测动物的体温、活动量等生理指标，及时发现异常情况，预防疾病发生。而基于人工智能的图像识别技术，则能在畜禽个体识别、行为分析等方面发挥重要作用，有助于优化饲养管理和疾病防控策略。这些信息技术的集成应用，不仅提高了生产效率，还极大地降低了人力成本，实现了养殖业的精细化管理。

## （三）营养学促进健康养殖

现代畜牧业高度重视营养学的应用，强调平衡、科学的饲料配方对提升动物健康和生产性能的重要性。通过对饲料原料的营养成分进行精确测定，结合动物不同生长阶段的需求，定制个性化饲料配方，既能满足动物生长所需，又能避免营养过剩造成的浪费和环境污染。此外，功能性添加剂的研究与应用，如益生菌、酶制剂等，有助于改善动物肠道健康，提高免疫力，减少抗生素的使用，促进了绿色、健康的养殖模式发展。营养学的深入实践，不仅提升了动物产品的品质，也推动了畜牧业向可持续发展方向转型。

## （四）兽医学保障动物健康

现代畜牧业的快速发展离不开兽医学的坚实支撑。随着疫苗研发技术的进步，多种高效、安全的疫苗被广泛用于预防畜禽传染病，有效控制了疾病的传播，保障了养殖业的稳定生产。同时，兽医学在疾病诊断与治疗上也取得了显著进展，如分子生物学诊断技术能在早期快速准确地识别病原体，为及时干预提供了可能。此外，兽医临床技术的不断创新，如外科手术技术的精细化、疼痛管理的科学化，进一步提升了动物福利，减少了治疗过程中的痛苦。兽医学领域的持续进步，不仅保障了动物健康，也为提高畜牧业整体竞争力提供了有力保障。

现代畜牧业通过生物技术、信息技术、营养学和兽医学等多学科的综合应用，实现了从传统养殖向高效、环保、可持续方向的转型升级。这些技术支撑不仅提升了畜牧业的生产效率和产品质量，也为解决资源约束、环境保护等挑战提供了新途径，推动了畜牧业向更加智能化、精细化的方向发展。

## 三、现代畜牧业的经营模式

### （一）家庭农场模式的发展

现代畜牧业中，家庭农场作为一种重要的经营模式，展现出了独特的生命力。家庭农场通常以家庭为单位，拥有一定数量的土地和养殖设施，通过精细化的管理和科学的饲养技术，实现畜牧产品的优质高效生产。这种模式注重资源的循环利用和环境的可持续发展，如采用有机肥料、生物防治等手段，减少了对环境的污染。家庭农场还强调与周边社区的互动，通过提供新鲜、健康的畜牧产品，增强了消费者对本地农产品的信任度和满意度。随着科技的进步，家庭农场也逐步引入智能化设备，如自动喂食系统、环境监测系统等，提高了生产效率和产品质量。

### （二）合作社模式的协同优势

合作社是现代畜牧业中另一种常见的经营模式，它通过集合众多小规模养殖户的力量，形成规模经济效应，降低生产成本，提高市场竞争力。合作社通常提供技术培训、市场信息、销售渠道等全方位服务，帮助成员提升养殖技能和市场应对能力。此外，合作社还能有效整合资源，如共同采购饲料、疫苗等生产资料，享受更优惠的价格。在销售环节，合作社通过品牌建设、网络营销等手段，拓宽了销售渠道，提升了产品的附加值。合作社模式还促进了养殖户之间的交流与合作，形成了良好的行业氛围，有助于畜牧业的健康稳定发展。

### （三）大型企业模式的规模化运营

大型企业模式在现代畜牧业中占据着举足轻重的地位。这些企业通常拥有先进的生产设备、完善的管理体系和强大的技术研发能力，能够实现畜牧产品的规模化、标准化生产。大型企业注重产业链的整合与优化，从饲料加工、养殖管理到屠宰加工、物流配送，每个环节都严格控制，确保了产品的安全性和品质的一致性。同时，大型企业还积极探索循环经济模式，如将养殖废弃物转化为有机肥料或生物能源，既解决了环境污染问题，又创造了新的经济增长点。在市场营销方面，大型企业通过多元化的营销策略，如线上线下结合、定制化服务等，满足了不同消费者的需求，提升了品牌影响力和市场份额。

## （四）产业链整合与协同发展

现代畜牧业的发展离不开产业链的整合与协同发展。无论是家庭农场、合作社还是大型企业，都在积极探索与上下游企业的合作，形成紧密的产业链关系。在上游，通过与饲料生产商、种畜禽繁育企业的合作，确保了原料的质量和供应的稳定性；在下游，通过与食品加工企业、零售终端的合作，拓宽了销售渠道，提高了产品的附加值。此外，产业链各环节之间的信息共享和协同创新，促进了技术进步和产业升级，提高了整个行业的竞争力。这种协同发展模式不仅提升了畜牧业的生产效率和质量，还促进了农业、工业、服务业的深度融合，进而推动了农村经济的多元化发展。

## 四、现代畜牧业的产品导向

现代畜牧业以满足市场对高品质畜禽产品的需求为核心导向。随着生活水平的提高，消费者对食品的要求不再仅仅局限于饱腹，而是更加注重营养、口感和安全性。

### （一）优化养殖技术

现代畜牧业通过优化养殖技术，提高畜禽的生长速度和肉质品质，确保产品富含优质蛋白质、维生素和矿物质，满足消费者对营养价值的追求。同时，通过科学的饲料配比和养殖管理，减少药物残留和激素使用，确保产品安全无害，让消费者吃得放心。

### （二）安全追溯体系的建立

为了保障畜禽产品的安全性，现代畜牧业建立了完善的安全追溯体系。从养殖源头开始，对每一只畜禽进行标识和记录，包括其品种、出生日期、饲养环境、饲料来源、疫苗接种、疾病治疗等信息。这些信息通过信息化手段进行存储和管理，形成完整的产品档案。当产品进入市场后，消费者可以通过扫描产品包装上的二维码或输入相关信息，轻松查询到产品的全部生产过程和检验报告，确保所购买的畜禽产品来源可靠、质量有保障。

### （三）健康养殖理念的推广

现代畜牧业倡导健康养殖理念，注重畜禽的福利和健康状况。通过改善养殖环境，提供适宜的温度、湿度和光照条件，减少应激因素，提高畜禽的免疫力。同时，采用科学的饲养方法，如定时定量喂食、合理搭配饲料等，确保畜禽获得均衡的营养摄入。此外，还加强对畜禽的疫病防控，定期进行疫苗接种和疾病监测，及时发现并处理异常情况，防止疾病传播和扩散。这些措施不仅提高了畜禽的健康水平，也提升了产品的品质和安全性。

### （四）品牌建设与市场细分

现代畜牧业注重品牌建设和市场细分，以满足不同消费者的需求。通过打造具有特色的畜禽产品品牌，提升产品的知名度和美誉度，增强市场竞争力。同时，根据消费者的不同需求和偏好，对产品进行细分和定位，如针对高端市场的有机畜禽产品、针对儿童市场的营养强化畜禽产品等。这些细分产品不仅满足了消费者的个性化需求，也推动了现代畜牧业的多元化发展。

现代畜牧业以满足市场对高质量、安全、健康畜禽产品的需求为导向，通过优化养殖技术、建立安全追溯体系、推广健康养殖理念以及加强品牌建设和市场细分等措施，不断提升产品的品质和安全性，满足消费者的多样化需求。这些努力不仅推动了现代畜牧业的持续健康发展，也为保障国家食品安全和人民健康做出了重要贡献。

## 五、现代畜牧业的环保理念

### （一）绿色养殖模式推广

现代畜牧业在追求高效生产的同时，更加注重绿色养殖模式的推广与实践。绿色养殖强调在畜禽养殖过程中，采取一系列环保措施，以减少对环境的污染和破坏。这包括使用环保型饲料，如低氮、低磷、低铜的饲料配方，减少粪便中氮、磷的排放，以及重金属的积累，从而减轻对水体和土壤的污染。同时，推广生态养殖，如林下养鸡、稻田养鸭等模式，利用自然资源，实现畜禽养殖与农业生产的有效结合，既促进了动物生长，又改善了生态环境。此外，还倡导循环农业，将畜禽粪便转化为有机肥料，用于农作物种植，形成"种养结合"的良性循环，既解决了粪便处理问题，又提高了土壤肥力，实现了资源的最大化利用。

### （二）环境友好型设施建设

现代畜牧业在设施建设上融入了环保理念。养殖场的设计充分考虑了环境因素的影响，采用科学布局，合理规划畜禽舍、饲料库、粪便处理区等功能区域，以减少对周边环境的干扰。畜禽舍采用先进的通风、降温、保暖技术，保持适宜的温湿度环境，减少能源消耗，同时减少因环境不适导致的动物应激反应。在粪便处理方面，引入固液分离、厌氧发酵等处理技术，将粪便转化为生物能源（如沼气）和有机肥料，既解决了环境污染问题，又创造了新的经济效益。此外，养殖场还加强了废水处理设施的建设，确保养殖废水在排放前达到环保标准，减少对水体的污染。

### （三）生态补偿机制建立

为了实现畜牧业的可持续发展，现代畜牧业还积极探索生态补偿机制的建立。生态补偿是一种通过经济手段激励环境保护行为的政策工具，旨在鼓励畜牧业生产者采取环保措施，减少对环境的负面影响。政府可以设立专项资金，对采取环保措施的养殖场给予补贴或奖励，如建设生态养殖设施、采用环保饲料、实施粪便资源化利用等。同时，建立环境评估制度，对养殖场的环保绩效进行定期评估，根据评估结果给予相应的奖惩，以此激励畜牧业生产者积极参与环境保护，形成"谁保护谁受益"的良好氛围。

### （四）环保教育与公众参与

现代畜牧业还注重环保教育与公众参与的普及。通过举办培训班、研讨会等形式，向畜牧业生产者普及环保知识，提高他们的环保意识，引导他们主动采取环保措施。同时，加强与媒体的合作，通过电视、广播、网络等渠道，广泛宣传畜牧业环保理念，提高公众对畜牧业环保问题的认识和关注度。此外，鼓励公众参与畜牧业环保活动，如志愿服务、监督举报等，形成全社会共同关注、共同参与畜牧业环保的良好局面。通过这些努力，不仅提升了畜牧业生产者的环保素养，也增强了公众的环保意识，为畜牧业可持续发展奠定了坚实的社会基础。

现代畜牧业在环保理念上强调可持续发展，注重生态平衡与环境保护，通过推广绿色养殖模式、建设环境友好型设施、建立生态补偿机制以及加强环保教育与公众参与，不断减少对环境的负面影响，实现了经济效益与生态效益的双赢。这些环保措施的实施，不仅促进了畜牧业的健康发展，也为构建人与自然和谐共生的美好家园做出了积极贡献。

# 第二节　现代畜牧业的特点

## 一、高效性

### （一）科学管理提升生产效率

现代畜牧业的高效性首先体现在科学管理对生产效率的显著提升上。通过引入先进的养殖技术和设备，结合精准的数据分析和信息技术，畜牧业生产过程中的各个环节得以精细化和标准化。例如，智能监控系统能够实时监测动物的生长状况、环境参数以及饲料消耗情况，及时预警潜在的健康问题或饲养管理不足，从而迅速调整饲养策略，确保动物在最佳状态下生长。这种精细化管理不仅减少了因管理不善导致的资源浪费，还显著提高了动物的生长速度和健康水平，直接提升了生产效率。

### （二）缩短生产周期与成本优化

现代畜牧业通过优化养殖流程和创新养殖技术，有效缩短了生产周期。例如，通过遗传育种技术培育出快速生长、抗病性强的优良品种，使得动物在更短的时间内达到理想的出栏体重。同时，营养配方的科学调整，如根据不同生长阶段的需求定制饲料，以及采用生物发酵饲料等新型饲料资源，进一步提高了饲料的转化效率，减少了饲料浪费。这些措施共同作用不仅缩短了生产周期，还显著降低了生产成本，增强了畜牧业的盈利能力。

### （三）资源循环利用与环保生产

现代畜牧业的高效性还体现在其对资源的循环利用和环保生产的重视上。畜牧业生产过程中产生的废弃物，如粪便、污水等，经过无害化处理和资源化利用，可以转化为有机肥料、生物能源等，既解决了环境污染问题，又实现了资源的最大化利用。此外，通过推广节水养殖、生态养殖等环保技术，减少了水资源和土地资源的消耗，降低了对环境的影响。这种绿色、可持续的生产模式，不仅符合现代畜牧业的发展趋势，也是实现畜牧业长期健康发展的必由之路。

## （四）技术创新与产业升级

现代畜牧业的高效性离不开技术创新和产业升级的推动。随着生物科技、信息技术、自动化技术等领域的快速发展，畜牧业正经历着前所未有的变革。例如，基因编辑技术为培育高产、抗逆、优质的新品种提供了可能；物联网、大数据等信息技术在畜牧业中的应用，使得养殖管理更加智能化、精准化；自动化设备的普及，如自动投喂系统、环境控制系统等，减轻了人工劳动强度，提高了生产效率。这些技术创新不仅提升了畜牧业的生产效率和产品质量，还促进了产业结构的优化升级，为现代畜牧业的可持续发展奠定了坚实基础。

## 二、规模化

### （一）规模化养殖的优势

现代畜牧业的规模化养殖是其显著特征之一，这种大规模养殖模式带来了多方面的优势。规模化养殖意味着养殖数量的显著增加，这不仅有助于集中资源，实现资源的优化配置，还能提高养殖效率，降低生产成本。通过大规模的养殖，形成规模效应，使得饲料采购、养殖设备、疫病防控等方面的成本得到有效控制，从而提高整体经济效益。

### （二）统一管理与技术应用

规模化养殖为统一管理和技术应用提供了便利。在大型养殖场中，可以建立完善的管理体系，包括养殖环境控制、饲料配方管理、疫病预防与治疗等，确保各项管理措施得到有效执行。同时，规模化养殖也便于新技术的推广和应用。例如，可以引入现代化的养殖设备，如自动化喂养系统、环境控制系统等，提高养殖自动化水平，减轻人力负担。此外，还可以利用物联网、大数据等现代信息技术，对养殖过程进行实时监测和数据分析，为养殖决策提供科学依据，进一步提升养殖效率。

### （三）经济效益的提升

规模化养殖通过优化资源配置和提高生产效率，显著提升了经济效益。一方面，规模化养殖可以降低单位产品的成本，包括饲料成本、人工成本、设备成本等，使得产品在市场上更具竞争力。另一方面，规模化养殖还可以提高产品的产量和质量，满足市场对高品质畜禽产品的需求，从而增加销售收入。此外，规模化养殖还有助于形成品牌效应，提升产品的知名度和美誉度，进一步拓展市场空间，实现经济效益的持续增长。

### （四）规模化养殖的挑战与应对

尽管规模化养殖带来了诸多优势，但也面临着一些挑战。例如，大规模养殖可能增加疫病传播的风险，需要加强疫病防控措施，确保养殖安全。同时，规模化养殖也对养殖环境提出了更高的要求，需要注重环境保护和可持续发展。为了应对这些挑战，现代畜牧业在规模化养殖过程中，应不断加强技术创新和管理创新，提高养殖的自动化、智能化水平，降低疫病风险。同时，还应加强养殖废弃物的处理和资源化利用，减少环境污染，实现经济效益与生态效益的双赢。

规模化是现代畜牧业发展的重要方向之一。通过规模化养殖，可以实现资源的优化配置、提高生产效率、降低生产成本，从而提升经济效益。同时，规模化养殖也为统一管理和技术应用提供了便利，有助于推动现代畜牧业的持续健康发展。然而，在规模化养殖过程中，也需要关注疫病防控、环境保护等挑战，并采取相应的应对措施，确保养殖的安全性和可持续性。

## 三、标准化

### （一）养殖标准的科学制定

现代畜牧业高度重视养殖标准的科学制定，这是确保产品质量和安全的基础。养殖标准涵盖了畜禽饲养管理、饲料使用、疾病防控、环境控制等多个方面，旨在通过一系列规范的操作流程和技术要求，实现养殖过程的标准化、程序化。这些标准的制定基于广泛的研究与实践，充分考虑了动物的生物学特性、生长需求及环境保护的要求，确保养殖活动既高效又环保。同时，养殖标准还注重与国际接轨，吸收借鉴国际先进经验和技术成果，不断提升我国畜牧业的国际竞争力。

### （二）饲料与添加剂的严格监管

在饲料与添加剂的使用上，现代畜牧业执行严格的监管制度。饲料作为畜禽生长的基础，其质量直接关系到产品的品质和安全性。因此，现代畜牧业对饲料原料的选择、加工、储存等环节都制定了严格的标准，确保饲料营养均衡、无污染。同时，对于饲料添加剂的使用，也实行了严格的审批和监管制度，只允许使用经过科学验证、安全可靠的添加剂，且使用量需严格控制在规定范围内，避免对动物健康和人体健康造成潜在危害。

### （三）疾病防控体系的完善

现代畜牧业建立了完善的疾病防控体系，这是保障畜禽健康、提高产品质量的重要环节。疾病防控体系包括疫苗接种、生物安全、疫情监测等多个方面。通过科学的疫苗接种程序，可以有效预防畜禽传染病的发生。同时，加强了生物安全管理，如严格控制养殖场内外人员、物资的流动，防止病原体带入或传出。此外，还建立了疫情监测和报告制度，一旦发现疫情，能够迅速启动应急预案，采取隔离、消毒、治疗等措施，防止疫情扩散，确保畜禽健康生长。

### （四）产品质量与安全的全程监控

现代畜牧业注重产品质量与安全的全程监控，从养殖源头到终端产品，每一个环节都建立了严格的质量管控体系。在养殖阶段，通过定期的健康检查、生长性能监测，确保畜禽处于良好的生长状态。在屠宰加工环节，严格执行屠宰检疫制度，确保肉类产品无病害、无污染。在包装、储存、运输过程中，也采取了严格的卫生控制措施，防止产品受到二次污染。此外，现代畜牧业还建立了产品质量追溯体系，通过信息化手段，可以追踪到产品的来源、生产日期、加工过程等关键信息，一旦发生质量问题，能够迅速查明原因，采取补救措施，保障消费者权益。

现代畜牧业通过制定并执行严格的养殖标准和规范，从饲料与添加剂的监管、疾病防控体系的完善到产品质量与安全的全程监控，形成了一个全方位、多层次的质量保障体系。这些措施的实施，不仅确保了畜禽产品的质量和安全，也提升了畜牧业的整体水平和国际竞争力，为消费者提供了更加安全、健康、优质的畜禽产品。

## 四、信息化

### （一）信息技术在生产管理中的应用

现代畜牧业中，信息技术的广泛应用为生产管理带来了革命性的变革。通过引入物联网、大数据、云计算等先进技术，畜牧业实现了从养殖环境监控、饲料管理、动物健康监测到产品销售等各个环节的智能化、自动化管理。物联网技术通过传感器网络，实时收集养殖环境中的温度、湿度、光照、气体浓度等关键参数，为管理者提供精确的数据支持，以便及时调整养殖条件，创造最适宜动物生长的环境。大数据技术则通过对海量养殖数据的挖掘和分析，发现动物生长规律、疾病预警信号等，为决策提供科学依据。云计算技术则提供了强大的数据存储和计算能力，支持畜牧业企业构建高效的信息管理系统，实现数据的实时共享和协同作业。

### （二）智能化养殖的实现

智能化养殖是现代畜牧业信息化的重要体现。借助人工智能、机器学习等先进技术，畜牧业企业能够实现对动物生长过程的精准控制。例如，通过智能识别技术，实时监测动物的生长状态、行为特征等，及时发现异常情况并采取措施。智能投喂系统能够根据动物的生长阶段和健康状况，自动调整饲料种类和投喂量，确保动物获得均衡的营养。同时，智能养殖系统还能实现对养殖环境的自动调节，如通过智能温控系统保持适宜的养殖温度，通过智能通风系统保持空气流通，从而创造更加舒适、健康的养殖环境。

### （三）自动化养殖设备的普及

自动化养殖设备是现代畜牧业信息化的重要支撑。这些设备通过集成传感器、控制器、执行器等组件，实现了对养殖过程的自动化控制。例如，自动化喂食设备能够根据预设的投喂计划，定时、定量地投喂饲料，减少了人工投喂的误差和浪费。自动化清粪设备则能够定时清理养殖区域的粪便，保持养殖环境的清洁卫生，减少疾病的发生。此外，还有自动化饮水设备、智能监控系统等，这些设备的普及应用不仅提高了养殖效率，还降低了劳动强度，使得畜牧业生产更加高效、便捷。

## （四）信息化提升畜牧业竞争力

信息化不仅提升了畜牧业的生产管理水平，还显著增强了畜牧业的竞争力。通过构建完善的信息管理系统，畜牧业企业能够实现对养殖过程的全面监控和精细化管理，提高产品质量和安全性。同时，信息化还促进了畜牧业产业链的整合与优化，使得企业能够更好地掌握市场动态和消费者需求，及时调整生产策略，提高市场竞争力。此外，信息化还为畜牧业企业提供了更加便捷、高效的销售渠道和服务方式，如通过电商平台进行产品销售，通过在线客服提供技术支持和售后服务等，进一步提升了企业的服务水平和客户满意度。

## 五、生态化

### （一）生态化养殖的核心理念

现代畜牧业的生态化发展，核心在于追求养殖与环境的和谐共生。这一理念强调，畜牧业的生产活动不仅要满足人类对食品的需求，更要尊重自然规律，保护生态环境，实现经济效益与生态效益的双赢。生态化养殖通过优化养殖结构，改进养殖技术，减少环境污染，提高资源利用效率，促进畜牧业与环境的协调发展。

### （二）生态化养殖模式的实践

生态化养殖模式是现代畜牧业生态化发展的重要实践。它采用循环经济的理念，将养殖过程中产生的废弃物转化为资源，实现资源的再利用。例如，畜禽粪便经过发酵处理，可以作为有机肥料施用于农田，既减少了化肥的使用，又改善了土壤结构，提高了农产品的品质。同时，生态化养殖模式还注重养殖环境的改善，通过种植绿化植物、建设生态池塘等措施，提高养殖区域的生物多样性，提升生态系统的自我调节能力。

### （三）环境友好型饲料与添加剂的研发

为了进一步减少畜牧业对环境的影响，现代畜牧业致力于研发环境友好型饲料和添加剂。这些饲料和添加剂不仅具有高效的营养价值，还能减少畜禽排泄物中的有害物质含量。例如，通过添加微生物制剂、酶制剂等生物活性物质，改善畜禽的肠道健康，提高饲料的消化吸收率，从而减少氮、磷等污染物的排放。此外，研发低蛋白、低脂肪的饲料配方，也有助于降低畜禽的代谢负担，减少环境污染。

### （四）生态化养殖的政策引导与支持

现代畜牧业的生态化发展离不开政策的引导与支持。政府通过制定相关法律法规和标准，规范畜牧业的养殖行为，防止环境污染和生态破坏。同时，政府还通过提供资金扶持、技术指导和培训等方式，鼓励和支持畜牧业企业采用生态化养殖模式，推动畜牧业的绿色转型。此外，政府还加强了对畜牧业产品的监管和检测，确保生态养殖产品的质量和安全，满足消费者对高品质、安全、健康畜禽产品的需求。

现代畜牧业的生态化发展是实现畜牧业可持续发展的重要途径。通过推广生态化养殖模式，优化养殖结构，改进养殖技术，研发环境友好型饲料和添加剂，以及加强政策引导和支持，推动畜牧业与环境的协调发展，实现经济效益与生态效益的双赢。这不仅有助于保障国家粮食安全和人民健康，还能促进农业的绿色发展和乡村振兴。因此，现代畜牧业应继续深化生态化改革，加强技术创新和管理创新，推动畜牧业的绿色转型和高质量发展。

## 第三节　现代畜牧业的发展历程

### 一、传统畜牧业向现代畜牧业转型

#### （一）养殖方式的规模化升级

传统畜牧业多以分散、小规模的家庭养殖为主，这种模式在资源利用、生产效率及疾病防控等方面存在诸多局限。随着科技的进步和市场的需求变化，传统畜牧业开始向规模化、集约化的现代畜牧业转型。规模化养殖通过集中资源，如土地、资金、技术等，实现养殖规模的扩大，提高单位面积的产出效率。集约化养殖则强调在单位面积或单位时间内，通过优化养殖结构、提高管理水平、采用先进技术等手段，实现更高的生产效益。这种转型不仅提高了生产效率，还降低了生产成本，增强了畜牧业的市场竞争力。

## （二）技术创新的驱动作用

在畜牧业的转型过程中，技术创新起到了至关重要的驱动作用。生物技术、信息技术、自动化技术等的广泛应用，为畜牧业带来了革命性的变革。生物技术的应用，如基因编辑、胚胎移植等，使得培育高产、优质、抗逆性强的畜禽品种成为可能。信息技术的引入，如物联网、大数据、人工智能等，使得养殖过程实现了智能化管理，提高了疾病预警、饲料配比、环境控制的精准度。自动化技术的应用，如自动化喂料、清粪、环境调控系统，则大大减轻了人力负担，提高了工作效率。这些技术创新的融合应用，推动了传统畜牧业向现代畜牧业的转型升级。

## （三）管理模式的现代化变革

随着养殖规模的扩大和生产效率的提升，传统的管理模式已难以满足现代畜牧业的需求。因此，管理模式的现代化变革成为必然趋势。现代畜牧业强调精细化管理，通过建立健全的养殖档案、疾病防控体系、产品质量追溯体系等，实现对养殖过程的全程监控和追溯。同时，引入现代化的管理理念和方法，如全面质量管理、精益生产等，不断优化养殖流程，提高管理效率。此外，还加强了与科研机构、高校等的合作，建立"产学研用"紧密结合的创新体系，推动畜牧业科技成果的转化和应用。

## （四）环保意识的增强与绿色转型

在现代畜牧业的转型过程中，环保意识的增强和绿色转型也是不可忽视的重要方面。传统畜牧业往往忽视了对环境的保护和资源的合理利用，导致环境污染和生态破坏。而现代畜牧业则强调可持续发展，注重生态平衡与环境保护。通过采用环保型饲料、生态养殖模式、粪便资源化利用等措施，减少了对环境的污染和破坏。同时，加强了对养殖废弃物的处理和资源化利用，如将畜禽粪便转化为有机肥料、生物能源等，实现了资源的循环利用和经济的可持续发展。这些环保措施的实施，不仅提高了畜牧业的生态效益，也促进了畜牧业与环境保护的协调发展。

传统畜牧业向现代畜牧业的转型是一个全方位、多层次的过程，涉及养殖方式、技术创新、管理模式和环保意识等多个方面。这一转型不仅提高了畜牧业的生产效率和市场竞争力，也推动了畜牧业的可持续发展和绿色转型。

## 二、科技进步推动

### （一）生物技术革新畜牧业生产

科技进步，特别是生物技术的飞速发展，为现代畜牧业带来了前所未有的变革。基因编辑技术，如 CRISPR-Cas9 系统，使得科学家能够精确地修改动物基因，培育出具有优良性状的新品种。这些新品种可能具有更快的生长速度、更好的肉质、更强的抗病能力等，从而显著提高畜牧业的生产效率和产品质量。此外，生物发酵技术也在畜牧业中发挥着重要作用，通过微生物的发酵作用，可以将农业废弃物、城市垃圾等转化为高质量的饲料或生物肥料，实现资源的循环利用，减少环境污染。

### （二）信息技术引领畜牧业智能化

信息技术是现代畜牧业不可或缺的一部分，它正在引领畜牧业向智能化、自动化方向发展。物联网技术的应用，使得畜牧业生产过程中的各个环节都能够被实时监控和管理。安装在养殖场的各种传感器，可以实时收集动物的生长数据、环境参数等信息，并通过无线网络传输到数据中心进行分析和处理。这些数据为畜牧业管理者提供了决策支持，帮助他们及时调整养殖策略，优化生产流程。同时，云计算和大数据技术也为畜牧业提供了强大的数据存储和分析能力，使得畜牧业企业能够更好地掌握市场动态，预测消费者需求，提高市场竞争力。

### （三）精准养殖技术的广泛应用

科技进步还推动了精准养殖技术的发展。精准养殖技术是一种基于信息技术和生物技术的养殖模式，它通过对动物生长环境的精确控制和饲料的精准投喂，实现了对动物生长过程的精细化管理。这种养殖模式不仅可以提高动物的生长速度和健康水平，还可以减少饲料浪费和环境污染。例如，通过智能投喂系统，根据动物的生长阶段和健康状况，自动调整饲料的种类和投喂量，确保动物获得均衡的营养。同时，通过环境控制系统，实时监测和调节养殖环境的温度、湿度、光照等参数，为动物提供最适宜的生长环境。

## （四）科技进步促进畜牧业可持续发展

科技进步不仅提高了畜牧业的生产效率和产品质量，还促进了畜牧业的可持续发展。通过生物技术和信息技术的结合应用，畜牧业企业可以实现资源的最大化利用和废弃物的最小化排放。例如，通过生物发酵技术将农业废弃物转化为饲料或生物肥料，不仅可以减少环境污染，还可以为畜牧业提供新的饲料来源。同时，通过精准养殖技术和智能化管理系统的应用，畜牧业企业可以实现对养殖过程的全面监控和优化管理，减少资源浪费和环境污染，实现经济效益和生态效益的双赢。这些科技进步的应用为畜牧业的可持续发展提供了有力支撑。

## 三、市场需求变化

### （一）消费者需求转变的背景

随着社会经济的快速发展和人民生活水平的不断提高，消费者对畜禽产品的需求发生了显著变化，从过去单纯追求数量满足基本生活需求，到现在更加注重产品的质量、安全性和健康属性。这一转变的背后，是消费者健康意识的觉醒和生活品质的提升，也对现代畜牧业发展提出了新的要求和挑战。

### （二）质量成为消费者首要关注点

在现代社会，消费者对畜禽产品的质量要求日益严格。他们不仅关注产品的外观、口感和风味，更看重产品的营养成分、新鲜度和加工过程。因此，现代畜牧业在生产过程中，必须严格控制原料来源，采用先进的加工技术和设备，确保产品的质量和口感。同时，加强产品质量检测和监控，建立完善的质量追溯体系，让消费者能够放心购买和食用。

### （三）安全成为消费者不可忽视的要素

安全性是消费者选择畜禽产品时考虑的重要因素之一。近年来，食品安全问题频发，引发了消费者对食品安全的高度关注和担忧。现代畜牧业必须建立健全的食品安全管理体系，从源头抓起，加强饲料、兽药等投入品的管理，防止有害物质残留。同时，加强养殖环境的监测和控制，防止疾病传播和环境污染。通过严格的食品安全检测和监管，确保畜禽产品的安全性和可靠性，满足消费者的安全需求。

### （四）健康属性成为消费新趋势

随着消费者对健康的日益重视，畜禽产品的健康属性也成为消费的新趋势。现代畜牧业在生产过程中，应注重产品的营养搭配和均衡，开发具有特定健康功能的畜禽产品，如低脂、低糖、高纤维等。同时，加强对畜禽产品的营养成分分析和研究，为消费者提供科学的营养指导和建议。此外，还可以结合传统医学和现代营养学，开发具有保健功能的畜禽产品，满足消费者对健康饮食的追求。

消费者对畜禽产品的需求从数量转向质量、安全与健康，这一转变对现代畜牧业的发展产生了深远的影响。现代畜牧业必须紧跟市场需求的变化，加强产品质量管理，确保食品安全，开发具有健康属性的畜禽产品，以满足消费者的多样化需求。同时，加强技术创新和研发，提高产品的附加值和竞争力，推动现代畜牧业的持续健康发展。在这一过程中，政府、企业和社会各界应共同努力，形成合力，推动畜牧业向更加绿色、健康、可持续的方向发展。

## 四、政策支持与引导

### （一）财政补贴与税收优惠

政府在现代畜牧业发展中扮演着至关重要的角色，其中财政补贴与税收优惠是两项重要的政策支持措施。为了鼓励畜牧业生产者采用先进的养殖技术和管理模式，提高生产效率和质量安全水平，政府会提供一系列的财政补贴。这些补贴可能包括基础设施建设补贴、良种引进补贴、环保设施改造补贴等，旨在降低生产者转型升级的成本负担。同时，政府还会对符合条件的畜牧业企业给予税收优惠，如减免增值税、所得税等，进一步激发企业的创新活力和市场竞争力。这些政策措施的实施，为现代畜牧业的发展提供了有力的资金支持和税收优惠，促进了产业升级和可持续发展。

### （二）技术研发与推广支持

技术创新是现代畜牧业发展的核心驱动力。政府高度重视畜牧业技术的研发和推广工作，通过设立专项基金、搭建产学研合作平台等方式，支持科研机构和企业开展新技术、新工艺、新产品的研究和开发。这些研发成果不仅提高了畜牧业的生产效率和产品质量，还推动了养殖模式的创新和环保技术的应用。同时，政府还积极推广先进的养殖技术和管理经验，通过举办培训班、现场示范、技术咨询等方式，帮助畜牧业生产者掌握新技术、提高管理水平。这些技术推广活动不仅提升了生产者的技能水平，还促进了现代畜牧业知识的普及和应用。

### （三）市场准入与监管体系建设

为了确保现代畜牧业健康有序发展，政府还加强了市场准入和监管体系的建设。一方面，政府制定了严格的畜牧业生产标准和产品质量安全标准，对畜牧业生产者的资质、设施、管理等方面进行了明确规定。只有符合标准的企业和个人才能进入市场从事畜牧业生产活动，这有助于保障产品的质量和安全。另一方面，政府建立了完善的监管体系，包括监督检查、质量监测、信息追溯等环节，对畜牧业生产全过程进行监督和管理。这些监管措施的实施，有效遏制了违法违规行为的发生，维护了市场的公平竞争和消费者的合法权益。

### （四）国际合作与交流加强

在全球化的背景下，现代畜牧业的发展离不开国际合作与交流。政府积极倡导和推动畜牧业领域的国际合作与交流活动，通过签订合作协议、举办国际论坛、开展技术交流等方式，加强与其他国家和地区在畜牧业技术、管理、市场等方面的合作与交流。这些国际合作与交流活动不仅有助于引进国外先进的畜牧业技术和管理经验，还促进了我国畜牧业产品的出口和国际市场的拓展。同时，政府还积极参与国际畜牧业规则的制定和修订工作，为维护我国畜牧业的合法权益和国际地位做出了积极贡献。

政府在现代畜牧业发展中发挥了不可或缺的作用。通过出台财政补贴与税收优惠、技术研发与推广支持、市场准入与监管体系建设以及国际合作与交流加强等一系列政策措施，政府为现代畜牧业的发展提供了有力的支持和引导。这些政策措施的实施，不仅促进了畜牧业的产业升级和可持续发展，还提高了我国畜牧业在国际市场的竞争力和影响力。

## 五、国际交流与合作

### (一)国际交流平台促进技术共享

在现代畜牧业的发展中,国际交流与合作扮演着至关重要的角色。通过参与国际畜牧业论坛、博览会和技术研讨会等交流活动,各国能够分享最新的科研成果、技术进展和管理经验,形成技术共享的良好氛围。这些交流平台不仅促进了各国之间的知识交流,还为畜牧业企业提供了展示自身实力、拓展国际市场的机会。通过与国际同行深入交流,畜牧业企业能够了解全球畜牧业的发展趋势,及时调整自身的发展战略,保持与国际接轨。

### (二)引进先进技术提升生产效率

加强国际交流与合作,使得现代畜牧业能够引进国外先进的生产技术和管理经验。这些技术包括高效的养殖设备、先进的饲料配方、精准的疾病防控措施等,它们的引入能够显著提升畜牧业的生产效率。例如,通过引进智能化养殖系统,畜牧业企业能够实现对养殖环境的精准控制,提高动物的生长速度和健康水平。同时,先进的饲料加工技术能够降低饲料成本,提高饲料的利用率,进一步增加企业的经济效益。此外,通过与国际知名的科研机构合作,畜牧业企业还能够获得前沿的生物技术和信息技术支持,推动畜牧业向更高水平发展。

### (三)借鉴管理经验优化产业结构

国际交流与合作不仅为现代畜牧业带来了先进的技术,还为其提供了宝贵的管理经验。各国在畜牧业发展过程中积累了丰富的管理经验,这些经验涵盖了养殖模式、市场营销、品牌建设等多个方面。通过与国际同行交流,畜牧业企业能够学习到先进的管理理念和模式,优化自身的产业结构。例如,通过借鉴国外的循环经济模式,畜牧业企业能够实现资源的最大化利用和废弃物的最小化排放,提高产业的生态效益。同时,通过学习国际先进的市场营销策略和品牌建设经验,畜牧业企业能够提升产品的附加值和市场竞争力,拓展更广阔的市场空间。

### (四)提升国际竞争力促进产业升级

加强国际交流与合作,对于提升现代畜牧业的国际竞争力具有重要意义。

通过与国际同行竞争与合作，畜牧业企业能够不断提升自身的技术水平和管理能力，增强在国际市场上的竞争力。同时，国际交流与合作还能够促进畜牧业的产业升级和转型。随着全球畜牧业市场的不断变化和消费者需求的日益多样化，畜牧业企业需要不断创新和升级，以适应市场的变化。通过与国际先进的畜牧业企业合作，畜牧业企业能够了解到最新的市场趋势和消费者需求，及时调整自身的产品结构和服务模式，实现产业升级和转型。此外，国际交流与合作还能为畜牧业企业带来更多的投资机会和合作伙伴，推动产业的快速发展。

# 第四节 现代畜牧业的地位与作用

## 一、农业现代化的重要组成部分

### （一）现代畜牧业的定义

现代畜牧业作为农业现代化的重要组成部分，是指在传统畜牧业基础上，通过引入现代科技、管理理念和市场机制，实现畜牧业生产的高效、环保和可持续发展。它融合了生物技术、信息技术、工程技术等多领域的知识和技术，推动畜牧业向标准化、规模化、集约化和智能化方向发展。现代畜牧业的特征包括生产效率高、产品质量优、资源利用合理、环境污染小等，这些特征共同构成了其作为农业现代化重要标志的基础。

### （二）起到推动农业现代化进程的关键作用

现代畜牧业在推动农业现代化进程中扮演着至关重要的角色。首先，它通过提高生产效率，促进了农业整体生产水平的提升。现代畜牧业采用先进的养殖技术和设备，实现了畜禽的快速生长和高效繁殖，从而提高了农产品的产量和质量。同时，通过精细化管理，降低了生产成本，提高了农业的经济效益。其次，现代畜牧业促进了农业产业链的延伸和升级。它不仅仅关注养殖环节，还涉及饲料加工、兽药生产、畜禽产品加工等多个环节，形成了完整的产业链条。这种产业链的延伸，不仅提高了农产品的附加值，还带动了相关产业的发展，促进了农业结构的优化和升级。最后，现代畜牧业还推动了农业科技的进步和创新。为了应对市场需求的变化和资源环境的约束，现代畜牧业不断探索新的养殖技术和管理模式。这些创新不仅提高了畜牧业的生产效率，还为其他农业领域提供了可借鉴的经验和技术支持，推动了整个农业科技的进步。

### （三）现代畜牧业与农业现代化的相互促进

现代畜牧业与农业现代化之间存在着相互促进的关系。一方面，农业现代化为现代畜牧业提供了良好的发展环境和政策支持。农业现代化强调科技创新、绿色发展、可持续发展等理念，这些理念与现代畜牧业的发展目标高度契合。同时，农业现代化还推动了农村基础设施的完善和农村经济的繁荣，为现代畜牧业的发展提供了有力的支撑。另一方面，现代畜牧业的发展也促进了农业现代化的进程。现代畜牧业的成功经验和技术成果可以为其他农业领域提供借鉴和参考，推动整个农业向现代化方向迈进。同时，现代畜牧业的发展还带动了农村劳动力的转移和就业，促进了农民收入的增加和农村经济的多元化发展。

### （四）现代畜牧业面临的挑战与机遇

尽管现代畜牧业在推动农业现代化进程中发挥了重要作用，但它也面临着一些挑战。例如，资源环境的约束、市场需求的多样化、疫病防控的复杂性等都给现代畜牧业的发展带来了压力。然而，这些挑战也孕育着机遇。通过加强科技创新、完善市场机制、提高产品质量和服务水平等措施，现代畜牧业可以不断适应市场需求的变化和资源环境的约束，实现可持续发展。

现代畜牧业作为农业现代化的重要组成部分，在推动农业现代化进程中发挥着至关重要的作用。它不仅提高了农业的生产效率和经济效益，还促进了农业产业链的延伸和升级以及农业科技的进步和创新。同时，现代畜牧业也面临着一些挑战和机遇，需要不断适应市场需求的变化和资源环境的约束，实现更加可持续的发展。

## 二、保障食品安全

### （一）强化质量监管体系

在现代畜牧业中，保障食品安全是首要任务。为此，必须构建一套完善的质量监管体系，确保畜禽产品的质量和安全。这一体系涵盖了从养殖、屠宰、加工到销售的每一个环节，通过严格的检验检测和监管措施，确保产品符合国家和国际的食品安全标准。政府和相关机构应加强对养殖场的监督和管理，确保养殖过程中使用的饲料、兽药等投入品符合规定，防止滥用和非法添加。同时，对屠宰和加工环节进行严格的卫生控制和质量控制，确保产品无污染、无残留。此外，还应建立完善的食品追溯体系，一旦发生食品安全问题，能够迅速查明原因，追溯产品来源，及时采取措施，防止问题产品流入市场。

### （二）推广标准化养殖模式

标准化养殖是现代畜牧业保障食品安全的重要手段。通过制定和执行科学的养殖标准和规范，可以确保畜禽在良好的环境中生长，减少疾病的发生，提高产品质量。标准化养殖包括养殖环境的控制、饲料的科学配比、疾病的预防和治疗等多个方面。政府应鼓励和支持畜牧业生产者采用标准化养殖模式，提供必要的技术指导和培训，帮助他们掌握先进的养殖技术和管理方法。同时，还应加强对标准化养殖的宣传和推广，提高全社会对标准化养殖的认识和接受度，推动现代畜牧业的健康发展。

### （三）加强科技研发与创新

科技研发与创新是提升畜禽产品质量和安全水平的关键。现代畜牧业应充分利用现代科技手段，如生物技术、信息技术等，提高养殖效率和产品质量。例如，通过基因工程技术培育高产、优质、抗逆性强的畜禽品种，通过物联网技术实现对养殖环境的实时监测和精准控制，通过大数据和人工智能技术优化饲料配方和疾病防控策略等。政府应加大对畜牧业科技研发的投入，支持科研机构和企业开展技术创新和成果转化，推动畜牧业向智能化、绿色化方向发展。同时，还应加强科技人才的培养和引进，为畜牧业的发展提供坚实的人才保障。

### （四）提升消费者食品安全意识

保障食品安全不仅需要政府和企业的努力，还需要消费者的积极参与。现代畜牧业应注重提升消费者的食品安全意识，通过宣传教育、科普活动等方式，让消费者了解食品安全的重要性以及如何选择安全、健康的畜禽产品。政府和相关机构应加强对食品安全知识的普及和传播，提高消费者的辨识能力和自我保护意识。同时，还应鼓励消费者参与食品安全监督，如通过举报、投诉等方式，对食品安全问题进行监督和反馈，共同维护食品安全和消费者的合法权益。

现代畜牧业在保障食品安全方面发挥着重要作用。通过构建完善的质量监管体系、推广标准化养殖模式、加强科技研发与创新以及提升消费者食品安全意识等措施，确保畜禽产品的质量和安全，保障人民的身体健康。这些措施的实施需要政府、企业和消费者的共同努力和配合，共同推动现代畜牧业的健康发展。

## 三、促进农民增收

### （一）规模化养殖提升经济效益

现代畜牧业通过规模化养殖，显著提升了养殖效率与经济效益，为农民增收提供了坚实的基础。规模化养殖意味着养殖规模的扩大和资源的集中利用，这不仅能够降低单位产品的生产成本，还能提高资源的利用效率。在规模化养殖模式下，畜牧业企业能够采用先进的养殖技术和设备，实现自动化、智能化管理，减少人力成本，提高生产效率。同时，规模化养殖还能形成品牌效应，提高产品的市场竞争力，从而增加销售收入。这些经济效益的提升直接转化为农民收入的增加，改善了农民的生活水平。

### （二）集约化养殖优化资源配置

集约化养殖是现代畜牧业发展的重要方向，它通过优化资源配置，实现养殖效益的最大化。集约化养殖强调在有限的土地和资源条件下，通过提高单位面积的产出率，来实现经济效益的提升。这要求畜牧业企业在养殖过程中，充分利用先进的养殖技术和科学的管理方法，提高养殖密度和饲料转化率，减少资源浪费。同时，集约化养殖还注重环保和可持续发展，通过循环利用资源、减少污染物排放等措施，降低对环境的负面影响。这些措施的实施，不仅提高了养殖效益，还促进了农民收入的增加，实现了经济效益与社会效益的双赢。

### （三）标准化生产提高产品质量

现代畜牧业通过标准化生产，确保了养殖产品的质量和安全，为农民增收提供了有力的保障。标准化生产要求畜牧业企业在养殖过程中，遵循统一的技术标准和管理规范,确保产品的品质和安全性。这包括选用优质的种源、采用科学的饲养方法、实施严格的疾病防控措施等。通过标准化生产,畜牧业企业能够生产出符合市场需求的高质量产品,提高产品的附加值和市场竞争力。这不仅增加了企业的销售收入,还提高了农民的收入水平。同时,标准化生产还有助于提升畜牧业的整体形象,增强消费者对产品的信任度和满意度,为畜牧业的可持续发展奠定坚实基础。

### (四)多元化经营拓宽增收渠道

现代畜牧业通过多元化经营,拓宽了农民的增收渠道。除了传统的养殖业务外,畜牧业企业还可以开展饲料加工、肉制品加工、冷链物流等增值服务,形成产业链上下游的协同发展。这不仅提高了资源的利用效率,还增加了产品的附加值和市场竞争力。同时,畜牧业企业还可以利用自身的品牌优势和技术实力,开展旅游观光、科普教育等休闲农业项目,吸引城市居民前来体验农村生活、了解畜牧业文化,从而增加企业的收入来源。这些多元化经营的方式,为农民提供了更多的就业机会和增收渠道,促进了农民收入的持续增长。

## 四、推动农村经济发展

### (一)现代畜牧业对农村经济的直接贡献

现代畜牧业作为农村经济的重要组成部分,其发展直接促进了农村经济的增长。通过引入先进的养殖技术和管理模式,现代畜牧业提高了生产效率,增加了农产品的产量和质量,从而直接提升了农业总产值。此外,现代畜牧业还通过优化资源配置,降低了生产成本,提高了经济效益,为农村经济注入了新的活力。

### (二)带动相关产业链的发展

现代畜牧业的发展不仅限于养殖环节,还涉及饲料加工、兽药生产、畜禽产品加工等多个环节,形成了一个完整的产业链条。这一链条的每一个环节都蕴含着巨大的经济价值,共同推动了农村经济的多元化发展。饲料加工行业为现代畜牧业提供了优质的饲料原料,保障了畜禽的健康生长;兽药生产行业为畜牧业提供了必要的防疫和治疗手段,确保了畜禽产品的安全和质量；畜禽产品加工行业则将畜禽产品转化为各种高附加值的产品，满足了市场的多样化需求。这些产业的发展不仅增加了农村经济的多样性，还提高了农民的收入水平。

### （三）促进农村就业与创业

现代畜牧业的发展为农村提供了大量的就业机会。随着养殖规模的扩大和产业链的延伸，越来越多的农民可以参与到现代畜牧业的生产和加工环节中，实现就地就近就业。同时，现代畜牧业还鼓励农民创业，通过提供技术培训、资金支持等政策措施，引导农民利用当地资源发展畜牧业，创办自己的养殖场或加工企业。这不仅解决了农民的就业问题，还促进了农村经济的内生增长。

### （四）提升农村基础设施与公共服务水平

现代畜牧业的发展还推动了农村基础设施和公共服务水平的提升。为了满足现代畜牧业对基础设施的需求，政府加大了对农村道路、水利、电力等基础设施的投入，改善了农村的生产和生活条件。同时，政府还加强了农村公共服务体系的建设，提供了更加便捷、高效的公共服务，如兽医服务、农产品检测等，为现代畜牧业的发展提供了有力的保障。这些基础设施和公共服务水平的提升，不仅促进了现代畜牧业的发展，还提高了农民的生活质量和幸福感。

现代畜牧业的发展对农村经济的推动作用不容忽视。它不仅直接促进了农村经济的增长，还带动了相关产业链的发展，促进了农村就业与创业，提升了农村基础设施与公共服务水平。因此，政府应继续加大对现代畜牧业的支持力度，推动其持续健康发展，为农村经济的繁荣做出更大的贡献。同时，农民也应积极投身于现代畜牧业的发展中，利用自身资源和优势，实现增收致富的梦想。

## 五、维护生态平衡

### （一）推广生态养殖技术

在现代畜牧业中，维护生态平衡是确保可持续发展的关键。生态养殖技术作为一种高效、环保的养殖方式，对于减少养殖污染、保护生态环境具有重要意义。通过采用生态养殖技术，可以实现畜禽废弃物的资源化利用，减少养殖过程中产生的污染物排放。例如，利用畜禽粪便进行堆肥发酵，可以生产有机肥料，为农业生产提供养分；通过建设沼气工程，可以将畜禽粪便转化为沼气，用于照明、取暖等，实现能源的循环利用。此外，生态养殖技术还注重养殖环境的生态修复和保护，通过种植牧草、树木等绿色植物，改善养殖区域的生态环境，提高生物多样性。

### （二）优化养殖结构与布局

为了维护生态平衡，现代畜牧业需要优化养殖结构与布局。这包括合理确定养殖规模、种类和密度，以及科学规划养殖区域。在养殖规模上，应根据养殖场的资源承载能力、环境容量等因素，合理控制养殖数量，避免过度集中养殖导致的环境污染。在养殖种类上，应优先选择适应当地环境、抗病力强的畜禽品种，减少养殖过程中的疾病发生和药物使用。在养殖密度上，应根据畜禽的生长需求和活动空间，合理安排养殖密度，确保畜禽有足够的活动空间和良好的生长环境。同时，还应科学规划养殖区域，将养殖场建在远离居民区、水源地和生态敏感区域的地方，减少对周边环境的干扰和破坏。

### （三）加强环保法规与政策引导

政府在现代畜牧业维护生态平衡方面扮演着重要角色。通过制定和执行环保法规与政策，可以规范养殖行为，减少养殖污染。政府应加强对养殖场的环保监管，确保养殖场符合环保标准和要求。对于不符合环保要求的养殖场，应依法进行整改或关闭。同时，政府还应出台相关政策，鼓励和支持畜牧业生产者采用生态养殖技术，提高资源利用效率，减少污染物排放。例如，可以通过财政补贴、税收优惠等方式，激励畜牧业生产者投资环保设施和技术改造。此外，政府还应加强环保知识的宣传和教育，提高畜牧业生产者的环保意识和责任感。

### （四）构建生态补偿机制

为了维护生态平衡，现代畜牧业还需要构建生态补偿机制。生态补偿机制是一种通过经济手段激励和保护生态环境的有效方式。政府可以设立生态补偿基金，对采用生态养殖技术、减少污染物排放的畜牧业生产者给予经济补偿。同时，还可以建立生态补偿市场机制，鼓励企业和社会资本投入生态保护和修复项目。生态补偿机制的实施，可以激励畜牧业生产者积极参与生态保护，推动现代畜牧业的绿色发展。

维护生态平衡是现代畜牧业可持续发展的重要保障。通过推广生态养殖技术、优化养殖结构与布局、加强环保法规与政策引导以及构建生态补偿机制等措施，可以有效减少养殖污染，保护生态环境。这些措施的实施需要政府、企业和社会的共同努力和配合，以推动现代畜牧业的绿色发展。

# 第二章 畜牧业生产的基本理论

## 第一节 畜牧业生产的基本原理

### 一、畜牧业生产的概念

#### （一）畜牧业生产的定义

畜牧业是指人类通过饲养各类动物，如家畜（牛、羊、猪、马、驴、骡、骆驼等）、家禽（鸡、鸭、鹅等）、经济动物（兔、蜜蜂、蚕等）以及特种动物（鹿、狐、貂等），利用这些动物的生活机能，将其转化为人类所需的食品、工业原料和役用动力的生产过程。在这一过程中，人类通过提供适宜的饲养环境、营养均衡的饲料、科学的疾病防控措施以及合理的繁殖管理，确保动物健康成长，最终生产出高质量的产品。

#### （二）畜牧业生产的食品供应功能

畜牧业生产在保障人类食品供应方面发挥着不可替代的作用。动物性食品，如肉、蛋、奶等，是人类蛋白质、脂肪、维生素和矿物质等营养的重要来源。随着人口的增长和生活水平的提高，人类对动物性食品的需求不断增加。畜牧业通过不断优化养殖技术、提高生产效率，为人类提供了丰富多样的食品选择，满足了不同人群的消费需求。同时，畜牧业生产还促进了食品加工业的发展，如肉制品加工、乳制品加工等，进一步丰富了食品种类，提高了食品的附加值。

#### （三）畜牧业生产的工业原料价值

畜牧业生产不仅为人类提供食品，还是许多工业原料的重要来源。动物的皮毛、骨骼、血液、内脏等副产品，经过加工处理，可以生产出皮革、毛纺、骨胶、明胶、血粉、肝素等工业原料。这些原料在纺织、化工、医药、食品等多个领域有着广泛的应用。畜牧业生产的工业原料价值，不仅提高了动物资源的利用率，还促进了相关产业的发展，为经济增长做出了贡献。

### （四）畜牧业生产的役用动力与生态服务

除了食品和工业原料外，畜牧业生产还为人类提供了役用动力和生态服务。一些大型家畜，如马、牛、驴等，在历史上曾是重要的交通工具和农业动力。在现代社会，虽然机械化程度不断提高，但一些地区仍然依赖畜牧业提供的役用动力进行农业生产和运输。此外，畜牧业在维护生态平衡、保护生物多样性方面也发挥着重要作用。动物通过摄食植物、排泄粪便和死亡后的分解过程，参与生态系统的物质循环和能量流动。畜牧业生产通过合理的饲养管理和环境保护措施，确保了动物在生态系统中的积极作用，为人类社会的可持续发展提供了有力支持。

## 二、畜牧业生产的分类

### （一）牛畜牧业的生产特点

牛畜牧业在畜牧业生产中占据重要地位，主要以养殖奶牛和肉牛为主。奶牛畜牧业注重提高牛奶的产量和质量，通过优化饲养管理、改良品种、加强疫病防控等措施，确保奶牛的健康和产奶性能。奶牛牧场通常配备先进的挤奶设备和牛奶储存设施，以保障牛奶的卫生安全和高效收集。而肉牛畜牧业则更侧重于提高牛肉的产量和品质，通过科学的饲养配方、合理的运动管理以及适时的屠宰加工，生产出符合市场需求的高品质牛肉。

### （二）羊畜牧业的生产特色

羊畜牧业主要以养殖绵羊和山羊为主，分为毛用羊、肉用羊和奶用羊等不同类型。毛用羊畜牧业注重羊毛的产量和质量，通过选择优良品种、合理饲养管理以及科学的剪毛技术，提高羊毛的产量和品质。肉用羊畜牧业则强调羊肉的产量和口感，通过优化饲料配方、加强疫病防控以及合理的屠宰加工，确保羊肉的鲜嫩和营养。奶用羊畜牧业虽然规模相对较小，但在一些地区仍然具有一定的市场潜力，通过培育高产奶羊品种、提高饲养管理水平，增加羊奶的产量和品质。

### （三）猪畜牧业的生产模式

猪畜牧业是畜牧业生产中最为普及的一种，主要以养殖瘦肉型猪和肥育猪为主。瘦肉型猪畜牧业注重提高猪肉的瘦肉率和品质，通过选育优良品种、优化饲养环境、科学调配饲料等措施，提高猪肉的产量和营养价值。肥育猪畜牧业则更侧重于提高猪肉的肥瘦比例和口感，通过合理的饲养管理和屠宰加工技术，生产出肥而不腻、口感鲜美的猪肉产品。此外，随着消费者对健康饮食的追求，有机猪畜牧业也逐渐兴起，通过采用无公害饲料、不使用生长激素和抗生素等养殖方式，生产出更加安全、健康的猪肉产品。

### （四）禽畜牧业的生产类型

禽畜牧业主要包括养鸡、养鸭、养鹅等生产类型，是畜牧业生产中种群增长最快的一种。养鸡业注重提高鸡蛋的产量和品质，通过选育高产蛋鸡品种、优化饲养环境、加强疫病防控等措施，确保鸡蛋的产量和营养价值。同时，肉鸡养殖业也蓬勃发展，通过优化饲料配方、合理饲养管理以及科学的屠宰加工技术，生产出符合市场需求的高品质鸡肉产品。养鸭和养鹅业则更注重提高鸭（鹅）肉和鸭（鹅）蛋的产量和品质，通过选育优良品种、合理饲养管理以及科学的屠宰加工技术，生产出营养丰富、口感独特的鸭（鹅）肉和鸭（鹅）蛋产品。此外，随着消费者对特色食品的需求增加，一些珍稀禽类养殖业也逐渐兴起，如孔雀、鸵鸟等，为禽畜牧业增添了新的活力。

畜牧业生产按饲养动物种类可分为牛、羊、猪、禽等畜牧业。不同类型的畜牧业在生产特点、饲养管理、疫病防控以及产品加工等方面都存在一定的差异。但无论哪种类型的畜牧业，都需要注重提高动物的生产性能和产品质量，加强疫病防控和食品安全管理，以满足市场的多样化需求。

## 三、动物生长与繁殖规律

### （一）生长速度及生长曲线的科学应用

动物生长是畜牧业生产中的核心环节，其生长速度和生长曲线对于合理饲养管理、优化生产布局具有重要意义。不同种类的动物，其生长速度和生长曲线存在显著差异。例如，猪的生长速度相对较快，通常在出生后几个月内即可达到出栏体重；而牛、羊等反刍动物的生长速度则相对较慢，需要更长时间才能达到成年体重。因此，在畜牧业生产中，应根据动物的生长特点，制定科学的饲养计划和管理措施。

生长曲线是描述动物体重随时间变化的曲线，它反映了动物在不同生长阶段的生长速度和生长潜力。通过对生长曲线的分析，可以预测动物的未来生长趋势，从而合理饲养管理。例如，在猪的生产中，可以根据生长曲线确定不同生长阶段的饲料配方和饲养密度，以提高生长效率和饲料利用率。同时，生长曲线还可以用于评估动物的生长性能，为选育优良品种提供科学依据。

### （二）性成熟与繁殖周期的管理优化

动物的性成熟和繁殖周期是畜牧业生产中需要重点关注的问题。性成熟是指动物达到可以繁殖的生理状态，而繁殖周期则是指动物从一次繁殖到下一次繁殖所经历的时间。不同种类的动物，其性成熟时间和繁殖周期也存在差异。例如，鸡的性成熟时间相对较短，通常在几个月内即可达到性成熟；而牛的繁殖周期则相对较长，需要一年甚至更长的时间才能完成一次繁殖。在畜牧业生产中，应根据动物的性成熟和繁殖周期，合理安排繁殖计划和管理措施。例如，在猪的生产中，可以通过控制光照、温度等环境因素，促进母猪的性成熟和发情，提高繁殖效率。同时，还可以根据繁殖周期，合理安排配种和分娩时间，确保母猪在最佳状态下进行繁殖。在牛、羊等反刍动物的生产中，则需要注重母畜的营养状况和管理水平，以维持其良好的繁殖性能。

### （三）基于生长规律的饲养管理调整

动物的生长规律对于饲养管理具有重要的指导意义。在畜牧业生产中，应根据动物的生长特点和生长规律，及时调整饲养管理措施。例如，在动物幼龄阶段，应注重提供充足的营养和适宜的生活环境，促进其快速生长和发育。在动物成年阶段，则应根据其生产性能和生理需求，制定合理的饲养标准和饲养计划。此外，动物的生长规律还可以用于指导饲料配方和饲养工艺的优化。通过对动物生长过程中营养需求的研究，可以开发出更加适合动物生长的饲料配方和饲养工艺，提高饲料利用率和生产效率。同时，还可以根据动物的生长规律，合理安排饲养密度和饲养环境，提高动物的舒适度和健康状况。

### （四）生长与繁殖规律在畜牧业布局中的应用

动物的生长与繁殖规律对于畜牧业生产布局也具有重要指导意义。在畜牧业生产中，应根据动物的生长特点和繁殖周期，合理规划生产布局和设施配置。例如，在猪场中，可以根据不同生长阶段的猪只需求，合理规划猪舍的布局和设施配置，以提高生产效率和猪只的健康水平。在牛场中，则需要根据母牛的繁殖周期和产奶性能，合理规划牛舍的布局和挤奶设施的配置。同时，动物的生长与繁殖规律还可以用于指导畜牧业生产的季节性调整。例如，在北方地区，由于冬季气温较低，动物生长速度较慢，可以适当减少冬季的生产量，将生产重点放在春季和秋季等气温适宜、动物生长速度较快的季节。通过合理调整生产布局和季节性生产计划，可以充分利用动物的生长与繁殖规律，提高畜牧业生产的效率和效益。

## 四、饲料转化效率

### （一）饲料转化率的定义

饲料转化率作为衡量畜牧业生产效率的关键指标，直接反映了动物将饲料转化为有用产品的能力。这一指标不仅关乎饲料资源的有效利用，还直接影响畜牧业的经济效益和环境影响。饲料转化率高，意味着动物能够更有效地吸收和利用饲料中的营养成分，生产出更多的肉、蛋、奶等产品，同时减少饲料浪费和环境污染。因此，提高饲料转化率是畜牧业可持续发展的重要方向。

### （二）饲料种类与质量对转化率的影响

饲料的种类与质量是影响饲料转化率的重要因素。不同种类的饲料，其营养成分和消化吸收特性各不相同。例如，谷物类饲料富含碳水化合物，是动物能量的主要来源；而蛋白质饲料，如豆粕、鱼粉等，则提供了动物生长所需的氨基酸。饲料的质量，包括其新鲜度、营养成分的均衡性、抗营养因子的含量等，都会直接影响动物的消化吸收效率和饲料转化率。优质的饲料能够提供更好的营养平衡，促进动物的健康生长，从而提高饲料转化率。

## （三）动物消化吸收能力与转化率的关系

动物的消化吸收能力是影响饲料转化率的内在因素。动物的消化系统结构和功能、肠道微生物群落、酶活性等都会影响其对饲料的消化和吸收。例如，某些动物品种或个体具有更强的消化酶活性和更完善的肠道结构，能够更有效地分解和利用饲料中的营养成分。此外，动物的健康状况也会影响其消化吸收能力，进而影响饲料转化率。因此，在畜牧业生产中，通过选育具有优良消化吸收能力的动物品种，以及保持良好的饲养环境和动物健康状态，是提高饲料转化率的重要途径。

## （四）饲养管理水平对饲料转化率的调控

饲养管理水平是提高饲料转化率的关键因素之一。饲养管理包括饲料的配制与投喂、动物的饲养环境、疾病防控等多个方面。合理的饲料配方和投喂策略能够确保动物获得均衡的营养，避免营养过剩或不足导致的饲料浪费。良好的饲养环境，如适宜的温度、湿度、通风条件等，能够减少动物的应激反应，提高其消化吸收效率。有效的疾病防控措施能够降低动物的发病率和死亡率，保持其健康生长，从而提高饲料转化率。此外，科学的饲养管理还包括对动物生长性能的监测和评估，以及根据监测结果及时调整饲养策略，以实现饲料转化率的持续优化。

# 五、疾病防控与动物健康

## （一）疾病防控的重要性

在畜牧业生产中，疾病防控是确保生产稳定和提高经济效益的基石。疾病不仅直接影响动物的生长性能和健康状况，还可能导致生产周期的延长、饲料转化率的下降以及产品质量的降低，进而对畜牧业的经济效益产生负面影响。此外，动物疾病还可能通过食品链传播给人类，引发公共卫生问题。因此，加强疾病防控，保障动物健康，对于维护畜牧业生产的持续稳定发展具有重要意义。

## （二）科学的饲养管理

科学的饲养管理是预防动物疾病的重要手段。饲养环境的清洁与卫生、饲料的营养均衡、饲养密度的合理控制等，都是影响动物健康的关键因素。

通过定期清理饲养环境减少病原体的滋生，根据动物的生长阶段和营养需求科学调配饲料、保证动物获得充足的营养，合理控制饲养密度、避免动物间过度拥挤，都有助于降低疾病发生的风险。

### （三）疫苗接种与免疫程序

疫苗接种是预防动物疾病的有效措施。根据动物种类、饲养环境、疾病流行情况等因素，制订科学合理的疫苗接种计划，定期为动物接种疫苗，可以显著提高动物的免疫力，降低疾病发生率。同时，建立完善的免疫程序，包括疫苗的选择、接种时间、接种方法等，确保疫苗接种的效果，是保障动物健康的重要环节。

### （四）疫病监测与快速响应

疫病监测是及时发现和控制动物疾病的重要手段。通过建立完善的疫病监测体系，定期对动物进行健康检查，及时发现并报告疾病情况，有助于迅速采取措施，防止疾病的扩散和蔓延。此外，建立快速响应机制，一旦发现疾病，立即启动应急预案，采取隔离、消毒、治疗等措施，控制疾病的发展，减少经济损失。在疫病防控过程中，还需要注重动物福利，避免过度使用药物和疫苗，减少对动物的应激反应。同时，加强畜牧业从业人员的培训和教育，提高他们的疫病防控意识和技能，也是保障动物健康、提高畜牧业生产效益的重要途径。

疾病防控与动物健康在畜牧业生产中具有举足轻重的地位。通过科学的饲养管理、疫苗接种与免疫程序、疫病监测与快速响应等措施，可以有效预防和控制动物疾病的发生，保障动物健康，提高畜牧业生产效益。这些措施的实施，不仅有助于维护畜牧业生产的持续稳定发展，还有助于保障食品安全和公共卫生安全。

## 六、畜牧业生产的可持续性

### （一）资源合理利用与畜牧业生产

畜牧业生产在保障人类食物供应的同时，必须注重资源的合理利用。这包括土地、水资源、饲料原料以及遗传资源等多方面。在土地资源利用上，畜牧业应推行集约化、规模化经营，提高单位面积的土地产出率，同时避免过度放牧和土地退化。在水资源利用方面，畜牧业应发展节水养殖技术，减少水资源浪费，并探索雨水收集、废水循环利用等新型水资源管理模式。饲料原料是畜牧业生产中的重要资源。为了保障饲料供应的可持续性，畜牧业应优化饲料配方，提高饲料转化率，减少粮食资源的浪费。同时，畜牧业还应积极开发新型饲料资源，如利用农作物秸秆、林业废弃物等作为饲料原料，实现资源的循环利用。

遗传资源是畜牧业生产中的宝贵财富。为了保护和利用好遗传资源，畜牧业应加强对地方品种的保护和选育，防止优良品种的流失。同时，畜牧业还应积极引进和培育新品种，提高畜禽的生产性能和抗逆性，为畜牧业生产的可持续发展提供有力支撑。

### （二）环境保护与畜牧业生产

畜牧业生产在带来经济效益的同时，也对环境造成了一定的压力。为了减轻畜牧业对环境的负面影响，畜牧业应采取一系列环保措施。在养殖过程中，畜牧业应推广生态养殖模式，减少养殖废弃物的排放，降低环境污染。例如，通过建设沼气池、堆肥场等设施，将畜禽粪便转化为有机肥料和生物能源，实现废弃物的资源化利用。此外，畜牧业还应加强环境监管和污染治理。政府应制定严格的环保法规和标准，对畜牧业生产中的环境污染行为进行监管和处罚。同时，畜牧业生产者也应提高环保意识，自觉遵守环保法规，积极采取污染治理措施，减少环境污染。

### （三）畜牧业生产与社会经济协调发展

畜牧业生产与社会经济协调发展是畜牧业可持续发展的重要方面。畜牧业作为农业的重要组成部分，其发展应与农业整体发展相协调，与农村经济社会发展相适应。为了实现这一目标，畜牧业应积极推进产业化经营，提高畜牧业生产的组织化程度和市场化水平。通过发展畜牧业合作社、家庭农场等新型经营主体，推动畜牧业生产的规模化、标准化和集约化。同时，畜牧业还应加强与相关产业的融合发展。例如，畜牧业可以与种植业、食品加工业等产业相结合，形成产业链条，提高产品附加值和市场竞争力。此外，畜牧业还可以与旅游业等新兴产业相结合，发展观光畜牧业、休闲畜牧业等新型业态，为畜牧业生产的可持续发展注入新的活力。

### （四）畜牧业生产中的科技支撑与人才培养

科技支撑和人才培养是畜牧业生产可持续发展的重要保障。畜牧业应加大科技研发投入，推动畜牧业科技创新和成果转化。通过引进和培育畜牧业科技人才，提高畜牧业生产的科技含量和智能化水平。同时，畜牧业还应加强人才培养和技能培训，提高畜牧业生产者的素质和能力。通过举办培训班、现场指导等方式，帮助畜牧业生产者掌握先进的养殖技术和管理方法，提高畜牧业生产的效率和效益。

畜牧业生产的可持续性需要在资源合理利用、环境保护、社会经济协调发展以及科技支撑与人才培养等多个方面进行全面考虑和推进。只有实现这些方面的协调发展，才能确保畜牧业生产的可持续性，为人类社会的可持续发展做出贡献。

# 第二节　畜牧业生产的经济效益分析

## 一、成本构成分析

### （一）饲料成本的核心地位

在畜牧业生产的成本构成中，饲料成本占据了举足轻重的地位。饲料是动物生长和生产的基础，其质量和数量直接决定了动物的生长速度、健康状况以及最终产品的产量和质量。因此，饲料成本的高低直接影响畜牧业生产的整体效益。优质饲料往往价格较高，但能够提高动物的生长效率和产品质量，从而增加销售收入；而劣质饲料虽然成本低，但可能导致动物生长缓慢、疾病频发，反而增加了后续的治疗成本和生产成本。因此，合理控制饲料成本，选择性价比高的饲料，是畜牧业生产中提高经济效益的关键。

### （二）劳动力成本的影响因素

劳动力成本是畜牧业生产不可忽视的一部分。随着现代化畜牧业的发展，劳动力成本呈现出上升的趋势。这主要归因于劳动力市场的供需变化、工资水平的普遍提高以及畜牧业生产对劳动力技能要求的提升。在畜牧业生产中，劳动力的效率和质量直接关系到生产效率、疾病防控以及动物福利等多个方面。因此，提高劳动力素质、优化劳动配置、引入智能化和自动化设备，成为降低劳动力成本、提高生产效率的有效途径。

### （三）固定资产折旧与设备更新

固定资产折旧是畜牧业生产成本的重要组成部分，它反映了畜牧业生产过程中长期投资的成本回收情况。畜牧业生产所需的固定资产包括养殖设施、饲料加工设备、兽医诊疗设备等。这些设备的折旧不仅直接影响生产成本，还关系到生产效率和产品质量。随着技术的不断进步，设备的更新换代成为提高生产效率、降低能耗和减少污染的重要手段。因此，畜牧业生产者需要合理规划设备更新周期，确保设备始终处于良好的运行状态，以提高生产效益。

### （四）管理费用与疾病防治费用

管理费用与疾病防治费用是畜牧业生产成本中不可忽视的组成部分。管理费用涵盖了畜牧业生产过程中的组织协调、信息管理、市场营销等方面的费用。这些费用的高低直接影响畜牧业生产的运营效率和市场竞争力。而疾病防治费用则关系到动物的健康和产品质量，是畜牧业生产中必须重视的方面。有效的疾病防控措施能够降低动物的发病率和死亡率，减少治疗成本和生产损失。因此，畜牧业生产者需要建立健全的疾病防控体系，加强饲养管理，提高动物的抗病能力和生产性能，以降低管理费用和疾病防治费用，提高整体生产效益。

## 二、收益计算与预测

### （一）市场价格波动的影响

在畜牧业生产中，市场价格是影响收益计算与预测的关键因素之一。市场价格受到多种因素的影响，包括季节性变化、供需关系、政策调整等。例如，在节假日或特定消费高峰期，市场对畜产品的需求可能会增加，从而推高市场价格；而在生产过剩或消费者购买力下降时，市场价格则可能下跌。因此，在进行收益计算与预测时，必须充分考虑市场价格波动的影响，合理估计未来市场价格水平。

## （二）产量预测与成本控制

产量预测是收益计算与预测的基础。在畜牧业生产中，产量受到多种因素的影响，如动物品种、饲养管理、疾病防控等。通过优化饲养管理、提高动物健康水平，可以预期提高产量。同时，成本控制也是影响收益的重要因素。饲料成本、劳动力成本、兽医费用等都需要纳入考虑范围。通过精细化管理，如合理调配饲料、提高劳动生产率、优化兽医服务，可以有效控制成本，提高盈利能力。

## （三）销售策略与市场需求

销售策略的制定应基于市场需求。畜牧业生产者需要密切关注市场动态，了解消费者偏好和购买行为，以便制定有针对性的销售策略。例如，针对高端市场，可以生产高品质、高附加值的畜产品，如有机肉、草饲牛肉等；针对大众市场，则可以生产价格适中、品质稳定的畜牧产品。此外，销售渠道的选择也至关重要。通过拓展线上销售渠道、建立稳定的合作关系，可以扩大销售范围，提高市场占有率。

## （四）收益计算与风险评估

基于市场价格、产量预测和销售策略，畜牧业生产者可以进行收益计算。收益计算应综合考虑收入、成本和利润，以评估项目的盈利能力。同时，风险评估也是不可或缺的一环。畜牧业生产面临多种风险，如疾病风险、市场风险、自然灾害风险等。通过进行风险评估，可以识别潜在风险点，制定应对措施，降低风险对收益的影响。例如，通过购买保险、建立风险准备金等方式，可以有效应对风险，保障收益的稳定性。在进行收益计算与预测时，畜牧业生产者还应考虑长期发展的可持续性。这包括动物福利、环境保护、资源利用等方面的考量。通过采用环保养殖技术、提高资源利用效率、关注动物福利，可以实现畜牧业生产的可持续发展，为未来的收益增长奠定基础。

收益计算与预测在畜牧业生产中具有重要意义。通过综合考虑市场价格、产量预测、销售策略和风险评估等因素，畜牧业生产者可以做出明智的投资决策，提高盈利能力，实现可持续发展。

## 三、盈亏平衡点分析

### （一）盈亏平衡点的基本概念

在畜牧业生产中，盈亏平衡点是一个至关重要的概念，它指的是使总收入等于总成本的生产规模或价格点。当畜牧业生产者达到这一点时，其经营既不盈利也不亏损，处于盈亏平衡状态。盈亏平衡点的分析对于生产者判断经营风险、制订生产计划以及优化资源配置具有重要意义。

盈亏平衡点的计算通常涉及多个因素，包括固定成本、变动成本、单位售价以及销售量等。固定成本是指不随生产量变化而变化的成本，如设备购置费、租金、折旧费等；变动成本则是指随生产量增加而增加的成本，如饲料费、水电费、人工费等。单位售价是生产者销售每单位产品所获得的收入，而销售量则是生产者在一定时期内销售的产品数量。

### （二）盈亏平衡点在生产规模中的应用

在畜牧业生产中，盈亏平衡点可以帮助生产者确定合理的生产规模。生产者可以通过分析不同生产规模下的总收入和总成本，找到使两者相等的生产规模，即盈亏平衡点。当生产规模小于盈亏平衡点时，生产者将面临亏损的风险；而当生产规模大于盈亏平衡点时，生产者则有望实现盈利。然而，需要注意的是，盈亏平衡点并不是生产者追求的唯一目标。在实际生产中，生产者还需要考虑市场需求、产品质量、生产成本等多个因素，以确定最优的生产规模。此外，盈亏平衡点也会随着市场环境的变化而发生变化，生产者需要定期对其进行重新评估和调整。

### （三）盈亏平衡点在价格策略中的意义

盈亏平衡点还可以帮助生产者制定合理的价格策略。生产者可以通过分析不同价格水平下的销售收入和总成本，找到使销售收入等于总成本的价格点，即盈亏平衡价格。当实际售价高于盈亏平衡价格时，生产者将实现盈利；而当实际售价低于盈亏平衡价格时，生产者则将面临亏损的风险。在制定价格策略时，生产者需要综合考虑市场需求、竞争状况、生产成本以及盈亏平衡点等多个因素。通过制定合理的价格策略，生产者可以在保障自身利益的同时，满足市场需求并提升产品竞争力。

## （四）盈亏平衡点分析在风险管理中的作用

盈亏平衡点分析在畜牧业生产的风险管理中发挥着重要作用。通过盈亏平衡点的计算和分析，生产者可以清晰地了解自身的经营状况和风险承受能力。当市场环境发生变化时，生产者可以根据盈亏平衡点来调整生产计划、优化资源配置以及制定应对策略，以降低经营风险并保障经营稳定。此外，盈亏平衡点分析还可以帮助生产者进行成本控制和效益分析。通过对比不同生产方案下的盈亏平衡点，生产者可以选择成本更低、效益更高的生产方案，从而提高经营效率和盈利能力。

盈亏平衡点分析在畜牧业生产中具有重要意义。生产者应充分利用盈亏平衡点分析来制订生产计划、优化资源配置、制定价格策略以及进行风险管理，以实现经营效益的最大化。

## 四、经济效益评估指标

### （一）利润率

利润率是衡量畜牧业生产经济效益的核心指标之一，它直接反映了单位收入中净利润所占的比例。在畜牧业生产中，利润率的高低不仅受到销售收入的影响，还受到成本控制的制约。高利润率意味着畜牧业生产者在扣除所有成本后，仍能获得可观的盈利，这反映了其良好的经营管理和成本控制能力。相反，低利润率则可能意味着成本过高或销售价格不具竞争力，需要畜牧业生产者进行深入的剖析和调整。因此，利润率是衡量畜牧业生产经济效益的直观且重要的指标，它激励着畜牧业生产者不断优化生产流程、降低成本、提高产品质量，以实现更高的经济效益。

### （二）投资回报率

投资回报率是评估畜牧业生产经济效益的另一个关键指标，它反映了投资者在畜牧业生产中投入的资本所能获得的回报比例。在畜牧业生产中，投资可能包括购买养殖设施、饲料、劳动力等方面的支出。投资回报率的高低不仅取决于畜牧业生产的盈利状况，还受到投资规模、投资周期以及资金成本等因素的影响。高投资回报率意味着畜牧业生产能够高效利用投入的资本，为投资者带来丰厚的回报。这有助于吸引更多的资本投入畜牧业生产，推动其持续健康发展。相反,低投资回报率则可能使投资者对畜牧业生产失去信心,导致资本流失和产业发展受阻。因此,提高投资回报率是提高畜牧业生产经济效益的重要途径。

### (三)资金周转率

资金周转率是衡量畜牧业生产中资金流动效率的重要指标。它反映了畜牧业生产者从投入资金到收回资金所经历的时间周期以及资金的使用效率。在畜牧业生产中,资金周转率的高低直接影响畜牧业生产者的资金压力和运营效率。高资金周转率意味着畜牧业生产者能够迅速将投入的资金转化为销售收入,从而减轻资金压力,提高运营效率。这有助于畜牧业生产者更好地应对市场变化,抓住市场机遇,实现更高的经济效益。相反,低资金周转率则可能导致畜牧业生产者面临资金短缺的困境,影响其正常运营和发展。因此,提高资金周转率是提高畜牧业生产经济效益的重要手段之一。

### (四)综合经济效益评估

除了利润率、投资回报率和资金周转率等单项指标外,畜牧业生产的经济效益还需要通过综合评估来进行全面考量。这包括对畜牧业生产的规模效益、技术进步效益、资源利用效率以及环境效益等方面的评估。综合经济效益评估能够更全面地反映畜牧业生产的整体效益和可持续发展能力。通过综合经济效益评估,畜牧业生产者可以更加清晰地认识到自身在生产过程中的优势和不足,从而有针对性地制定改进措施和发展策略,以实现更高的经济效益和可持续发展目标。

## 五、市场分析与风险管理

### (一)市场需求变化分析

市场需求是畜牧业生产中的重要导向,其变化直接影响产品的销售和价格。随着消费者健康意识的提升,对高质量、绿色、有机畜产品的需求日益增长。这种需求变化促使畜牧业生产者调整生产结构,注重提升产品质量和安全性。同时,市场需求还受到季节性、地域性、文化习俗等多种因素的影响。例如,某些节日或特殊时期,特定畜产品的需求量会激增;而在某些地区,受饮食习惯影响,某些畜产品的需求可能较为稳定。因此,畜牧业生产者需密切关注市场需求变化，灵活调整生产计划，以满足市场需求，避免产品积压或短缺。

### （二）价格波动及其影响因素

价格波动是畜牧业生产中不可忽视的风险。市场价格受多种因素影响，包括生产成本、供需关系、政策调控、国际市场动态等。生产成本上升，如饲料价格上涨、劳动力成本增加，会推高畜产品价格；而供需关系失衡，如生产过剩或需求不足，则可能导致价格下降。政策调控，如补贴政策、进口限制等，也会对市场价格产生影响。此外，国际市场动态，如国际贸易政策、汇率变动等，也可能对国内市场价格产生冲击。畜牧业生产者需密切关注这些影响因素，合理预测价格走势，以便制定有效的销售策略，减少因价格波动带来的经济损失。

### （三）政策调整对畜牧业生产的影响

政策调整是畜牧业生产中必须考虑的因素。政府为了促进畜牧业健康发展，可能会出台一系列政策措施，如补贴政策、环保政策、动物福利政策等。这些政策对畜牧业生产既有正面影响，也有潜在挑战。补贴政策可以降低生产成本，提高畜牧业生产者的盈利能力；环保政策则要求畜牧业生产者采取更加环保的生产方式，减少环境污染；动物福利政策则强调关注动物健康与福利，提升畜产品质量。畜牧业生产者需深入理解政策精神，积极响应政策要求，调整生产策略，以适应政策变化，减少因政策调整带来的不确定性风险。

### （四）风险管理策略制定

面对市场需求变化、价格波动、政策调整等风险，畜牧业生产者需制定有效的风险管理策略。首先，加强市场调研，准确把握市场需求变化，灵活调整生产计划，减少产品积压或短缺风险。其次，建立成本控制系统，优化饲料配方，提高劳动生产率，降低生产成本，增强价格竞争力。同时，密切关注政策动态，及时了解政策变化对畜牧业生产的影响，调整生产策略，以适应政策要求。此外，建立风险预警机制，通过数据分析、专家咨询等方式，提前识别潜在风险，制定应对措施，降低风险发生概率。最后，考虑多元化经营策略，发展畜牧业相关产业，如饲料加工、畜产品深加工等，以分散经营风险，提高整体盈利能力。畜牧业生产者需深入分析市场需求变化、价格波动、政策调整等因素，制定有效的风险管理策略，以减少经济损失，保障畜牧业生产的稳定发展。

# 第三节 畜牧业生产的资源配置

## 一、土地资源利用

### （一）土地资源规划的重要性

在畜牧业生产中，土地资源的合理规划是确保生产效率和可持续性的基础。土地资源不仅承载着饲料作物的种植，还关系到放牧区的划分以及畜禽舍的建设。合理规划土地资源，能够最大化利用每一寸土地，提升畜牧业的整体效益。

饲料作物的种植是畜牧业生产中的关键环节。通过科学规划土地资源，将肥沃、水源充足的土地用于饲料作物的种植，可以确保饲料的充足供应，同时降低饲料成本。在选择饲料作物时，应考虑其适应性、产量以及营养价值，确保饲料作物的种植既能满足畜禽的营养需求，又能提高土地的利用效率。

### （二）放牧区的合理划分

放牧是畜牧业生产中的一种重要方式。合理划分放牧区，不仅能够充分利用草原资源，还能保护生态环境，防止过度放牧导致的土地退化。在划分放牧区时，应考虑地形、气候、植被类型以及畜禽种类等多个因素。通过科学规划，将不同类型的放牧区进行合理搭配，确保畜禽在放牧过程中能够获得充足的营养，同时减少对生态环境的破坏。此外，放牧区的划分还应考虑季节变化。在不同季节，植被的生长情况和畜禽的营养需求都会发生变化。因此，应根据季节变化调整放牧区的划分，确保畜禽在不同季节都能获得适宜的营养来源。

### （三）畜禽舍建设的土地利用

畜禽舍的建设是畜牧业生产中的一项重要任务。畜禽舍的建设不仅关系到畜禽的生存环境，还直接影响畜牧业的生产效率和可持续性。在畜禽舍建设时，应充分利用土地资源，确保畜禽舍的布局合理、紧凑，同时满足畜禽的生长和繁殖需求。畜禽舍的建设应考虑地形和气候条件。在地形平坦、排水良好的地方建设畜禽舍，可以确保畜禽舍的通风和采光良好，有利于畜禽的健康成长。同时，畜禽舍的建设还应考虑气候条件，确保畜禽舍在寒冷或炎热天气下都能为畜禽提供适宜的生存环境。

畜禽舍的建设还应注重环保和可持续性。通过采用节能材料、优化建筑结构等方式，减少畜禽舍对土地资源的消耗和环境的污染。同时，畜禽舍的废弃物处理也应纳入土地利用规划之中，通过堆肥、发酵等方式实现废弃物的资源化利用。

### （四）土地资源利用的持续优化

土地资源利用的持续优化是畜牧业生产中的一项长期任务。随着畜牧业生产规模的不断扩大和技术的不断进步，土地资源利用的方式和方法也应不断进行调整和优化。通过引进先进的农业科技和管理理念，提高土地资源的利用效率和质量。同时，还应加强土地资源保护的宣传教育，提高全社会的土地资源保护意识。

土地资源利用在畜牧业生产中具有重要意义。通过合理规划土地资源、提高土地利用效率和质量、持续优化土地资源利用方式和方法，可以确保畜牧业生产的可持续发展和整体效益的提升。

## 二、水资源管理

### （一）饮水安全的重要性

在畜牧业生产中，确保饮水安全是维护动物健康和生产性能的基础。动物的饮水需求直接关系到其生长发育、代谢活动以及健康状况。因此，提供清洁、无污染的水源是畜牧业生产中的首要任务。这要求畜牧业生产者必须重视水源的保护和管理，防止水源受到污染。同时，畜牧业生产者还需要定期对饮水设施进行清洗和消毒，确保水质的安全和卫生。通过加强饮水安全管理，畜牧业生产者可以有效预防疾病的发生和传播，提高动物的生产性能和产品质量，从而保障畜牧业生产的可持续发展。

## （二）节水灌溉技术的应用

在畜牧业生产中，特别是对于一些需要灌溉的饲料作物种植区域，节水灌溉技术的应用至关重要。节水灌溉技术包括滴灌、喷灌、渗灌等多种形式，它们能够根据作物的实际需水量进行精确灌溉，减少水资源的浪费。与传统的漫灌方式相比，节水灌溉技术能够显著提高水的利用效率，降低灌溉成本。此外，节水灌溉技术还能够减少土壤盐碱化的风险，改善土壤结构，提高作物的产量和品质。在畜牧业生产中，通过引入节水灌溉技术，畜牧业生产者可以在保障饲料作物正常生长的同时，实现水资源的节约和高效利用。

## （三）雨水收集与利用

雨水是自然界中宝贵的水资源之一。在畜牧业生产中，充分利用雨水资源不仅可以缓解水资源短缺的问题，还能够降低生产成本。为了实现雨水的有效收集和利用，畜牧业生产者可以采取一系列措施。例如，在养殖区域周围建设雨水收集系统，将雨水导入蓄水池或水窖中进行储存；在饲料作物种植区域设置雨水收集设施，利用雨水进行灌溉；在干旱季节，利用收集的雨水进行动物饮水补充等。通过这些措施，畜牧业生产者可以充分利用雨水资源，减少对地下水和自来水的依赖，实现水资源的可持续利用。

## （四）水资源管理的综合措施

畜牧业生产中的水资源管理是一个系统工程，需要采取综合措施来确保饮水安全和节约用水。除了上述提到的饮水安全管理、节水灌溉技术和雨水收集利用外，畜牧业生产者还需要加强水资源管理的宣传教育，提高员工和养殖户的水资源保护意识；建立健全水资源管理制度和监测体系，对水资源的使用情况进行实时监测和评估；加强与相关部门的合作与交流，共同推动水资源管理的创新和发展。通过这些综合措施的实施，畜牧业生产者可以实现对水资源的科学管理和高效利用，为畜牧业生产的可持续发展提供有力保障。

# 三、人力资源配置

## （一）劳动力需求评估

在畜牧业生产中，人力资源配置的首要任务是准确评估劳动力需求。这需要根据生产规模、技术需求以及生产流程来综合考量。生产规模的扩大往往伴随着劳动力需求的增加，而技术水平的提升则可能对劳动力的数量和素质提出新的要求。例如，自动化养殖设备的引入可以减少部分体力劳动，但同时也需要操作和维护这些设备的技术人员。此外，不同生产环节对劳动力的需求也存在差异，如饲料加工、动物饲养、疾病防控、产品加工等环节，对劳动力的专业技能和工作经验有着不同的要求。因此，在人力资源配置前，必须全面评估劳动力需求，确保劳动力的数量和质量能够满足生产需求。

### （二）劳动力结构优化

在评估劳动力需求的基础上，畜牧业生产者还需对劳动力结构进行优化。这包括根据生产需求，合理配置不同年龄段、性别、教育背景和技术水平的劳动力。例如，在需要高强度体力劳动的环节，可以适当配置年轻、体力充沛的劳动力；而在需要高度专业技能的环节，则应配置具有相关专业背景和工作经验的劳动力。同时，畜牧业生产者还应注重劳动力的培训和提升，通过内部培训、外部培训、师徒制等方式，提高劳动力的专业技能和综合素质，以适应生产需求的变化。此外，还可以通过激励机制，如绩效奖金、晋升机制等，激发劳动力的积极性和创造力，提高劳动生产率。

### （三）团队协作与沟通

团队协作与沟通是人力资源配置中的重要环节。畜牧业生产往往涉及多个生产环节和多个部门，需要不同劳动力之间的紧密配合和有效沟通。因此，畜牧业生产者应注重团队建设，营造积极向上的工作氛围，促进劳动力之间的协作与交流。这可以通过定期召开生产会议、设立跨部门沟通渠道、开展团队建设活动等方式来实现。同时，畜牧业生产者还应关注劳动力的心理健康，通过提供心理咨询服务、开展压力管理培训等方式，帮助劳动力缓解工作压力，提高团队协作能力。

### （四）灵活用工与人力资源调配

面对生产需求的变化，畜牧业生产者需要采取灵活用工策略，以适应生产规模和技术需求的变化。这包括根据生产需求，适时调整劳动力的数量和工作时间，以及采用临时工、兼职工、外包工等灵活用工方式。同时，畜牧业生产者还应注重人力资源的调配，通过内部轮岗、跨部门调配等方式，实现劳动力的合理利用和优化配置。这不仅可以提高劳动生产率，还可以激发劳动力的潜力和创造力，为畜牧业生产注入新的活力。

畜牧业生产中的人力资源配置是一个复杂而细致的过程，需要全面评估劳动力需求、优化劳动力结构、加强团队协作与沟通以及采取灵活用工策略。通过这些措施的实施，可以提高劳动生产率，降低生产成本，为畜牧业生产的可持续发展提供有力保障。

## 四、资金投入与融资策略

### （一）畜牧业生产资金需求评估

畜牧业生产是一个资本密集型行业，从初期的场地建设、设备购置，到日常的饲料采购、畜禽养殖、疾病防控，再到后期的产品加工、市场销售，每一个环节都需要大量的资金投入。因此，准确评估生产所需资金量是畜牧业生产者必须面对的首要问题。在评估资金需求时，畜牧业生产者应充分考虑生产规模、养殖品种、饲料成本、市场定位、预期收益等多个因素。例如，养殖不同品种的畜禽，其饲料成本、生长周期、销售价格等都会有所不同，这将直接影响资金需求的规模。同时，生产者还应根据自身的资金实力和风险承受能力，合理安排资金结构，确保资金的充足性和流动性。

### （二）融资计划的制订

在明确了资金需求后，畜牧业生产者需要制订详细的融资计划。融资计划应包括融资方式、融资金额、融资期限、还款方式等多个方面。在融资方式上，畜牧业生产者可以根据自身的实际情况，选择政府补贴、银行贷款、社会投资等多种渠道。政府补贴是畜牧业生产融资的重要来源之一。政府为了鼓励畜牧业发展，通常会提供一系列的政策扶持和资金补贴。畜牧业生产者应密切关注相关政策动态，积极申请符合条件的补贴项目，以降低生产成本和融资压力。

银行贷款是畜牧业生产融资的另一个主要渠道。畜牧业生产者可以通过向银行申请贷款，获得所需的资金支持。在申请贷款时，生产者应提供详尽的生产计划和还款计划，以证明自身的还款能力和信用状况。同时，生产者还应充分了解银行的贷款政策和利率水平，选择最符合自身需求的贷款产品。

## （三）资金风险管理与控制

畜牧业生产中的资金管理是一项复杂而细致的工作。生产者应建立健全的资金管理制度，加强对资金流动的监控和风险管理。这包括制订合理的预算计划、加强成本控制、提高资金使用效率等多个方面。在成本控制方面，畜牧业生产者应采取优化饲料配方、提高饲料转化率、降低疾病发生率等措施，以降低生产成本和资金消耗。同时，生产者还应加强财务管理，提高资金使用的透明度和规范性，防止资金流失和浪费。

## （四）融资策略的优化与创新

随着畜牧业生产规模的扩大和市场竞争的加剧，传统的融资方式已经难以满足畜牧业生产者的需求。因此，畜牧业生产者需要不断创新融资策略，拓宽融资渠道，降低融资成本。一方面，畜牧业生产者可以积极探索股权融资、债券融资等新型融资方式，吸引更多的社会资本投入畜牧业生产。另一方面，生产者还可以加强与金融机构的合作，共同开发适合畜牧业生产的金融产品和服务，如畜牧业保险、供应链金融等，以降低融资风险和成本。

畜牧业生产中的资金投入与融资策略是确保生产顺利进行和持续发展的关键。生产者应准确评估资金需求，制订合理的融资计划，加强资金风险管理与控制，并不断优化和创新融资策略，以适应市场竞争和产业升级的需求。

# 五、技术与设备更新

## （一）先进养殖技术的引进与应用

在畜牧业生产中，引进先进的养殖技术是提升生产效率、降低成本、增强市场竞争力的关键。这些先进技术涵盖了动物遗传育种、饲料配方优化、疾病防控、环境控制等多个方面。通过遗传育种技术的改进，可以培育出生长速度快、抗病能力强、肉质优良的动物品种，从而提高养殖效益。饲料配方优化技术则能够根据动物的不同生长阶段和营养需求，科学配制饲料，减少饲料浪费，提高饲料转化率。疾病防控技术的提升，如疫苗研发、生物安全措施的加强等，可以有效降低动物发病率，减少治疗成本，保障动物健康生长。环境控制技术的运用，如温湿度自动调节、通风换气系统的优化等，能够为动物提供适宜的生长环境，提高生产性能。这些先进技术的引进与应用，为畜牧业生产的现代化、高效化提供了有力支撑。

## （二）现代化养殖设备的更新与升级

现代化养殖设备的更新与升级是提高畜牧业生产效率的重要手段。随着科技的进步，畜牧业生产设备不断更新换代，从传统的简陋设备向自动化、智能化方向发展。例如，自动化喂养系统能够根据动物的营养需求和生长阶段，精确控制饲料的投喂量和时间，减少人工操作，提高喂养效率。智能化环境控制系统能够实时监测养殖环境的温湿度、光照等参数，并根据预设条件自动调节，为动物创造最佳的生长环境。智能化疾病监测系统能够实时监测动物的健康状况，及时发现并处理异常情况，降低疾病风险。这些现代化养殖设备的运用，不仅提高了生产效率，还降低了劳动力成本，增强了畜牧业生产的市场竞争力。

## （三）技术与设备更新的经济效益分析

引进先进养殖技术和更新现代化养殖设备，对于畜牧业生产的经济效益具有显著的提升作用。一方面，先进技术和设备的运用能够显著提高生产效率，缩短生产周期，增加产量和质量，从而提高销售收入。另一方面，通过优化饲料配方、减少疾病发生、提高资源利用效率等措施，可以有效降低生产成本，增加利润空间。此外，先进技术和设备的运用还能够提升畜牧业生产的整体水平和市场竞争力，为畜牧业生产者带来更多的商业机会和发展空间。因此，从经济效益的角度来看，引进先进养殖技术和更新现代化养殖设备是畜牧业生产实现可持续发展的必然选择。

## （四）技术与设备更新的挑战与对策

尽管引进先进养殖技术和更新现代化养殖设备对于畜牧业生产具有重要意义，但在实际操作过程中也面临着一些挑战。例如，新技术和新设备的引进需要投入大量的资金，对于资金实力较弱的畜牧业生产者来说可能存在一定的经济压力。此外，新技术和新设备的运用需要具备一定的专业知识和操作技能，这对于畜牧业生产者的技术水平和人员素质提出了更高的要求。为了应对这些挑战，畜牧业生产者可以通过多种途径寻求支持，如申请政府补贴、与科研机构合作、参加技术培训等。同时，加强内部管理，提高员工素质，也是确保新技术和新设备有效运用的关键。通过这些措施的实施，畜牧业生产者可以克服技术与设备更新过程中的困难,实现畜牧业生产的持续健康发展。

# 第四节 畜牧业生产的环境影响

## 一、温室气体排放

### (一)畜牧业温室气体排放现状

畜牧业作为农业领域的重要分支,其对环境的影响日益受到关注。其中,温室气体排放是畜牧业环境影响的重要方面。畜牧业生产过程中,动物呼吸、饲料生产、粪便管理等环节都会产生温室气体,如二氧化碳、甲烷和氧化亚氮等,这些气体的排放不仅加剧了全球气候变暖,还对生态环境造成了深远影响。因此,了解畜牧业温室气体排放的现状,对于制定有效的减排措施至关重要。

### (二)优化饲养管理减少排放

饲养管理是畜牧业生产中的关键环节,通过优化饲养管理,可以有效减少温室气体的排放。一方面,合理的饲养密度和饲养环境可以提高动物的生长效率和健康水平,减少因疾病和应激反应而产生的温室气体排放。另一方面,科学的饲养管理还可以降低饲料浪费,减少因饲料生产、运输和储存过程中产生的温室气体。例如,通过调整饲料配方,增加粗饲料比例,减少精饲料使用,可以降低反刍动物(如牛、羊)的甲烷排放。同时,优化饲养管理还包括定期清理动物粪便,减少粪便堆积产生的温室气体。

### (三)饲料配方改进与减排

饲料是畜牧业生产中不可或缺的资源,同时也是温室气体排放的重要来源。通过改进饲料配方,可以有效减少温室气体的排放。首先,选择低排放的饲料原料是关键。例如,使用低蛋白、高纤维的饲料原料,可以减少饲料生产过程中的碳排放。其次,通过添加特定的饲料添加剂,如酶制剂、微生物制剂等,可以提高饲料的利用率,减少饲料浪费和温室气体排放。此外,还可以利用农作物秸秆、青贮饲料等农业废弃物作为饲料资源,既减少了废弃物的排放,又降低了饲料成本。

### (四)粪便管理与减排技术

动物粪便管理是畜牧业生产中减少温室气体排放的重要方面。粪便的堆积和不当处理不仅会产生大量的温室气体,还可能对环境和人类健康造成威胁。因此,采取有效的粪便管理措施至关重要。一方面,可以通过建设粪便储存和处理设施,如粪便堆肥化、沼气发酵等,将粪便转化为有机肥料和生物能源,减少温室气体的排放。另一方面,可以推广粪便还田技术,将粪便作为农田的有机肥料,既减少了温室气体的排放,又提高了土壤的肥力。此外,还可以采用粪便固液分离技术,将粪便中的固体和液体部分分开处理,进一步降低温室气体的排放。

畜牧业生产中的温室气体排放是一个复杂而严峻的问题。通过优化饲养管理、改进饲料配方、加强粪便管理等措施,可以有效减少温室气体的排放,实现畜牧业的绿色发展。这些措施的实施不仅有助于保护生态环境,还能提高畜牧业的生产效率和经济效益,为畜牧业的可持续发展提供有力支撑。

## 二、水资源污染

### (一)水资源污染现状及危害

畜牧业生产中,畜禽粪便和清洗废水若处理不当,极易成为水源污染的主要源头。随着畜牧业规模化、集约化发展,这一问题愈发凸显。畜禽粪便中含有大量氮、磷等营养物质及病原体、重金属等有害物质,若未经妥善处理直接排放,会导致水体富营养化,引发藻类过度繁殖,消耗水中氧气,使水质恶化,影响水生生物的生存。同时,病原体还可能通过水源传播,对人类健康构成威胁。清洗废水则含有饲料残渣、消毒剂残留等,同样会对水质造成不良影响。

### (二)生物处理技术的应用

针对畜牧业生产中的水资源污染问题,生物处理技术提供了一种有效的解决方案。生物处理主要利用微生物的代谢作用,将畜禽粪便和废水中的有机物、氮、磷等污染物转化为无害或低毒物质。常见的生物处理方法包括好氧处理、厌氧处理及二者的组合工艺。好氧处理是在有氧条件下，通过微生物的氧化分解作用，将有机物转化为二氧化碳和水，同时实现氮、磷的去除。厌氧处理则是在无氧环境下，微生物将有机物转化为甲烷、二氧化碳等气体，此种方法适用于高浓度有机废水的处理。组合工艺则结合了好氧与厌氧处理的优势，能够更高效地去除污染物，同时回收能源，如甲烷可作为燃料使用。

### （三）水资源的循环利用

除了生物处理外，水资源的循环利用也是解决畜牧业水资源污染的有效途径。通过建设畜禽粪便和废水收集系统，将收集到的粪便和废水进行集中处理，处理后的水质达到灌溉或回用标准后，可用于农田灌溉、畜禽舍清洗或作为冲厕用水等，实现水资源的最大化利用。循环利用不仅能减少水资源的浪费，还能有效减轻对环境的压力。在循环利用过程中，应确保水质安全，避免污染物通过灌溉等途径再次进入环境。同时，考虑到不同地区的气候、土壤条件及作物需求，应选择适宜的灌溉方式和时间，以提高灌溉效率，减少水资源损失。

### （四）政策法规与监管机制

解决畜牧业水资源污染问题，还需依靠政策法规的引导和监管机制的完善。政府应出台相关政策，鼓励畜牧业生产者采用环保型养殖模式，推广生物处理技术和水资源循环利用技术，同时设定严格的排放标准，对违规排放行为进行处罚。此外，建立健全的水环境监测体系也至关重要。通过定期监测水质，及时发现和处理潜在的污染问题，确保水质安全。同时，加强公众环保意识教育，提高全社会对水资源保护的认识和参与度，共同推动畜牧业绿色可持续发展。

畜牧业生产中的水资源污染问题不容忽视，需通过生物处理技术、水资源循环利用、政策法规与监管机制等多方面的努力，共同守护宝贵的水资源，促进畜牧业与环境保护的和谐共生。

## 三、土壤退化与污染

### （一）土壤退化的成因与影响

在畜牧业生产中，长期放牧和不合理施肥是导致土壤退化的主要原因。长期放牧会使土壤表层植被遭受破坏，土壤裸露，易受风雨侵蚀，导致土壤结构破坏、肥力下降。同时，放牧过程中动物的踩踏也会使土壤紧实，影响土壤的透气性和保水能力，进一步加剧土壤退化。另外，不合理施肥也是土壤退化的重要因素。过量使用化肥会导致土壤酸碱度失衡，破坏土壤微生物群落，降低土壤肥力。此外，化肥中的重金属和其他有害物质还可能污染土壤，对环境和人类健康构成威胁。土壤退化不仅影响畜牧业生产的可持续发展，还可能导致生态系统失衡，降低生物多样性，对生态环境造成深远影响。

### （二）轮作休耕策略的实施

为了应对土壤退化问题，畜牧业生产中需要实施轮作休耕策略。轮作休耕是一种有效的土壤保护措施，通过在不同季节或年份种植不同作物或让土地休养生息，可以恢复土壤肥力，改善土壤结构，减少病虫害的发生。在畜牧业生产中，轮作休耕策略可以与放牧管理相结合，通过合理规划放牧区域和时间，避免过度放牧导致的土壤退化。同时，在休耕期间，可以种植绿肥作物或进行土壤改良，增加土壤有机质含量，提高土壤肥力。轮作休耕策略的实施，有助于实现畜牧业生产与土壤保护的良性循环，促进畜牧业生产的可持续发展。

### （三）有机肥施用的重要性

有机肥是改善土壤质量、提高土壤肥力的有效手段。与化肥相比，有机肥具有养分全面、肥效持久、改善土壤结构等优点。在畜牧业生产中，有机肥主要来源于动物粪便和农作物秸秆等废弃物。这些废弃物经过堆肥发酵处理，可以转化为富含有机质和微生物的优质肥料。施用有机肥可以增加土壤有机质含量，改善土壤团粒结构，提高土壤保水保肥能力。同时，有机肥中的微生物还可以促进土壤养分的转化和释放，提高土壤肥力。此外，有机肥的施用还可以减少化肥的使用量，降低土壤污染风险，对保护生态环境具有重要意义。

## （四）土壤保护与畜牧业生产的协调发展

土壤保护与畜牧业生产的协调发展是实现畜牧业可持续发展的关键。为了实现这一目标，需要采取一系列措施。首先，加强土壤监测和评估工作，及时了解土壤质量状况，为制定科学合理的土壤保护措施提供依据。其次，推广先进的畜牧业生产技术和管理模式，提高畜牧业生产效率，减少对土壤资源的过度依赖和破坏。再次，加强畜牧业生产者的环保意识和技能培训，提高他们的土壤保护意识和能力。最后，加强政策引导和扶持力度，鼓励畜牧业生产者采用环保型生产方式和技术手段，推动畜牧业生产与土壤保护的协调发展。通过这些措施的实施，可以实现畜牧业生产与土壤保护的良性循环，促进畜牧业生产的可持续发展。

## 四、生物多样性影响

### （一）畜牧业扩张对生物多样性的影响

畜牧业作为全球经济的重要组成部分，其扩张与发展不可避免地会对自然环境产生影响，其中对生物多样性的影响尤为显著。随着畜牧业规模的扩大，养殖区域不断拓展，原本的自然栖息地被大量占用，导致许多物种失去了生存和繁衍的空间。这种栖息地的丧失不仅减少了物种的数量，还可能导致生态系统的结构和功能发生变化，进而影响到整个生态系统的稳定性和可持续性。

### （二）合理规划养殖区域的重要性

面对畜牧业扩张对生物多样性的威胁，合理规划养殖区域显得尤为重要。规划时，应充分考虑当地的生态环境和生物多样性状况，避免在生态敏感区或生物多样性丰富的区域进行大规模养殖。同时，还应根据地形、气候、土壤等自然条件，选择适宜的养殖地点，确保养殖活动不会对当地生态系统造成过大的压力。此外，规划还应考虑养殖规模与环境的承载能力相匹配，避免过度开发导致生态失衡。

### （三）保护生态敏感区的措施

生态敏感区是生物多样性的重要保护区，也是维护生态平衡的关键区域。

在畜牧业扩张过程中，必须采取有效措施保护这些区域。一方面，可以通过建立生态保护区或自然保护区，限制或禁止在这些区域内进行养殖活动。另一方面，对于已经存在的养殖区域，可以实施生态修复工程，恢复受损的生态系统，提高生物多样性。此外，还可以通过推广生态养殖模式，如林下养殖、循环农业等，将养殖活动与生态保护相结合，实现经济效益与生态效益的双赢。

### （四）促进畜牧业与生物多样性保护协调发展

畜牧业与生物多样性保护并非不可调和的矛盾。通过创新养殖技术和模式，可以实现畜牧业与生物多样性的协调发展。例如，可以推广有机养殖和绿色养殖技术，减少养殖过程中对环境的污染和破坏；同时，利用生物技术提高饲料利用率和动物生长效率，减少养殖规模对资源的依赖。此外，还可以加强畜牧业与农业、林业等其他产业的融合，形成多元化的生态农业系统，提高生态系统的稳定性和生物多样性。

畜牧业扩张对生物多样性的影响不容忽视。通过合理规划养殖区域、保护生态敏感区、推广生态养殖技术和模式等措施，可以有效缓解畜牧业扩张对生物多样性的压力。这些措施的实施不仅有助于保护生态环境和生物多样性，还能促进畜牧业的可持续发展，实现经济效益与生态效益的和谐统一。

## 五、废弃物资源化利用

### （一）废弃物资源化利用的重要性

畜牧业生产中，畜禽粪便等废弃物若未得到妥善处理，不仅会造成环境污染，还会浪费宝贵的资源。因此，将畜禽粪便等废弃物转化为有机肥料、生物能源等，实现资源循环利用，对于减少环境污染、提升资源利用效率具有重要意义。畜禽粪便富含氮、磷、钾等植物生长所需的营养元素，是优质的有机肥料来源。通过科学合理的处理，可以将畜禽粪便转化为高效、安全的有机肥料，用于农田施肥，提高土壤肥力，促进农作物生长。这不仅解决了畜禽粪便处理问题，还促进了农业生产的可持续发展。

### （二）有机肥料的生产与应用

将畜禽粪便转化为有机肥料，需要经过堆肥发酵等处理过程。在堆肥过程中，微生物将粪便中的有机物分解为稳定的腐殖质，同时杀灭病原菌和寄生虫卵，确保肥料的安全性。此外，通过调节堆肥过程中的温度、湿度和通气条件，可以优化发酵过程，提高肥料的质量和效率。有机肥料的应用范围广泛，可用于各种农作物的种植。与化肥相比，有机肥料具有改善土壤结构、提高土壤保水保肥能力、促进作物根系生长等优势。长期使用有机肥料，还可以减少化肥的施用量，降低农业生产成本，提高农产品的品质和安全性。

### （三）生物能源的开发与利用

除了作为有机肥料外，畜禽粪便等废弃物还可以转化为生物能源，如沼气、生物柴油等。沼气是一种清洁、可再生的能源，可用于烹饪、发电等。通过建设沼气工程，将畜禽粪便等废弃物进行厌氧发酵，可以产生大量的沼气，满足畜牧业生产和生活用能需求。

生物柴油则是以油脂类原料（如畜禽粪便中的脂肪部分）通过化学反应转化而成的燃料。它具有环保、可再生、燃烧性能好等优点，是替代传统化石燃料的重要选择。通过生物能源的开发与利用，不仅可以减少畜牧业生产对化石能源的依赖，还可以降低温室气体排放，促进能源结构的优化和环境保护。

### （四）废弃物资源化利用的推广与政策支持

为了推动畜禽粪便等废弃物资源化利用的发展，需要加大推广力度和政策支持力度。政府应出台相关政策，鼓励畜牧业生产者采用环保型养殖模式，推广有机肥料和生物能源的生产与应用技术。同时，加大对废弃物资源化利用项目的资金扶持和技术支持，降低生产成本，提高市场竞争力。此外，还应加强公众环保意识教育，提高全社会对废弃物资源化利用的认识和参与度。通过举办培训班、现场示范、媒体宣传等方式，普及废弃物资源化利用的知识和技术，引导畜牧业生产者和广大农民积极参与废弃物资源化利用的实践，共同推动畜牧业生产的绿色转型和可持续发展。

畜禽粪便等废弃物的资源化利用是实现畜牧业生产与环境保护双赢的重要途径。通过有机肥料的生产与应用、生物能源的开发与利用以及推广与政策支持等多方面的努力，可以有效减少环境污染，提升资源利用效率，促进畜牧业的绿色可持续发展。

# 第三章　畜牧业遗传育种与繁殖

## 第一节　畜牧动物遗传育种的基本原理

### 一、遗传物质与基因

#### （一）DNA 与基因的基础概念

在畜牧动物遗传育种领域，DNA 与基因是两个核心概念。DNA，即脱氧核糖核酸，是生物体内遗传信息的载体，其结构由两条相互旋转的双螺旋链组成，链上的碱基序列编码了生物体的所有遗传信息。基因，则是 DNA 分子上具有遗传效应的特定片段，是控制生物性状的基本遗传单位。每个基因都包含了一段特定的碱基序列，这段序列决定了生物体某一方面的特性，如体型、毛色、抗病性等。

#### （二）基因的结构与功能

基因的结构复杂而精细，通常由编码区和非编码区组成。编码区是基因中实际参与蛋白质合成的部分，其碱基序列按照三联体密码子的方式对应着特定的氨基酸，从而决定了蛋白质的氨基酸序列。非编码区则包括启动子、终止子等调控元件，它们负责调控基因的表达时机和水平。基因的功能在于通过其编码的蛋白质来参与生物体的各种生命活动，如新陈代谢、生长发育、繁殖等。在畜牧动物遗传育种中，通过研究和利用基因的功能，可以实现对动物性状的定向改良。

#### （三）基因在遗传育种中的作用

基因在遗传育种中发挥着至关重要的作用。一方面，基因决定了畜牧动物的遗传特性，包括生长速度、繁殖性能、肉质品质、抗病性等关键性状。通过选择和培育携带优良基因的个体，可以逐步改良和优化畜牧动物的遗传组成，提高生产性能和经济效益。另一方面，基因也是实现遗传多样性的基础。在自然界中，不同物种和品种之间的基因差异构成了丰富的遗传多样性，为畜牧动物遗传育种提供了丰富的基因资源和选择空间。通过利用这些基因资源，可以培育出适应不同环境和市场需求的新品种。

### （四）基因作用机制与遗传育种策略

基因的作用机制涉及复杂的遗传调控网络，包括基因表达调控、基因互作、表观遗传修饰等多个层面。在畜牧动物遗传育种中，了解和利用这些机制对于制定有效的育种策略至关重要。例如，通过基因表达调控技术，可以实现对特定基因表达的精确调控，从而改变动物的性状表现。基因互作研究则有助于揭示多个基因共同影响某一性状的复杂机制，为精准育种提供理论依据。此外，表观遗传修饰也为畜牧动物遗传育种提供了新的视角和策略，通过改变基因的表观遗传状态来影响性状表现，为培育新品种开辟了新途径。

DNA、基因及其结构是畜牧动物遗传育种的基础。通过深入研究和利用基因在遗传育种中的作用和机制，可以实现对畜牧动物性状的定向改良和优化，推动畜牧业生产的可持续发展。

## 二、遗传规律

### （一）遗传的分离定律

遗传的分离定律又称为孟德尔第一定律，是遗传学中最基本的规律之一。它揭示了生物体在遗传过程中，成对的遗传因子在形成配子时会彼此分离，分别进入不同的配子中，独立地随配子遗传给后代。在畜牧动物遗传育种中，分离定律的应用主要体现在两个方面：一是可以用来检验种群的纯度，通过观察后代性状的分离情况，判断亲本是否为纯合子；二是可以指导杂交育种，通过选择具有优良性状的纯合亲本进行杂交，使优良性状在后代中得到稳定遗传。

### （二）遗传的自由组合定律

遗传的自由组合定律又称为孟德尔第二定律，它指出在生物体进行有性生殖时，位于非同源染色体上的非等位基因在形成配子时会自由组合，进入不同的配子中，从而增加了后代的遗传多样性。在畜牧动物遗传育种中，自由组合定律的应用主要体现在杂交育种和品种改良上。通过选择具有不同优良性状的纯合或杂合亲本进行杂交，利用自由组合定律的原理，可以在后代中筛选出同时携带多个优良性状的新品种或新品系，为畜牧业的可持续发展提供有力的遗传支撑。

### （三）遗传的连锁与交换定律

遗传的连锁与交换定律是遗传学中的第三大基本定律，它揭示了位于同源染色体上的非等位基因在遗传给后代时，往往表现出连锁遗传的现象，即这些基因在遗传过程中倾向于一起传递给后代。然而，在减数分裂的四分体时期，同源染色体上的非姐妹染色单体之间可以发生交叉互换，导致基因重组，产生新的基因型。在畜牧动物遗传育种中，连锁与交换定律的应用主要体现在基因定位、基因连锁分析和品种改良等方面。利用连锁与交换定律的原理，可以精确地定位目标基因在染色体上的位置，分析基因间的连锁关系，进而指导杂交育种和基因工程育种，培育出具有优良性状的新品种或新品系。

### （四）遗传规律在遗传育种中的应用

遗传规律在畜牧动物遗传育种中的应用是多方面的。首先，通过分离定律的应用，可以确保育种过程中亲本的纯度，提高后代的遗传稳定性。其次，利用自由组合定律的原理，可以实现不同优良性状的组合和重组，培育出具有多种优良性状的新品种或新品系。最后，通过连锁与交换定律的应用，可以精确地定位目标基因，分析基因间的连锁关系，为基因工程育种提供理论依据和技术支持。

遗传的分离定律、自由组合定律和连锁与交换定律在畜牧动物遗传育种中发挥着重要作用。这些定律的应用不仅提高了畜牧动物的遗传品质和生产性能，还为畜牧业的可持续发展提供了有力的遗传支撑。

## 三、遗传变异与选择

### （一）遗传变异的来源解析

在畜牧动物遗传育种领域，遗传变异是改良品种、提升性能的基础。遗传变异的来源多种多样，主要包括基因突变、基因重组、染色体变异等自然过程。基因突变是遗传变异的根本来源之一，它指的是基因序列发生随机改变，导致遗传信息出现差异。这些突变可以是碱基的替换、插入或缺失，它们能够产生新的基因型和表现型，为自然选择和人工选择提供丰富的遗传变异材料。值得注意的是，并非所有基因突变都是有益的，许多突变可能导致有害的表型效应，但正是这些变异为育种工作提供了潜在的改进空间。

基因重组则发生在减数分裂过程中，通过同源染色体的交换和非同源染色体的自由组合，使得来自不同亲本的遗传信息得以重新组合。这一过程增加了后代的遗传多样性，为自然选择和人工选择提供了更多的选择空间。基因重组在动物育种中尤为重要，因为它能够迅速地将优良性状组合在一起，加速新品种的培育。

染色体变异，如染色体数目或结构的改变，虽然较为罕见，但同样对遗传变异产生重要影响。这些变异可能导致显著的表型变化，甚至影响动物的生存和繁殖能力。在畜牧动物育种中，染色体变异通常被视为不利因素，但在某些情况下，也可能为育种工作带来新的突破点。

### （二）自然选择的作用机制

自然选择是自然界中生物进化的主要驱动力之一。在畜牧动物群体中，自然选择通过环境对个体表型的筛选作用，使得适应环境的个体更容易生存和繁殖，从而将其遗传信息传递给后代。这一过程逐渐淘汰了不适应环境的个体，促进了物种的适应性和进化。在畜牧动物育种中，自然选择的作用不容忽视。尽管人工选择已成为现代育种的主要手段，但自然选择仍在一定程度上影响着种群的遗传结构。例如，在恶劣的环境条件下，自然选择可能筛选出具有更强抗逆性、更高繁殖力的个体，这些个体在育种工作中具有重要的参考价值。

### （三）人工选择的方法与策略

人工选择是人类为了特定目的而进行的遗传变异筛选过程。在畜牧动物育种中，人工选择旨在通过选择具有优良性状的个体，快速培育出符合人类需求的新品种。人工选择的方法多种多样，包括表型选择、系谱选择、分子标记辅助选择等。表型选择是最直接的方法，它基于个体的外观、生长性能、繁殖能力等表型特征进行选择。系谱选择则利用个体的家族背景信息，通过追溯其祖先的遗传表现来预测其后代的性能。分子标记辅助选择则是利用现代生物技术手段，通过检测与特定性状紧密连锁的遗传标记来选择具有优良性状的个体。在人工选择过程中，策略的制定至关重要。育种工作者需要根据育种目标、环境条件、遗传背景等因素综合考虑，制定出合理的选择方案。同时，还需关注选择的遗传效应和环境效应，确保所选个体在不同环境下均能表现出良好的性能。

### （四）遗传变异与选择的协同作用

遗传变异与选择是畜牧动物遗传育种中不可或缺的两个方面。遗传变异为选择提供了丰富的遗传材料，而选择则是推动遗传变异向有利方向发展的主要动力。通过二者的协同作用，育种工作者能够不断地筛选出具有优良性状的个体，培育出适应性强、性能优异的新品种。

遗传变异与选择在畜牧动物遗传育种中发挥着至关重要的作用。深入理解和把握这两个方面的基本原理和机制，对于推动畜牧业的发展、提升动物生产性能具有重要意义。

## 四、遗传力与遗传相关

### （一）遗传力的定义

在畜牧动物遗传育种领域，遗传力是一个核心概念，它描述了某一性状表现受遗传因素影响的程度。简单来说，遗传力是衡量一个性状变异中由遗传因素决定的部分所占的比例。遗传力高，意味着该性状的变异主要由遗传因素引起，受环境因素影响较小；反之，遗传力低，则表明该性状的变异更多地受到环境因素的影响。了解遗传力的概念，对畜牧动物遗传育种工作至关重要，它能够帮助育种者更加准确地评估性状改良的潜力，制定合理的育种策略。

### （二）遗传力的计算方法与影响因素

遗传力的计算通常依赖于对大量个体性状表现的统计分析。一种常用的方法是利用亲本与子代之间的相关性来估算遗传力。具体来说，通过比较亲本性状与子代性状之间的相关系数，可以推算出遗传力的大小。此外，随着现代分子生物学技术的发展，利用基因型与表型之间的关联分析（GWAS）

也为遗传力的精确计算提供了新的手段。需要注意的是，遗传力的计算受到多种因素的影响，包括性状本身的复杂性、样本量的大小、环境条件的稳定性等。因此，在实际应用中，需要结合具体情况对遗传力进行准确评估。

### （三）遗传相关分析在预测后代性状表现中的应用

遗传相关分析是畜牧动物遗传育种中预测后代性状表现的重要手段。它基于遗传力理论，通过分析亲本之间以及亲本与子代之间的性状相关性，来推断后代性状的遗传趋势。具体来说，如果两个性状在亲本之间存在显著的遗传相关，那么它们在后代中也可能表现出相似的遗传趋势。通过遗传相关分析，育种者可以更加准确地预测后代性状的表现，从而优化育种策略，提高育种效率。例如，在猪的遗传育种中，通过分析生长速度与瘦肉率之间的遗传相关性，育种者可以选育出既快速生长又瘦肉率高的优良品种。

### （四）遗传力与遗传相关在育种实践中的综合运用

在畜牧动物遗传育种实践中，遗传力与遗传相关的综合运用是提高育种效率的关键。一方面，通过遗传力的评估，育种者可以筛选出具有优良遗传特性的亲本，为后代性状的改良奠定基础。另一方面，通过遗传相关分析，育种者可以更加准确地预测后代性状的表现，从而制定更加精准的育种策略。例如，在牛的遗传育种中，育种者可以通过分析乳产量与繁殖性能之间的遗传相关性，选育出既高产又具有良好繁殖性能的优良品种。此外，随着现代育种技术的发展，如基因编辑、全基因组选择等，遗传力与遗传相关的综合运用也将为畜牧动物遗传育种提供更加高效、精确的手段。

遗传力与遗传相关在畜牧动物遗传育种中发挥着重要作用。通过深入研究和理解这两个概念，育种者可以更加准确地评估性状改良的潜力，制定合理的育种策略，推动畜牧动物遗传育种工作的持续发展。

## 五、基因型与环境互作

### （一）基因型对动物性状表现的基础作用

在畜牧动物遗传育种中，基因型是决定动物性状表现的基础。基因型通过编码特定的蛋白质或调控基因表达，影响动物的生长、发育、繁殖、抗病性等关键性状。例如，某些基因型可能使动物具有更快的生长速度，而另一些基因型则可能使动物具有更强的抗病性。基因型的这种基础作用，使得在遗传育种过程中，通过选择具有优良性状的基因型，培育出具有高产、优质、抗病等优良性状的新品种。

### （二）环境对动物性状表现的重要影响

尽管基因型在决定动物性状中起着基础作用，但环境同样对动物性状表现具有重要影响。环境包括自然环境（如气候、土壤、水源等）和人为环境（如饲养管理、饲料营养、疾病防控等）。环境因素的改变，可以显著影响动物的生长发育和性状表现。例如，良好的饲养管理和营养丰富的饲料可以促进动物的生长，提高生产性能；而恶劣的环境条件则可能导致动物生长受阻，甚至引发疾病。因此，在畜牧动物遗传育种中，必须充分考虑环境因素对动物性状表现的影响。

### （三）基因型与环境互作对动物性状的综合影响

基因型与环境之间并非孤立存在，而是相互作用的。基因型为动物性状表现提供了基础框架，而环境则在这个框架内对性状进行修饰和调节。基因型与环境之间的互作，使得同一基因型在不同环境下可能表现出不同的性状。例如，某些基因型在温暖湿润的环境下可能表现出良好的生长性能，但在寒冷干燥的环境下则可能生长受阻。因此，在畜牧动物遗传育种中，必须综合考虑基因型与环境之间的互作关系，以制定科学合理的育种策略。

### （四）优化环境提高遗传改良效果

鉴于基因型与环境对动物性状表现的综合影响，优化环境成为提高遗传改良效果的重要手段。优化环境包括改善饲养管理、提高饲料质量、加强疾病防控等方面。通过优化环境，可以为动物提供一个更加适宜的生长条件，从而充分发挥其遗传潜力，提高生产性能。例如，通过合理的饲养管理和营养调控，可以促进动物的生长发育，提高肉品质；通过加强疾病防控，可以降低动物的发病率和死亡率，提高养殖效益。同时，优化环境还可以提高动物的抗病性和适应性，使其更好地适应各种环境条件，为畜牧业的可持续发展提供有力保障。

基因型与环境在畜牧动物遗传育种中发挥着重要作用。通过深入研究基因型与环境之间的互作关系，并采取相应的优化措施，可以充分发挥动物的遗传潜力，提高生产性能，为畜牧业的可持续发展提供有力支撑。

# 第二节　畜牧动物的遗传改良方法

## 一、选择育种

### （一）表型选择的特点与优势

表型选择作为畜牧动物遗传育种中最直观且历史悠久的选择方法，其基础在于直接观察并评估个体的外观特征、生长速度、繁殖性能等表型性状。这种方法无须深入了解遗传机制，仅凭经验即可实施，因此在传统育种中占据重要地位。

表型选择的显著优势在于其简便易行，成本相对较低。育种者只需通过肉眼观察或简单的测量工具，即可对大量个体进行筛选，快速识别出具有优良性状的个体。此外，表型选择能够直接反映环境对个体性能的影响，有助于选育出适应特定环境条件的品种。然而，表型选择也存在一定的局限性。由于表型是基因型与环境共同作用的结果，因此仅凭表型选择难以准确区分遗传变异与环境变异，可能导致选择的准确性受限。此外，表型选择通常需要较长的时间周期，因为优良性状的显现往往需要经过多代的繁殖和观察。

### （二）基因型选择的原理与应用

基因型选择，顾名思义，是基于个体遗传信息的选择方法。它利用现代遗传学原理和技术，如基因测序、基因芯片等，对个体的基因型进行精确鉴定，从而筛选出携带优良基因的个体。基因型选择的优势在于其能够直接针对遗传物质进行操作，避免了环境因素的干扰，提高了选择的准确性和效率。通过基因型选择，育种者可以更加精准地预测个体的未来性能，缩短育种周期，加速新品种的培育。

基因型选择也面临一些挑战。首先，基因型鉴定的成本相对较高，需要先进的仪器设备和专业的技术人员。其次，基因型与表型之间的关系并非完全一一对应，存在基因互作、表观遗传等复杂因素，这增加了基因型选择的难度。

### (三) 分子标记辅助选择的实践价值

分子标记辅助选择是结合了表型选择和基因型选择优点的一种先进育种方法。它利用与特定性状紧密连锁的遗传标记（如单核苷酸多态性 SNP、插入/缺失等）作为选择工具，通过检测这些标记的遗传状态来间接评估个体的基因型。分子标记辅助选择的优势在于其能够在早期阶段对个体进行筛选，显著缩短了育种周期。同时，由于分子标记与特定性状之间的连锁关系相对稳定，因此选择的准确性较高。此外，分子标记辅助选择还可以实现多性状的同时选择，提高了育种的效率和灵活性。

分子标记辅助选择也存在一些限制。首先，分子标记的开发和验证需要耗费大量的时间和资源。其次，不同品种、不同环境下的分子标记可能存在差异，这限制了其跨品种、跨环境的适用性。

### (四) 选择育种的综合考量

在畜牧动物遗传育种中，育种方法的选择应综合考虑多种因素。对于传统育种而言，表型选择仍然是一种不可或缺的方法，特别是在资源有限、技术条件有限的情况下。然而，随着现代遗传学技术的不断发展，基因型选择和分子标记辅助选择正逐渐成为育种工作的重要补充和升级。在实际应用中，育种者应根据育种目标、资源条件、技术水平等因素，灵活选择或组合使用不同的选择方法。同时，育种者还应注重遗传资源的保护和利用，避免过度依赖单一选择方法导致的遗传多样性丧失。通过综合考量，育种者可以更加科学、高效地推进畜牧动物遗传育种工作，为畜牧业的发展提供有力支撑。

## 二、杂交育种

### (一) 杂交育种的原理

杂交育种作为畜牧动物遗传育种的重要方法之一，其原理基于遗传学的两大基本原则：基因分离定律和基因自由组合定律。基因分离定律指出，在生物体形成配子（如精子和卵子）时，成对的遗传因子会分离，每个配子只获得其中一个遗传因子。而基因自由组合定律则表明，在形成配子的过程中，来自不同染色体的遗传因子会自由组合，产生多样化的基因型。通过杂交，可以将不同品种或品系间优良的遗传特性组合在一起，创造出具有多种优良性状的后代。

### （二）杂交育种的方法

杂交育种的方法主要包括亲本选择、杂交组合设计、后代选择与评估等步骤。首先，亲本选择是关键，需要选取具有优良性状、遗传稳定且适应性强的品种或品系作为杂交的亲本。其次，根据育种目标，设计合理的杂交组合，通常需要考虑亲本间的遗传差异、性状的互补性以及后代可能表现出的遗传特性。在杂交过程中，可以采用人工授精、自然交配等方式进行。杂交后，对后代进行细致的选择与评估，筛选出符合预期育种目标的个体，作为下一代的育种材料。

### （三）杂交育种的优势

杂交育种在畜牧动物遗传育种中展现出显著的优势。首先，通过杂交，可以实现优良性状的快速聚合，提高后代的生产性能和品质。例如，在养猪业中，通过杂交可以将瘦肉率高、生长速度快、抗病性强等优良性状组合在一起，培育出高产优质的瘦肉型猪种。其次，杂交育种有助于增加遗传多样性，提高后代对环境的适应能力和抗逆性。在面临疾病、气候变化等挑战时，具有遗传多样性的杂交后代往往表现出更强的生存能力和繁殖力。此外，杂交育种还可以促进新品种的培育，为畜牧业提供更加丰富多样的种质资源。

### （四）杂交后代的遗传特性预测

杂交后代的遗传特性预测是杂交育种过程中的重要环节。预测的准确性直接影响育种效率和目标性状的实现。预测杂交后代遗传特性的方法主要包括遗传标记辅助选择、基因组选择等现代生物技术手段。遗传标记辅助选择利用与性状紧密连锁的遗传标记来追踪目标基因在后代中的传递情况，从而预测后代的遗传特性。基因组选择则基于全基因组测序技术，通过比较亲本和后代的基因组信息，来评估后代的遗传价值和育种潜力。此外，还可以结合传统的表型选择方法，通过对后代性状的直接观测和评估，来验证预测结果的准确性。

杂交育种在畜牧动物遗传育种中发挥着重要作用。通过科学合理地运用杂交育种的原理和方法，结合现代生物技术手段进行遗传特性预测，可以培育出具有优良性状和遗传稳定性的新品种，为畜牧业的可持续发展提供有力支撑。

## 三、纯系育种

### （一）纯系育种的目标

纯系育种是畜牧动物遗传育种中的重要方法，其核心目标在于通过选择和繁育，培育出遗传稳定、性状一致、适应性强的优良品种。在纯系育种过程中，首要任务是筛选出具有优良性状的个体，这些性状可能包括生长速度、肉质、繁殖力、抗病性等。通过持续的选择和繁育，逐步固定这些优良性状，最终形成一个遗传稳定、性状一致的纯系群体。纯系育种不仅有助于提高动物的生产性能，还能增强其对特定环境的适应性，为畜牧业的可持续发展奠定坚实基础。

### （二）纯系育种的步骤

纯系育种的步骤通常包括以下几个阶段：首先，进行广泛的种质资源调查，收集具有优良性状的个体，建立基础群体；其次，通过遗传测定和性状评估，筛选出遗传背景清晰、性状表现突出的个体作为选育对象；再次，采用近亲繁殖的方式，如兄妹交配、回交等，逐步固定优良性状，减少遗传变异，形成纯系群体；最后，对纯系群体进行持续的遗传监测和性状评估，确保群体的遗传稳定性和性状一致性。

### （三）纯系育种的关键技术

纯系育种的成功离不开一系列关键技术的支持。其中，遗传测定和性状评估是核心技术，通过先进的分子生物学技术和统计分析方法，可以准确评估个体的遗传价值和性状表现，为选育工作提供科学依据。近亲繁殖技术也是纯系育种中不可或缺的一环，通过合理的近亲繁殖策略，可以加速优良性状的固定，同时避免过度近交导致的遗传衰退。此外，基因编辑、分子标记辅助选择等现代生物技术也在纯系育种中发挥着越来越重要的作用，它们为选育工作提供了更为精确和高效的手段。

### （四）纯系群体的建立和维护

纯系群体的建立和维护是纯系育种的关键环节。在建立纯系群体时，需要确保基础群体的遗传多样性和性状一致性，避免引入不良基因和性状。同时，还需要制订合理的选育计划，明确选育目标和选育策略，确保选育工作的顺利进行。在纯系群体的维护过程中，需要持续进行遗传监测和性状评估，及时发现和处理遗传变异和性状分离现象。此外，还需要加强群体管理，确保群体的健康和生产性能，为纯系育种提供稳定的基础。

为了确保纯系群体的长期稳定性和可持续性，还需要采取一系列措施。例如，建立严格的育种档案和数据库，记录个体的遗传信息和性状表现；加强群体间的遗传交流，避免过度近交导致的遗传衰退；推广先进的育种技术和方法，提高选育效率和准确性。通过这些措施的实施，可以确保纯系群体的长期稳定性和可持续性，为畜牧业的可持续发展提供有力支撑。

纯系育种在畜牧动物遗传育种中发挥着重要作用。通过明确的目标、科学的步骤、关键技术的支持和纯系群体的建立与维护，可以培育出遗传稳定、性状一致、适应性强的优良品种，为畜牧业的可持续发展奠定坚实基础。

## 四、转基因育种

### （一）转基因育种的原理概述

转基因育种作为现代生物技术的核心组成部分，其原理在于通过现代分子生物学技术，将一个或多个外源基因导入目标生物体的基因组中，从而实现对其遗传特性的定向改良。这一技术打破了传统育种中基因交流的自然界限，使得育种者能够跨越物种界限，将优良基因资源引入目标生物体，进而培育出具有优良性状的新品种。

在畜牧动物遗传育种领域，转基因育种技术为培育高产、优质、抗逆性强的新品种提供了前所未有的可能性。通过精准地修改动物基因组中的特定基因，育种者可以实现对动物生长速度、繁殖性能、肉质品质、抗病能力等关键性状的定向改良，从而满足畜牧业对高效、环保、可持续发展的迫切需求。

### （二）转基因育种的技术流程

转基因育种的技术流程主要包括目的基因的获取、基因表达载体的构建、受体细胞的选择与培养、外源基因的导入与整合、转化体的筛选与鉴定以及转基因动物的培育与繁殖等关键步骤。

首先,育种者需要通过基因克隆、基因合成等技术手段,获取与目标性状紧密相关的目的基因。其次,利用基因工程技术,将目的基因与适当的载体(如质粒、病毒载体等)结合,构建成基因表达载体。再次,选择适宜的受体细胞(如受精卵、胚胎细胞等),通过显微注射、电穿孔、基因枪等方法,将基因表达载体导入受体细胞。导入后,外源基因会在受体细胞内进行整合,形成稳定的遗传转化体。最后,通过分子生物学和遗传学方法,对转化体进行筛选和鉴定,确认其携带了目的基因,并具有预期的遗传性状。在此基础上,进一步培育转基因动物,并通过繁殖扩大种群规模。

### (三)转基因育种的安全性评估

转基因育种的安全性评估是确保其广泛应用的重要前提。安全性评估主要包括基因操作的安全性、转基因动物的安全性以及转基因产品的安全性三个方面。在基因操作层面,需要确保基因转移和整合过程的精确性和稳定性,避免对受体细胞基因组造成不必要的损伤或突变。在转基因动物层面,需要评估转基因动物在生长、发育、繁殖等方面的表现,确保其健康、安全且不会对生态环境造成潜在威胁。在转基因产品层面,需要严格检测转基因动物产品(如肉、奶、蛋等)的营养成分、安全性以及潜在的健康风险,确保其在人类食用或加工过程中不会对人体健康造成危害。

为实现这一目标,各国政府和科研机构已建立了完善的转基因生物安全评价体系,包括实验研究、中间试验、环境释放、生产性试验以及申请安全证书等多个阶段。这些评价体系旨在全面评估转基因生物的安全性,确保其在商业化应用前得到充分验证和监管。

### (四)转基因育种在畜牧业中的应用前景

转基因育种技术在畜牧业中的应用前景广阔。通过定向改良动物基因组中的关键基因,育种者可以培育出具有高产、优质、抗逆性强等优良性状的新品种,从而显著提高畜牧业的生产效率和经济效益。例如,在养猪业中,通过转基因技术培育出瘦肉率更高、生长速度更快的猪种,可以显著降低饲料消耗和生产成本,提高猪肉品质和市场竞争力。在奶牛养殖业中,通过转基因技术提高奶牛的产奶量和乳品质，可以满足市场对高品质乳制品的需求，促进奶牛养殖业的可持续发展。

此外，转基因育种技术还可以为畜牧业提供新的疾病防控手段。通过导入抗病基因或开发基因疫苗，可以有效提高动物的抗病能力和免疫力，减少疾病的发生和传播，降低畜牧业因疾病造成的损失。

转基因育种技术在畜牧业中具有巨大的应用潜力和价值。然而，其广泛应用仍需克服技术挑战、加强安全性评估和监管力度，以确保其在促进畜牧业可持续发展的同时，不会对人类健康和生态环境造成潜在威胁。

## 五、基因组选择

### （一）基因组选择的原理

基因组选择作为畜牧动物遗传育种领域的前沿技术，其原理基于全基因组范围内的遗传变异与性状表现之间的关联分析。简而言之，通过高通量测序技术获取大量个体的基因组信息，利用统计方法和机器学习算法，揭示遗传变异（如单核苷酸多态性 SNP、插入/缺失 InDel 等）与目标性状（如生长速度、肉质、抗病性等）之间的关联关系。这种关联关系允许育种者在个体早期甚至出生前，根据基因组信息预测其育种值，从而筛选出具有优良遗传特性的个体进行繁殖，加速遗传改良进程。

### （二）基因组选择的技术挑战

尽管基因组选择在理论上具有显著优势，但在实际操作中仍面临一系列技术挑战。首先，基因组数据的获取和解析需要高精度、高通量的测序技术和强大的计算能力支持。这不仅增加了成本，也对数据处理和存储提出了更高要求。其次，基因组选择依赖于大规模的训练群体来构建预测模型，这要求育种者拥有足够数量的表型数据和基因型数据，以确保模型的准确性和可靠性。最后，基因组选择还面临遗传变异复杂性、基因互作效应、基因型与环境互作等问题的挑战，这些都增加了预测模型的复杂性和不确定性。

### （三）基因组选择的实施策略

为了克服技术挑战，有效实施基因组选择，育种者需采取一系列策略。首先，建立完善的基因组数据库和表型数据库，确保数据的准确性和完整性。

这包括收集大量个体的基因组序列信息和表型数据，进行质量控制和标准化处理。其次，利用先进的统计方法和机器学习算法，构建精确的预测模型。这要求育种者具备深厚的遗传学、统计学和计算机科学背景，能够灵活运用各种算法和工具进行模型优化和验证。同时，加强跨学科合作，整合生物学、计算机科学、统计学等多领域的知识和技术，共同推动基因组选择技术的发展和应用。

### （四）基因组选择在畜牧动物遗传改良中的潜力

基因组选择在畜牧动物遗传改良中展现出巨大的潜力。首先，它能够实现早期选种，缩短育种周期，提高育种效率。通过基因组信息预测育种值，育种者可以在个体早期甚至出生前筛选出具有优良遗传特性的个体，避免了传统育种方法中需要大量时间和资源进行性能测定的弊端。其次，基因组选择能够精准定位影响目标性状的遗传变异，实现性状的定向改良。这有助于培育出更符合市场需求的高品质、高产量的畜牧动物品种。此外，基因组选择还有助于揭示遗传变异的复杂性，揭示基因互作和环境互作对性状表现的影响，为深入理解遗传机制提供新的视角和工具。

基因组选择作为畜牧动物遗传育种领域的一项革命性技术，其原理基于全基因组范围内的遗传变异与性状表现之间的关联分析。尽管在实施过程中面临一系列技术挑战，但通过建立完善的基因组数据库和表型数据库、利用先进的统计方法和机器学习算法构建预测模型、加强跨学科合作等策略，育种者可以克服这些挑战，有效实施基因组选择。基因组选择在畜牧动物遗传改良中展现出巨大的潜力，有望为畜牧业的可持续发展提供有力支撑。

## 第三节 畜牧动物的繁殖技术

### 一、自然交配与人工授精

#### （一）自然交配与人工授精的优缺点

在畜牧动物的繁殖技术中，自然交配和人工授精是两种主要的方法。它们各有优缺点，适用于不同的养殖环境和需求。

自然交配即动物间直接通过交配行为来繁衍后代，其优点在于能够较好地适应动物的生殖生理特点，发情揭发率较高，公牛或公畜能够适时找到发情母牛或母畜并配种，配种率和受胎率通常都比较高。此外，自然交配的方式较为自然，对动物的应激影响较小。然而，自然交配也存在一些不足。例如，公牛的利用率相对较低，因为每头公牛只能与有限的母牛交配；购牛成本高，饲养管理成本也相对较高；而且，自然交配过程中容易传播疾病，增加了疾病防控的难度。相比之下，人工授精则具有更多的优势。人工授精是通过人工方式将公畜的精液输入母畜的生殖道内，使其受精并妊娠。人工授精显著提高了优良公畜的配种效率，一头优质公畜可以配种数千头甚至上万头母畜，极大地加速了育种工作的进程和繁殖改良的速度。同时，人工授精可以避免生殖器官直接接触造成的疾病传播，有利于疾病的防控。此外，人工授精还可以克服地理和气候等自然条件的限制，实现远程配种，扩大优良基因的分布范围。

然而，人工授精也存在一些挑战。例如，母畜发情的人工揭发率相对较低，需要养殖者具备较高的专业知识和操作技能。同时，肉牛养殖的规模化、科学化水平还不尽完善，这在一定程度上影响了人工授精的普及和应用效果。另外，人工授精的操作过程相对复杂，需要专业的设备和人员支持。

## （二）人工授精的技术流程和操作要点

人工授精的技术流程主要包括监测发情、采集精液、处理精液、授精和效果观察等环节。监测发情是人工授精的第一步。养殖者需要密切观察母畜的发情表现，如外阴部红肿、黏液分泌增加等，以及行为变化，如接受爬跨等。通过准确判断母畜的发情时间，可以确保在最佳时机授精。

采集精液是人工授精的关键环节。采集精液时，需要确保采集环境的清洁和安静，避免对公畜造成过大的应激。采集到的精液需要进行质量检查，包括观察精子的活力、密度和形态等。处理精液是人工授精的重要步骤。处理精液包括去除死精子、感染性物质和过敏原等杂质，以及稀释、冷冻等处理过程。这些处理可以提高精子的存活率和受精能力。

授精是将处理后的精液输入母畜生殖道内的过程。授精时，需要确保母畜的生殖道处于适宜的状态，如宫颈口张开、黏液分泌正常等。同时，授精操作需要轻柔、准确，避免对母畜造成损伤。

效果观察是人工授精的最后一步。在授精后的一段时间内，需要密切观察母畜的妊娠反应和生长发育情况。通过验血或验尿等方式，可以判断母畜是否成功受孕。如果受孕成功，则需要继续加强饲养管理，确保胎儿的正常发育。

自然交配和人工授精各有优缺点，养殖者应根据实际情况选择适宜的繁殖方式。同时，人工授精作为一项先进的畜牧动物繁殖技术，具有广阔的应用前景和发展潜力。通过不断完善技术流程和操作要点，可以进一步提高人工授精的效率和成功率，为畜牧业的可持续发展提供有力支持。

## 二、体外受精与胚胎移植

### （一）体外受精的原理与技术流程

体外受精（IVF）是一种先进的畜牧动物繁殖技术，其原理在于将雌性动物的卵子和雄性动物的精子在实验室条件下进行人工结合，形成受精卵，再将其移植回母体子宫内继续发育。这一技术打破了自然交配的限制，为畜牧业提供了更为灵活和高效的繁殖方式。

技术流程上，体外受精主要包括卵子采集、精子采集与处理、体外受精、胚胎培养以及胚胎移植等关键步骤。卵子采集通常通过手术或非手术方式从雌性动物体内获取，而精子则通过采集雄性动物的精液并进行处理，以提高其受精能力。在体外受精环节，卵子和精子被置于特定的培养液中，通过人工控制的环境条件促进它们的结合。受精成功后，形成的受精卵会在培养液中继续培养一段时间，直至达到适合移植的阶段。最后，经过筛选的健康胚胎会被移植回雌性动物的子宫内，继续发育直至分娩。

### （二）胚胎移植的原理与技术流程

胚胎移植，又称受精卵移植或卵移植，是将体外受精或体内受精后形成的早期胚胎，从供体动物体内取出，移植到同种或异种受体动物子宫内，使其继续发育为新个体的技术。这一技术不仅提高了繁殖效率，还实现了优良遗传资源的共享和保存。

技术流程上，胚胎移植包括供体动物的超数排卵处理、胚胎收集、受体动物的选择与准备、胚胎移植以及移植后的管理等环节。供体动物经过超数排卵处理后，会排出比自然情况下更多的卵子，从而增加受精和形成胚胎的机会。胚胎收集通常通过非手术方式，如冲洗子宫或输卵管，将早期胚胎从供体动物体内取出。受体动物则需要经过严格的筛选和准备，以确保其能够接受并成功孕育移植的胚胎。在胚胎移植环节，经过筛选的健康胚胎会被移植到受体动物的子宫内，通过手术或非手术方式完成。移植后，受体动物需要接受一定的管理和护理，以确保胚胎的正常发育。

### （三）体外受精与胚胎移植的影响因素

体外受精与胚胎移植的成功率受到多种因素的影响，包括动物种类、年龄、健康状况、营养状况、环境条件以及技术操作水平等。动物种类和年龄是影响成功率的关键因素，不同种类和年龄的动物在生殖生理和生殖细胞质量上存在差异，从而影响体外受精和胚胎移植的效果。健康状况和营养状况也会影响动物的生殖能力和胚胎质量，进而影响移植成功率。环境条件如温度、湿度、光照等也会对体外受精和胚胎移植产生一定影响。此外，技术操作水平的高低也是决定成功率的重要因素，包括卵子采集、精子处理、体外受精条件、胚胎培养以及移植手术等环节的精细度和准确性。

### （四）体外受精与胚胎移植在畜牧业中的应用

体外受精与胚胎移植技术在畜牧业中具有广泛的应用前景。首先，这一技术可以显著提高繁殖效率，通过超数排卵和胚胎移植，可以在短时间内获得大量后代，加快优良品种的推广和遗传改良的速度。其次，体外受精与胚胎移植技术可以实现优良遗传资源的共享和保存，通过收集并保存优秀个体的胚胎，可以在需要时将其移植到受体动物体内，从而避免优良品种的流失。此外，这一技术还可以用于濒危物种的保护和繁殖，通过体外受精和胚胎移植，可以挽救濒危物种的种群数量，为其生存和繁衍提供新的希望。在畜牧业生产中，体外受精与胚胎移植技术还可以用于提高动物的抗病能力和生产性能，通过导入抗病基因或优化生产性状相关基因，培育出更加健康和高产的动物品种。

## 三、性别控制技术

性别控制技术在畜牧动物繁殖领域中具有重要意义，它通过对动物正常生殖过程进行人为干预，使成年雌性动物产出人们期望性别的后代。这项技术不仅提高了畜牧业的生产效益，还推动了畜牧业的科技进步。

### （一）性别控制的基本原理

性别控制的基本原理基于动物性别决定的遗传学机制。在哺乳动物中，性别由性染色体决定，雄性具有 XY 染色体，而雌性具有 XX 染色体。性别控制技术通过人为干预生殖细胞的性别组成，从而达到控制后代性别的目的。这一原理的实现依赖于对精子或胚胎的性别鉴定和选择，以及对生殖过程的精确调控。

### （二）激素处理在性别控制中的应用

激素处理是性别控制技术中的重要手段之一。通过利用某些激素人为地控制并调整母畜在一定时间内集中发情，可以使母畜在预定时间内同时受精，从而便于进行性别控制操作。常用的激素处理方法包括孕激素处理和前列腺素处理。孕激素处理可以人为地造成黄体期，控制发情；而前列腺素处理则能溶解卵巢上的黄体，中断周期黄体发育，使母畜同期发情。这些方法通过调整母畜的生殖周期，为性别控制提供了有利的时机。此外，激素处理还可以用于超数排卵和胚胎移植等过程中。通过注射促性腺激素等，可以增加母畜排卵的数量，提高胚胎移植的成功率。同时，激素处理还可以加速卵巢的恢复，提高母畜的繁殖效率。

### （三）分子标记辅助选择在性别控制中的应用

分子标记辅助选择（MAS）是一种先进的遗传育种技术，它利用分子遗传学方法寻找与性状连锁的遗传标记，并通过选择这些标记来实现对性状的改良。在性别控制中，MAS 技术可以用于寻找与性别决定相关的遗传标记，从而实现对性别的精确控制。

MAS 技术的基本步骤包括寻找分子遗传标记、进行连锁分析和 MAS 育种。首先，通过基因组分析，可以鉴定出与性别决定相关的基因或遗传标记。然后，利用这些标记进行连锁分析，确定它们与性别性状的连锁关系。最后，通过 MAS 育种，选择携带所需性别标记的个体进行繁殖，从而实现对后代性别的控制。

MAS 技术具有不受性别、时间和环境等因素影响的优点，可以显著提高性别控制的准确性和效率。同时，MAS 技术还可以用于改良其他低遗传力性状，如母猪的产仔数等，为畜牧业的遗传改良提供了新的途径。

### （四）性别控制技术的实际应用

性别控制技术在畜牧业中具有广泛的应用价值。首先，通过控制后代的性别比例，可以充分发挥受性别限制的生产性状（如泌乳）和受性别影响的生产性状（如生长速度、肉质等）的最大经济效益。其次，性别控制技术可以增加选种强度，加快育种进程。通过选择具有优良性状的同性后代进行繁殖，可以迅速提高种群的遗传水平。最后，性别控制技术还可以避免胚胎移植中出现的异性孪生不育现象，排除伴性有害基因的危害。在转基因动物生产中，性别控制技术还可以提高所需性别的利用价值，降低生产成本。

性别控制技术在畜牧动物繁殖领域中具有广泛的应用前景和重要的经济价值。通过不断研究和改进性别控制技术，可以进一步提高畜牧业的生产效益和遗传水平，推动畜牧业的可持续发展。

## 四、多胎繁殖技术

### （一）多胎繁殖技术原理

多胎繁殖技术旨在通过一系列科学手段，提高畜牧动物的繁殖效率，实现一次妊娠产生多个后代的目标。这一技术的核心原理在于优化动物的生殖生理过程，包括促进排卵、增加受精卵数量、改善胚胎着床环境等。通过调节动物的内分泌系统，特别是促性腺激素的分泌，可以刺激卵巢产生更多的卵子，进而增加与精子结合的机会，形成多个受精卵。同时，改善饲养管理和营养调控，也能为胚胎的发育提供更有利的条件，提高多胎妊娠的成功率。

### （二）多胎繁殖方法

1. 激素处理

激素处理是多胎繁殖技术中常用的一种方法。通过注射促性腺激素，如孕马血清促性腺激素或人绒毛膜促性腺激素，可以刺激母畜的卵巢发育，促进排卵。这种方法在母畜发情周期的不同阶段进行，以达到最佳效果。需要注意的是，激素的剂量和使用时机需根据母畜的体重、品种和繁殖状态等因素进行调整，以避免过度刺激导致的不良反应。

### 2. 胚胎移植

胚胎移植是另一种有效的多胎繁殖方法。该技术涉及将体外受精或体内受精后发育到一定阶段的胚胎，移植到受体母畜的子宫内。通过选择优质胚胎进行移植，可以提高多胎妊娠的成功率。此外，胚胎移植还可以实现优良品种的快速扩繁，提高畜群的遗传品质。

### 3. 营养调控

营养调控是多胎繁殖技术中不可或缺的一环。通过优化饲料的配方和营养成分，可以提高母畜的营养水平，进而促进卵巢发育和排卵。特别是蛋白质、维生素和矿物质等营养素的充足供应，对母畜的繁殖性能具有重要影响。同时，合理的饲养管理，如保持适宜的饲养密度、提供清洁的饮用水和舒适的饲养环境等，也有助于提高多胎率。

## （三）影响多胎繁殖的因素

多胎繁殖的成功率（即多胎率）受多种因素影响，包括遗传因素、年龄、产次、营养状况、饲养管理以及繁殖技术等。遗传因素方面，具有多胎遗传倾向的畜群更容易产生多胎妊娠。年龄和产次对多胎率也有一定影响，通常随着母畜年龄的增长和产次的增加，多胎率会有所提高。营养状况和饲养管理对母畜的繁殖性能具有直接影响，良好的营养和饲养条件有助于提高多胎率。此外，繁殖技术的选择和应用也是影响多胎繁殖成功率的关键因素。

## （四）提高多胎率的策略

为了提高多胎率，可以采取以下策略：首先，优化激素处理方案，根据母畜的具体情况选择合适的激素种类、剂量和使用时机；其次，加强胚胎移植技术的研究和应用，提高胚胎移植的成功率和多胎率；再次，注重营养调控和饲养管理，为母畜提供充足的营养和适宜的饲养环境；最后，加强繁殖技术的研究和创新，探索新的多胎繁殖方法和技术手段。这些策略的实施，可以显著提高畜牧动物的多胎率，为畜牧业的发展提供有力支持。

# 五、冷冻保存与解冻技术

## （一）精液冷冻保存与解冻技术

精液冷冻保存技术是将动物精液在超低温条件下进行保存，以便在需要时解冻并用于繁殖。这一技术对于畜牧业具有重要意义，特别是在优良品种的保存、遗传资源的保护和动物繁殖效率的提高方面。

精液冷冻保存的过程通常包括采集、处理、冷冻和解冻几个步骤。首先，通过特定的方法采集到精液后，需要进行一系列的处理，如稀释、添加冷冻保护剂等，以提高冷冻后的存活率。然后，将处理后的精液放入液氮中，利用液氮的超低温（-196 ℃）使精液迅速冷冻，从而达到长期保存的目的。在解冻时，需要将冷冻的精液从液氮中取出，并快速升温至适宜的温度，使其恢复活力。解冻后的精液可以用于人工授精，提高动物的繁殖效率。这一技术不仅适用于家畜，如猪、牛、羊等，也广泛应用于野生动物和濒危物种的繁殖保护中。

精液冷冻保存技术的优势在于可以长期保存高质量的精液，不受时间和地域的限制。同时，通过冷冻保存，可以保留动物的遗传资源，为后续的繁殖和育种工作提供有力支持。然而，这一技术也面临一些挑战，如冷冻过程中的损伤、解冻后的存活率等，需要不断优化和改进。

## （二）胚胎冷冻保存与解冻技术

胚胎冷冻保存技术是将体外受精形成的胚胎进行冷冻保存，以便在需要时解冻并移植到母体内。这一技术在畜牧业中同样具有重要意义，特别是在提高繁殖效率、降低生产成本和保存遗传资源方面。胚胎冷冻保存的过程包括胚胎的采集、培养、冷冻和解冻等步骤。首先，通过体外受精技术获得的胚胎，需要在特定的培养条件下进行培养，以确保其正常发育。然后，将胚胎放入含有冷冻保护剂的溶液中，通过快速降温的方式将其冷冻至液氮温度。

在解冻时，需要将冷冻的胚胎从液氮中取出，并快速升温至适宜的温度。解冻后的胚胎可以用于移植，提高动物的繁殖成功率。这一技术不仅适用于家畜，也广泛应用于野生动物和濒危物种的繁殖保护中。

胚胎冷冻保存技术的优势在于可以长期保存高质量的胚胎，避免重复进行体外受精和胚胎培养的过程，从而降低生产成本。同时，通过冷冻保存，可以保留动物的遗传资源，为后续的繁殖和育种工作提供有力支持。然而，这一技术也面临一些挑战，如冷冻过程中的损伤、解冻后的存活率和移植成功率等，需要不断优化和改进。

### (三)卵细胞冷冻保存与解冻技术

卵细胞冷冻保存技术是将动物的卵细胞进行冷冻保存,以便在需要时解冻并用于受精。这一技术在畜牧业中同样具有重要意义,特别是在保护珍稀物种、提高繁殖效率和保存遗传资源方面。卵细胞冷冻保存的过程包括卵细胞的采集、处理、冷冻和解冻等步骤。首先,通过特定的方法采集到的卵细胞,需要进行一系列的处理,如去除周围的颗粒细胞、添加冷冻保护剂等,以提高冷冻后的存活率。然后,将处理后的卵细胞放入液氮中,利用液氮的超低温使其迅速冷冻。

在解冻时,需要将冷冻的卵细胞从液氮中取出,并快速升温至适宜的温度。解冻后的卵细胞可以用于体外受精或移植,提高动物的繁殖成功率。然而,卵细胞冷冻保存技术相比精液和胚胎冷冻保存技术更为复杂,因为卵细胞的结构更为复杂,对冷冻和解冻过程中的损伤更为敏感。

### (四)冷冻保存与解冻技术在畜牧业中的应用

冷冻保存与解冻技术在畜牧业中具有广泛的应用前景。首先,在优良品种的保存和遗传资源的保护方面,这一技术可以长期保存高质量的精液、胚胎和卵细胞,为后续的繁殖和育种工作提供有力支持。其次,在提高繁殖效率方面,通过冷冻保存和解冻技术,可以避免重复进行采集、处理和培养的过程,从而降低生产成本。此外,在运输和保存方面,冷冻保存技术可以确保精液、胚胎和卵细胞在长途运输过程中的质量和安全性,为畜牧业的可持续发展做出贡献。

## 第四节 畜牧动物的繁殖管理与疾病防控

### 一、繁殖计划制订

#### (一)繁殖计划制订的原则

畜牧动物繁殖计划的制订需遵循科学性、实用性、前瞻性和可持续性四大原则。科学性体现在依据动物的生物学特性和繁殖规律,合理安排繁殖季节和周期，确保繁殖活动的高效进行。实用性则要求计划贴合实际生产条件，考虑现有设施、饲料供应及人力资源等因素，使计划具有可操作性。前瞻性意味着在制订计划时，要预估市场需求变化、疾病防控形势等，预留调整空间。可持续性强调繁殖计划应有利于维护生态平衡，避免过度开发资源，保障畜牧业的长期发展。

### （二）繁殖计划制订的步骤

制订繁殖计划的过程包括需求评估、资源盘点、策略规划、执行方案和时间表设定等步骤。首先，需明确生产目标，如年度出栏量、肉奶产量等，以此为基础评估繁殖动物的需求数量。其次，全面盘点现有繁殖种群的数量、年龄结构、健康状况及遗传品质，评估其对实现生产目标的支持能力。策略规划阶段，根据评估结果，确定繁殖策略，如是否引入优良种源、采用人工授精技术、实施早期断奶等措施。执行方案则细化到具体的饲养管理、疾病防控、营养供给等方面。最后，设定清晰的时间表，包括配种、妊娠监测、分娩、幼崽护理等关键时间节点，确保计划有序执行。

### （三）繁殖计划的关键要素

繁殖计划的关键要素涵盖种源选择、繁殖技术、营养管理、环境控制和健康管理。种源选择直接关系到后代的生产性能和遗传潜力，应依据生产目标和市场需求，选择适应性强、生长速度快、繁殖力高的品种。繁殖技术包括自然交配和人工授精等，需根据动物种类、性别比例、繁殖季节灵活应用。营养管理强调根据动物不同生理阶段（如空怀期、妊娠期、哺乳期）的营养需求，提供均衡的饲料配方，促进繁殖性能。环境控制涉及温度、湿度、光照、通风等方面的调节，创造适宜的生活条件，减少应激因素。健康管理则强调疾病预防和及时治疗，通过疫苗接种、定期驱虫、环境卫生等措施，保障繁殖群体的健康状态。

### （四）通过繁殖计划优化生产流程

繁殖计划的实施不仅关乎繁殖本身，更是对整个生产流程的优化。通过精确的时间规划，可以合理安排劳动力资源，避免忙闲不均，提高工作效率。营养管理的精细化有助于减少饲料浪费，提高饲料转化率，降低成本。同时，繁殖计划的执行促进了疾病防控体系的完善，减少了疾病带来的经济损失。

此外，通过持续优化繁殖策略，如引入基因编辑技术提升动物抗病能力和生长效率，采用信息化手段监测繁殖性能，可以进一步提升生产效率和产品质量，满足市场对高品质畜产品的需求。总之，繁殖计划是畜牧业生产管理的核心，其科学制订与有效执行对于提高整体生产效益、促进畜牧业可持续发展具有重要意义。

## 二、发情监测与配种管理

### （一）发情监测的方法与技术

发情监测是畜牧动物繁殖技术中的关键环节，它直接关系到配种时机的选择和受胎率的提高。发情监测的方法和技术多种多样，旨在通过观察和分析畜牧动物的外部行为和内部生理变化，准确判断其发情状态。外部观察法是最基本且常用的发情监测方法。它通过观察畜牧动物的外部表现和精神状态，如兴奋不安、食欲减退、外阴部肿胀湿润、有黏液分泌并排出等，来判断其是否发情及发情的程度。这种方法简单易行，适用于各种家畜，但准确性可能受到观察者的经验和主观判断的影响。

试情法则利用公畜对母畜的反应来判断发情状态。通过将公畜与母畜接触，观察母畜在性欲上对公畜的反应，如愿意接近雄性、弓腰举尾、后肢开张、频频排尿、有求配动作和接受爬跨等，来判断其发情程度。这种方法简便易行，表现明显，但需要确保公畜的体质健壮、性欲旺盛，且需定期进行试情，以便掌握母畜的性欲变化情况。

阴道检查法是通过使用阴道开张器扩开母畜的阴道，观察阴道黏膜的颜色、润滑度、子宫颈的颜色、肿胀度及开口大小和黏液的数量、颜色、黏稠度等，来判断母畜发情的程度。这种方法适用于大动物，如牛、马、驴等，但需要注意消毒和防止损伤阴道壁。

直肠检查法则是一种更为准确和有效的方法，特别适用于牛、马等大型家畜。技术人员将手伸进母畜直肠内，隔着直肠壁触摸卵巢上的卵泡发育程度，以确定配种时期。这种方法能够准确判断卵泡的发育程度，从而确定适宜的配种时间，但要求操作者具有丰富的经验和娴熟的操作能力。

此外，电阻值测定法、生殖激素测定法等现代科技手段也被应用于发情监测中。电阻值测定法通过测定母畜阴道黏液的电阻值来判断发情状态，而生殖激素测定法则通过测定母畜体液中生殖激素的水平来判断发情程度。这些方法虽然需要一定的设备和试剂，但能够提供更精确和客观的发情信息。

### （二）配种管理的策略与注意事项

配种管理是畜牧动物繁殖技术中的另一重要环节。合理的配种管理策略能够提高受胎率，减少空怀期，从而提高繁殖效率。

首先，选择合适的配种时间至关重要。一般来说，应在母畜发情后的适宜时间段内进行配种，以确保受精卵能够顺利着床和发育。配种时间的确定需要结合发情监测的结果和母畜的繁殖特点进行综合考虑。其次，配种方法的选择也需根据具体情况而定。人工授精和自然交配是两种常用的配种方法。人工授精能够减少公畜的使用频率，降低养殖成本，同时避免因公畜疾病感染而带来的风险。而自然交配则更接近于自然繁殖过程，有利于保持畜群的遗传多样性。在选择配种方法时，需要综合考虑母畜的繁殖特点、饲养条件以及经济成本等因素。

在配种过程中，还需要注意以下几点：一是确保母畜的身体健康，无疾病或感染；二是保持配种环境的卫生和安静，减少应激因素对母畜的影响；三是掌握正确的配种操作技巧，确保精液能够顺利注入子宫；四是配种后观察母畜的行为和反应，及时发现问题并采取措施进行处理。

此外，对于多次配种未受孕的母畜，需要进行详细的检查和诊断，找出原因并采取相应的治疗措施。同时，还需要加强饲养管理，提高母畜的营养水平和健康状况，为下一次配种做好准备。

发情监测与配种管理是畜牧动物繁殖技术中的重要环节。通过采用科学合理的发情监测方法和配种管理策略，能够提高受胎率，减少空怀期，从而提高畜牧动物的繁殖效率。

## 三、妊娠诊断与分娩管理

### （一）妊娠诊断的方法和技术

在畜牧动物繁殖技术中，准确判断雌性动物是否妊娠是至关重要的一环。这不仅关系到后续的管理措施，还直接影响到繁殖效率和经济效益。妊娠诊断的方法和技术多种多样，包括观察法、生物化学法、超声波检查等。观察法是最直接且常用的方法之一。通过观察雌性动物的体态、行为及生理变化，可以初步判断其是否妊娠。例如，妊娠后的动物往往食欲增加，体重逐渐上升，腹部逐渐隆起，乳房开始发育等。然而，观察法存在主观性强、准确性有限的缺点，往往需要结合其他方法进行综合判断。

生物化学法则更为精确。这种方法通常通过检测动物尿液或血液中的特定激素来判断是否妊娠。其中，人绒毛膜促性腺激素是判断妊娠的重要指标之一。在妊娠初期，人绒毛膜促性腺激素的分泌量会显著增加，通过检测其含量可以较为准确地判断妊娠状态。此外，孕酮等激素的检测也可以作为辅助手段。

超声波检查则是目前最为准确和直观的妊娠诊断方法。通过超声波仪器，可以清晰地观察到动物子宫内的情况，包括胚胎的数量、大小、位置以及发育情况等。这种方法不仅准确率高，而且不会对动物造成任何伤害，因此在畜牧业中得到了广泛应用。

### （二）分娩管理的关键步骤

分娩是畜牧动物繁殖过程中的重要环节，直接关系到新生动物的成活率和健康状况。因此，做好分娩管理至关重要。分娩前的准备工作是分娩管理的第一步。这包括为动物提供舒适、安静的分娩环境，保持其身体清洁，并准备好必要的分娩工具和药品。同时，还需要对动物的分娩时间进行预测，以便及时采取措施。在分娩过程中，需要密切关注动物的动态，包括其呼吸、心率、体温等生命体征。当动物出现分娩征兆时，如频繁排尿、排便、腹部剧烈收缩等，应及时协助其分娩。这包括轻轻按压动物的腹部，帮助其调整胎位，以及适时剪断脐带等。

分娩后的管理工作同样重要。这包括对动物进行产后护理，如清洁产道、注射抗生素等，以防止感染。同时，还需要为新生动物提供适宜的生存环境和营养支持，确保其健康成长。

### （三）应急处理措施

在分娩过程中，可能会出现各种紧急情况，如难产、胎位不正、产后大出血等。针对这些情况，需要采取及时有效的应急处理措施。对于难产的情况，可以通过手术助产或药物催产等方式进行处理。在处理过程中，需要保持冷静，遵循无菌操作原则，避免对动物造成额外的伤害。对于胎位不正的情况，可以通过轻轻调整胎位或采用其他助产手段进行处理。在处理过程中，需要密切关注动物的反应和生命体征，确保安全。

对于产后大出血等紧急情况，需要及时采取止血措施，并注射抗生素以防止感染。同时，还需要对动物进行密切观察，确保其生命体征稳定。

妊娠诊断与分娩管理是畜牧动物繁殖技术中的重要环节。通过准确判断雌性动物的妊娠状态，可以为后续的管理措施提供有力支持。同时，做好分娩管理工作，可以确保新生动物的成活率和健康状况，提高繁殖效率和经济效益。在应对分娩过程中的紧急情况时，需要保持冷静，采取及时有效的应急处理措施，确保动物的安全和健康。

## 四、繁殖障碍的诊断与治疗

### （一）繁殖障碍的病因分析

畜牧动物的繁殖障碍是多种因素共同作用的结果，主要可以分为生理、营养、环境和管理四大类。生理因素包括内分泌失调、生殖器官发育异常或病变等，如母畜的卵巢功能异常、公畜的精子生成障碍等，这些直接影响动物的繁殖能力。营养因素则体现在饲料中营养成分不足或比例失衡，如缺乏维生素E、硒等抗氧化物质，会影响动物的繁殖机能。环境因素包括高温、高湿、寒冷、噪声、空气质量差等，这些应激条件会增加繁殖障碍的风险。管理因素涵盖饲养密度过大、运动不足、配种时机不当等，不合理的管理方式同样会对繁殖性能产生负面影响。

### （二）繁殖障碍的诊断方法

繁殖障碍的诊断需要综合运用临床观察、实验室检测和影像学检查等手段。临床观察是最直接的方法，通过观察动物的发情表现、性行为、妊娠反应等，初步判断是否存在繁殖障碍。实验室检测则包括血液生化分析、激素测定、精液质量评估等，这些检测能够提供更精确的生理数据，帮助定位问题所在。影像学检查如超声波检查，可用于观察生殖器官的形态结构，诊断子宫、卵巢、睾丸等器官的疾病。此外，遗传检测在某些特定情况下也是必要的，如排查遗传性疾病对繁殖性能的影响。

### (三)繁殖障碍的治疗方法

治疗繁殖障碍的方法需根据病因的不同而有所区别。对于生理因素导致的障碍,如内分泌失调,可通过激素疗法调整激素水平,恢复生殖机能。营养缺乏引起的障碍,需通过调整饲料配方,补充缺乏的营养素,如增加维生素、矿物质的供给。环境应激引起的繁殖障碍,应改善饲养环境,减少应激因素,如提供适宜的温湿度、减少噪声干扰。对于生殖器官病变,可能需要手术治疗,如切除病变组织、修复损伤等。此外,结合中兽医理论,采用中草药调理,也能在一定程度上改善繁殖性能。

### (四)通过营养调控和疾病防控减少繁殖障碍

营养调控是预防繁殖障碍的重要手段。合理的饲料配方不仅能满足动物的基本营养需求,还能增强免疫力,提高繁殖性能。应根据动物的种类、年龄、生理阶段和生产目标,科学配制饲料,确保营养全面均衡。同时,应加强疾病防控,定期接种疫苗,做好卫生消毒工作,减少病原体的侵入,降低疾病发生率。对于已知的繁殖障碍高风险动物,应提前进行预防性治疗,如补充抗氧化剂、调节免疫功能的药物等。此外,建立良好的饲养管理制度,如合理的运动安排、科学的配种计划,也是减少繁殖障碍、提高繁殖效率的关键。总之,通过综合施策,从营养调控、疾病防控、饲养管理等多方面入手,可以有效减少畜牧动物的繁殖障碍,保障畜牧业的健康发展。

## 五、生物安全与防疫措施

### (一)生物安全的重要性

在畜牧动物繁殖技术中,生物安全扮演着至关重要的角色。它不仅是保障畜牧动物健康、提高繁殖效率的基础,更是预防和控制动物疾病传播、维护公共卫生安全的关键。生物安全通过一系列的管理措施和技术手段,旨在减少病原体对畜牧动物群体的威胁,确保动物繁殖过程的顺利进行。

生物安全的重要性体现在多个方面。首先,它能够有效防止外来病原体的侵入,降低动物疾病的发生风险。在畜牧动物繁殖过程中,一旦有病原体侵入,不仅会影响动物的健康和繁殖性能,还可能通过动物产品传播给人类,造成公共卫生问题。其次,生物安全有助于维护畜牧动物群体的遗传多样性,防止因疾病导致的遗传资源损失。最后，良好的生物安全措施还能提高畜牧动物的生产性能和产品质量，增加养殖效益。

### （二）防疫措施的实施策略

防疫措施是生物安全的重要组成部分，其实施策略涉及多个方面。首先，建立严格的动物隔离制度是关键。新引进的畜牧动物应经过一段时间的隔离观察，确认无疾病后方可进入主群，以防止病原体随新动物传入。其次，加强动物饲养管理也是防疫措施的重要一环。应保持饲养环境的清洁卫生，定期消毒，减少病原体滋生的机会。同时，合理搭配饲料，提高动物的营养水平，增强其抵抗力。最后，疫苗接种也是预防动物疾病的有效手段。应根据当地疾病流行情况和动物种类，制订科学的疫苗接种计划，确保动物体内产生足够的抗体，以抵抗病原体的侵害。

### （三）防疫措施的注意事项

在实施防疫措施时，需要注意以下几点。首先，防疫措施应具有针对性和科学性，根据动物种类、疾病流行情况和饲养环境等因素，制定切实可行的防疫方案。其次，防疫措施应持之以恒，不能因一时之便而放松警惕，否则可能导致病原体趁机侵入。同时，防疫措施还应注重综合防控，将饲养管理、疫苗接种、隔离观察等多种手段有机结合，形成完整的防疫体系。最后，防疫人员应接受过专业培训，掌握正确的防疫知识和技能，确保防疫措施的有效实施。

### （四）通过生物安全控制减少疾病传播风险

生物安全控制是减少畜牧动物疾病传播风险的有效手段。通过加强动物饲养管理、建立严格的动物隔离制度、实施科学的疫苗接种计划等措施，可以有效降低病原体在动物群体中的传播概率。此外，还应加强动物疫病的监测和预警工作，及时发现和处理疫情，防止疫情扩散。同时，加强动物产品流通环节的监管，确保动物产品从生产到销售的每一个环节都符合生物安全要求，防止病原体通过动物产品传播给人类。

生物安全在畜牧动物繁殖技术中具有举足轻重的地位。通过实施科学的防疫措施和生物安全控制手段，可以有效降低动物疾病的发生风险，保障畜牧动物的健康和繁殖效率，维护公共卫生安全。因此，在畜牧动物繁殖过程中，应高度重视生物安全工作，确保其得到有效落实。

# 第五节　畜牧动物遗传资源的保护与利用

## 一、遗传资源评估与分类

### （一）遗传资源评估方法

在畜牧动物遗传育种领域，遗传资源的评估是保护和利用这些资源的基础。评估方法主要包括基因型评估、表现型评估以及综合评估。基因型评估主要依赖于现代分子生物学技术，如基因测序、基因芯片等，通过对动物个体的遗传物质进行检测，了解其基因组成和变异情况。这种方法能够直接揭示动物遗传潜力的本质，为遗传资源的保护和利用提供科学依据。

表现型评估则是通过观察和分析动物个体的外观特征、生产性能、繁殖能力等表型性状，来评估其遗传价值。这种方法虽然相对直观，但受到环境因素的影响较大，因此在评估时需要综合考虑多种因素，以提高评估的准确性。

综合评估则是将基因型评估和表现型评估相结合，综合考虑动物的遗传组成和表型性状，以更全面地评估其遗传价值。这种方法能够更准确地反映动物的遗传潜力，为遗传资源的保护和利用提供更加可靠的依据。

### （二）遗传资源分类标准

遗传资源的分类标准主要依据其遗传特性、经济价值、生态价值以及保护状况等因素进行划分。根据遗传特性，可以将遗传资源分为地方品种、培育品种和引进品种等。地方品种通常具有独特的遗传特性和适应性，是当地畜牧业生产的重要基础；培育品种则是通过人工选育形成的，具有优良的生产性能和遗传稳定性；引进品种则是从国外引进的，通常具有高产、优质等优良特性。

根据经济价值，可以将遗传资源分为高价值资源、中价值资源和低价值资源等。高价值资源通常具有显著的经济效益，如高产奶牛、优质肉羊等；中价值资源则具有一定的经济价值，但相对较为普遍；低价值资源则经济价值较低，但可能具有独特的遗传特性或生态价值。

根据生态价值，可以将遗传资源分为濒危物种、珍稀物种和普通物种等。濒危物种和珍稀物种通常具有极高的生态价值，是生物多样性保护的重点对象；普通物种则相对较为常见，但其遗传资源同样值得保护和利用。

根据保护状况，可以将遗传资源分为已保护资源、待保护资源和未保护资源等。已保护资源通常已经建立了相应的保护机制，如建立保护区、实施品种保护计划等；待保护资源则尚未得到充分的保护，需要加大保护力度；未保护资源则可能面临灭绝的风险，需要立即采取措施进行保护。

### （三）合理保护和利用遗传资源

在评估分类的基础上，合理保护和利用遗传资源是畜牧动物遗传育种工作的重要任务。对于具有独特遗传特性和适应性的地方品种，应通过建立保护区、实施品种保护计划等措施，加强其保护力度，防止其灭绝或遗传特性丧失。同时，可以通过人工选育和杂交育种等手段，提高其生产性能和适应性，使其更好地适应现代畜牧业生产的需求。

对于具有高产、优质等优良特性的培育品种和引进品种，应加大推广力度，提高其市场占有率。同时，可以通过基因编辑等现代生物技术手段，进一步挖掘其遗传潜力，培育出更加优良的新品种。还应加强遗传资源的监测和管理，建立遗传资源数据库和信息系统，及时掌握遗传资源的动态变化情况，为保护和利用提供科学依据。同时，加强国际合作与交流，共同推动全球畜牧动物遗传资源的保护和利用工作。

遗传资源的评估与分类是畜牧动物遗传育种工作的重要基础。通过科学的评估方法和分类标准，可以全面了解遗传资源的遗传特性、经济价值、生态价值以及保护状况等信息，为合理保护和利用遗传资源提供科学依据。在保护和利用过程中，应注重平衡各方利益，实现遗传资源的可持续利用和生物多样性保护的双赢。

## 二、遗传资源库建设

### （一）遗传资源库建设的原则

畜牧动物遗传资源库的建设需遵循科学性、系统性、可持续性和共享性原则。科学性体现在资源收集、保存、评估和利用的各个环节都应基于遗传学、育种学和生物信息学的最新研究成果，确保资源的准确性和可靠性。系统性要求资源库涵盖广泛的遗传材料，包括基因、染色体、细胞、组织以及活体动物，形成完整的遗传资源体系。可持续性强调资源库的建设应考虑长期保存的需求，采用先进的保存技术和方法，确保资源的长期稳定性和可用性。共享性则是指资源库应面向科研、教育和产业界开放，促进遗传资源的交流与合作，推动畜牧业的科技进步。

### （二）遗传资源库建设的内容

遗传资源库的建设内容主要包括遗传材料的收集、保存、评估、管理和利用。收集环节需广泛搜集国内外优良品种、地方品种、濒危品种以及具有特殊遗传特性的个体，确保资源的多样性和代表性。保存环节需采用低温冷冻、基因库保存、活体保种等多种方式，根据遗传材料的类型和特点选择合适的保存方法。评估环节则是对遗传资源进行遗传多样性、遗传品质、适应性等方面的评估，为资源的合理利用提供依据。管理环节涉及资源的分类、编码、存储、更新和信息安全，确保资源的规范化和高效管理。利用环节则是通过遗传资源的共享、交流、合作和转化，推动畜牧业的遗传改良和品种创新。

### （三）遗传资源库建设的关键技术

遗传资源库建设的关键技术包括遗传材料的采集与处理技术、保存技术、遗传评估技术和信息管理技术。采集与处理技术涉及样本的采集、处理、纯化和质量控制，确保遗传材料的完整性和纯度。保存技术包括低温冷冻保存、基因库保存和活体保种技术，需根据遗传材料的类型和特点选择合适的保存方法，确保资源的长期稳定性和可用性。遗传评估技术则是对遗传资源进行遗传多样性、遗传品质、适应性等方面的评估，包括基因分型、基因组测序、遗传标记分析等，为资源的合理利用提供科学依据。信息管理技术则是建立遗传资源库的信息管理系统，实现资源的数字化、网络化和智能化管理，提高资源的管理效率和利用效率。

### （四）通过遗传资源库实现遗传资源的长期保存和共享

遗传资源库的建设不仅有助于实现遗传资源的长期保存，还能促进资源的共享和利用。通过采用先进的保存技术和方法，如低温冷冻保存、基因库保存等，可以确保遗传资源在长时间内保持其遗传特性和生物活性，为后续的遗传研究和育种工作提供宝贵的材料。同时，遗传资源库的建设还促进了资源的共享和交流，通过建立完善的信息管理系统和共享机制，科研人员、育种专家和产业界能够方便地获取和利用遗传资源，推动畜牧业的科技进步和产业发展。此外，遗传资源库的建设还有助于保护和传承濒危品种和地方品种的遗传资源，为生物多样性和文化多样性的保护做出贡献。总之，畜牧动物遗传资源库的建设是实现遗传资源长期保存和共享的重要途径，对于推动畜牧业的遗传改良和品种创新具有重要意义。

## 三、遗传资源保护与利用策略

### （一）就地保护策略

就地保护是畜牧动物遗传资源保护的首要策略，其核心在于维护原产地的生态环境，确保遗传资源的自然繁衍。这一策略强调在畜牧动物的原生栖息地或特定保护区内，通过科学管理和有效监测，保护其免受人为干扰和自然破坏。其具体措施包括建立遗传资源保护区，限制人类活动范围，防止污染和疾病传播，以及实施严格的选育计划，保持和提高畜群的遗传品质。

就地保护不仅有助于保持遗传资源的多样性，还能保留其适应特定环境的独特遗传特征。通过持续的监测和评估，可以及时发现和解决潜在威胁，确保遗传资源的长期保存。此外，就地保护还有助于维护生态平衡，促进生物多样性保护，为畜牧业的可持续发展奠定基础。

### （二）迁地保护策略

迁地保护又称易地保护，是遗传资源保护的另一种重要策略。当畜牧动物的原生栖息地受到严重破坏或无法继续支持其生存时，迁地保护成为必要选择。这一策略通过将畜牧动物转移到适宜的半自然环境或人工饲养环境中，确保其能够继续繁衍并保存遗传资源。

迁地保护的实施需要综合考虑动物的适应性、繁殖能力和遗传多样性等因素。在迁地过程中，应确保动物得到充分的照顾和营养，同时避免遗传漂变和近亲繁殖等问题。此外，迁地保护还需与就地保护相结合，形成互补的保护网络，确保遗传资源的全面保护。

## (三)基因库保存策略

基因库保存是遗传资源保护的高级形式,它利用现代生物技术手段,将畜牧动物的遗传材料(如精子、胚胎、组织细胞等)进行长期保存。这一策略能够确保在极端情况下,如自然灾害、疾病暴发等,遗传资源不会因种群灭绝而丧失。基因库保存需要建立严格的管理制度和操作规范,确保遗传材料的安全性和完整性。同时,还需定期监测和评估基因库的保存状态,以及时发现和解决问题。在需要时,可以利用基因库中的遗传材料进行人工繁殖或克隆,以恢复或重建濒危畜群。

## (四)开发利用策略

在保护遗传资源的同时,合理的开发利用也是必不可少的。通过科学的遗传育种技术,可以挖掘和利用畜牧动物的遗传潜力,培育出适应市场需求的新品种或新品系。这不仅能够提高畜牧业的生产效率和经济效益,还能为人类提供更加优质、安全的食品资源。在开发利用过程中,应坚持保护优先的原则,确保遗传资源的可持续利用。同时,还需加强国际合作与交流,共享遗传资源和育种技术,推动全球畜牧业的共同发展。此外,还需注重知识产权的保护,确保育种成果的合法性和权益。

畜牧动物遗传资源的保护和利用是一个复杂而系统的工程。通过就地保护、迁地保护、基因库保存和开发利用等多种策略的综合运用,可以确保遗传资源的长期保存和可持续利用,为畜牧业的可持续发展提供有力支撑。

## 四、遗传资源国际合作与交流

### (一)国际合作与交流的重要性

在畜牧动物遗传育种领域,遗传资源的国际合作与交流具有极其重要的意义。随着全球化的深入发展,各国之间的畜牧业交流与合作日益频繁,遗传资源的共享与利用已成为推动畜牧业发展的重要动力。通过国际合作与交流,各国可以共同应对遗传资源保护面临的挑战,促进遗传资源的可持续利用,推动畜牧业科技创新与发展。

国际合作与交流有助于拓宽遗传资源的获取渠道。不同国家和地区拥有独特的畜牧动物遗传资源,这些资源在遗传特性、生产性能、适应性等方面各具特色。通过国际合作与交流，各国可以相互借鉴、共享这些资源，从而丰富本国的遗传资源库，为畜牧业的发展提供更多选择。国际合作与交流有助于提升遗传资源的保护与利用水平。各国在遗传资源保护方面积累了丰富的经验和技术，通过交流与合作，可以共同探索更加有效的保护方法和技术手段，提高遗传资源的保护效率和质量。同时，各国在遗传资源利用方面也取得了显著成果，通过交流与合作，可以共享这些成果，推动遗传资源的合理利用和高效转化。

国际合作与交流还有助于推动畜牧业科技创新与发展。通过交流与合作，各国可以共同开展遗传育种研究，探索新的育种技术和方法，提高畜牧动物的遗传品质和生产性能。同时，各国还可以共同应对畜牧业发展中面临的技术难题和挑战，推动畜牧业科技创新与发展。

## （二）国际合作与交流的机制

在畜牧动物遗传育种领域，国际合作交流的机制主要包括双边或多边合作协议、国际组织与合作平台、学术会议与研讨会等。双边或多边合作协议是国际合作交流的重要形式。各国可以通过签订合作协议，明确双方在遗传资源保护与利用方面的权利和义务，共同推动遗传资源的共享与利用。这些合作协议可以涵盖遗传资源的收集、保存、评价、利用等多个方面，为国际合作与交流提供法律保障。

国际组织与合作平台也是国际合作交流的重要渠道。例如，联合国粮农组织（FAO）、国际动物遗传资源委员会（ISAG）等国际组织在推动畜牧动物遗传资源国际合作与交流方面发挥了重要作用。这些组织通过制定相关政策、标准和指南，推动各国在遗传资源保护与利用方面的合作与交流。同时，各国还可以利用这些平台开展联合研究、技术转移等活动，共同推动畜牧业的发展。

学术会议与研讨会也是国际合作交流的重要途径。通过参加学术会议与研讨会，各国可以了解最新的遗传育种研究成果和技术进展，分享经验和做法，探讨合作机会和前景。这些会议和研讨会为各国提供了交流思想、分享经验、探讨合作的平台，有助于推动畜牧动物遗传育种领域的国际合作与交流。

## （三）国际合作交流的平台

在畜牧动物遗传育种领域，国际合作交流的平台主要包括国际遗传资源数据库、国际遗传育种合作项目、国际遗传育种研究机构等。国际遗传资源数据库是国际合作交流的重要基础。各国可以通过建立国际遗传资源数据库，实现遗传资源的共享与利用。这些数据库可以涵盖各国独特的遗传资源信息，包括遗传特性、生产性能、适应性等方面的数据。通过共享这些信息，各国可以更加全面地了解全球遗传资源的分布和特征，为遗传育种研究提供有力支持。

国际遗传育种合作项目是国际合作交流的重要形式。各国可以通过开展国际遗传育种合作项目，共同推动遗传育种研究和技术创新。这些项目可以涵盖遗传资源的收集与评价、新品种选育与推广等多个方面。通过合作项目的实施，各国可以共同分享研究成果和技术资源，提高遗传育种研究的水平和效率。

国际遗传育种研究机构也是国际合作交流的重要平台。各国可以建立国际遗传育种研究机构，共同开展遗传育种研究和技术创新。这些机构可以汇聚各国优秀的科研人才和技术资源，形成合力，共同推动畜牧动物遗传育种领域的发展。同时，这些机构还可以为各国提供技术支持和培训服务，推动遗传育种技术的普及和应用。

遗传资源的国际合作与交流在畜牧动物遗传育种领域具有重要意义。通过国际合作与交流，各国可以拓宽遗传资源的获取渠道、提升保护与利用水平、推动科技创新与发展。为实现这一目标，各国应充分利用双边或多边合作协议、国际组织与合作平台、学术会议与研讨会等机制，加强国际遗传资源数据库、国际遗传育种合作项目、国际遗传育种研究机构等平台的建设与利用。通过这些机制和平台的共同作用，推动畜牧动物遗传育种领域的国际合作与交流不断取得新的成果和进展。

## 五、遗传资源法律法规与政策

### （一）遗传资源法律法规体系

畜牧动物遗传资源的保护和利用，离不开完善的法律法规体系。我国已出台了一系列相关法律法规，为遗传资源的保护和利用提供了坚实的法律基础。其中，《中华人民共和国畜牧法》是畜牧业的基本法律，明确了畜禽遗传资源保护的原则、制度和措施，规定了国家、地方政府和相关部门在遗传资源保护中的职责和义务。此外，《中华人民共和国进出境动植物检疫法》及其配套法规，对从境外引进和向境外输出畜禽遗传资源进行了严格的规范，防止有害生物入侵和遗传资源流失。这些法律法规共同构成了畜牧动物遗传资源保护和利用的法律框架，为遗传资源的合理开发和可持续发展提供了有力保障。

### （二）遗传资源政策措施

为进一步加强畜牧动物遗传资源的保护和利用，国家还制定了一系列政策措施。首先，国家实施了畜禽遗传资源保护名录制度，将具有重要经济价值、独特遗传特性或濒危状态的畜禽品种纳入保护名录，实行重点保护。其次，国家还建立了畜禽遗传资源保种场、保护区和基因库，通过科学管理和专业保护，确保遗传资源的长期保存和有效利用。最后，国家还鼓励和支持科研机构、高校和企业开展联合育种，推动遗传资源的创新利用和产业化发展。这些政策措施的实施，不仅提高了遗传资源的保护水平，还促进了遗传资源的合理利用和畜牧业的可持续发展。

### （三）法律法规与政策措施在遗传资源保护中的作用

法律法规与政策措施在畜牧动物遗传资源保护中发挥着至关重要的作用。一方面，法律法规为遗传资源的保护提供了明确的法律依据和制度保障，使得遗传资源的保护和利用有法可依、有章可循。另一方面，政策措施通过实施保护名录制度、建立保种场和保护区等措施，确保了遗传资源的长期保存和有效利用。同时，法律法规和政策措施还促进了遗传资源的合理利用和畜牧业的可持续发展，推动了畜牧业的科技进步和产业升级。

### （四）如何通过法律法规与政策保障遗传资源的合理保护和利用

为更好地保障畜牧动物遗传资源的合理保护和利用，需进一步加强法律法规和政策措施的执行力度。首先，应完善相关法律法规，明确遗传资源保护和利用的具体要求和标准，提高法律法规的可操作性和执行力。其次，应加强政策措施的落实和监管，确保各项政策措施得到有效执行，防止遗传资源的流失和滥用。再次，还应加强宣传和教育，提高公众对遗传资源保护和利用的认识和意识，形成全社会共同保护遗传资源的良好氛围。最后，还应加强国际合作与交流，借鉴国际先进经验和做法，推动遗传资源的全球保护和合理利用。通过这些措施的实施，进一步保障畜牧动物遗传资源的合理保护和利用，为畜牧业的可持续发展提供有力支撑。

# 第四章 畜牧业饲料与营养

## 第一节 畜牧业饲料的种类

### 一、植物性饲料

#### （一）谷物类饲料的营养成分与适用对象

谷物类饲料在畜牧业中占据重要地位，主要包括玉米、小麦、大麦、燕麦、稻谷等。这些谷物富含碳水化合物，尤其是淀粉，是动物能量的主要来源。此外，它们还含有一定量的蛋白质、脂肪、矿物质和维生素，对动物的生长发育和维持正常生理功能具有重要作用。玉米作为最常用的家畜家禽饲料原料之一，含有丰富的热能、蛋白质以及胡萝卜素和维生素 E 等营养成分。它主要用于生产猪饲料和家禽饲料，能够满足这些动物对能量的高需求。小麦作为人类主要粮食作物之一，也是重要的家畜粗饲料，其蛋白质含量和氨基酸组成较为均衡，适用于生产鸟类和牲畜的饲料。大麦和燕麦则因其含有较高的膳食纤维和 $\beta$- 葡聚糖等成分，有助于改善动物的肠道健康，特别适用于牛羊等反刍动物的饲养。稻谷则含有大量的糖类、蛋白质和脂肪，是生产禽饲料和猪饲料的重要原料。

#### （二）豆类饲料的营养成分与适用对象

豆类饲料在畜牧业中同样具有重要地位，主要包括大豆、菜籽粕、花生粕、棉籽粕等。豆类饲料富含高质量的植物蛋白，其氨基酸组成接近动物蛋白，是动物蛋白质的重要来源。此外，豆类还含有较高的脂肪、矿物质和维生素，对动物的生长发育和繁殖性能具有积极影响。

大豆是一种优质的植物蛋白来源，其蛋白质质量优于大多数其他植物来源的蛋白质。大豆还富含蛋白质所需的多种氨基酸和植物雌激素等物质，适用于多种家畜动物，包括猪、牛、鸡、鸭、鹅等。菜籽粕、花生粕、棉籽粕等则是大豆蛋白的替代品，它们同样含有较高的蛋白质和氨基酸，但价格相对较低，是畜牧业中常用的经济饲料。

### （三）薯类饲料的营养成分与适用对象

薯类饲料主要包括红薯、马铃薯等，它们含有丰富的淀粉、膳食纤维和矿物质，是动物能量的重要来源。此外，薯类饲料还含有一定量的蛋白质和维生素，对动物的生长发育具有积极作用。红薯作为一种经济实惠、营养丰富、易于消化的饲料，在畜牧业中得到了广泛应用。它含有丰富的维生素和微量元素，包括蛋白质、氨基酸、糖类等，对动物的生长发育具有较好的促进作用。红薯可以作为猪饲料中的一种替代品，提高猪只的生长速度和肉质品质；也可以作为家禽饲料中的主要成分之一，提高鸡、鸭等家禽的生长速度；还可以作为牛饲料中的一种补充料，帮助牛只增加能量。

### （四）牧草及青绿饲料的营养成分与适用对象

牧草及青绿饲料主要包括天然牧草、栽培牧草、田间杂草、菜叶类、水生植物等。它们富含叶绿素、维生素、矿物质和粗纤维等营养成分，对动物的健康生长具有重要作用。牧草及青绿饲料适用于各种家畜家禽的饲养。对于草食性动物如牛、羊等，牧草及青绿饲料是其主要的饲料来源，能够满足它们对粗纤维的需求，促进肠道蠕动和消化。对于杂食性和肉食性动物如猪、鸡等，牧草及青绿饲料可以作为辅助饲料，提供必要的维生素和矿物质，改善饲料的适口性和营养价值。此外，牧草及青绿饲料还具有调节动物体内酸碱平衡、增强免疫力等作用，有助于提高动物的抗病能力和生产性能。

## 二、动物性饲料

### （一）动物性饲料的高蛋白特性

动物性饲料，如鱼粉、肉骨粉、血粉等，是畜牧业中不可或缺的优质蛋白质来源。这些饲料以其高蛋白含量而著称，是满足动物生长和生产需求的关键因素。

鱼粉作为动物性饲料的重要代表，含有丰富的必需氨基酸，这些氨基酸的比例与动物体的需要量接近，因此具有很高的生物学价值。鱼粉中的蛋白质含量通常高达60%，且易于消化吸收，是畜牧业中提高动物生产性能的重要饲料原料。

肉骨粉则是将屠宰过程中产生的肉类和骨骼进行加工而成的饲料。它同样含有高比例的蛋白质，并且富含矿物质，如钙和磷，这些矿物质对动物骨骼的发育和维持至关重要。肉骨粉的蛋白质含量虽然略低于鱼粉，但仍然是一种优质的蛋白质来源。

血粉则是将动物血液经过干燥处理而成的饲料。它含有丰富的血红素铁和优质蛋白质，对动物生长和繁殖性能具有良好的促进作用。血粉的蛋白质含量也很高，且易于被动物体消化吸收。

### （二）动物性饲料的高脂肪特点

除了高蛋白含量外，动物性饲料还以其高脂肪特点而著称。这些脂肪不仅为动物提供了必要的能量来源，还富含必需脂肪酸和脂溶性维生素，对动物的生长和健康具有重要影响。

鱼粉中的脂肪含量通常在10%~20%，这些脂肪主要由不饱和脂肪酸组成，如二十二碳六烯酸（DHA）和二十碳五烯酸（EPA），这些脂肪酸对动物免疫系统的发育和功能具有积极作用。同时，鱼粉中的脂肪还能为动物提供额外的能量，满足其生长和生产过程中的能量需求。肉骨粉中的脂肪含量相对较低，但仍然含有一定量的必需脂肪酸和脂溶性维生素。这些脂肪和维生素对动物的生长和健康同样具有重要意义。血粉中的脂肪含量也较高，且富含磷脂和胆固醇。这些成分对动物神经系统的发育和功能具有重要影响，同时还能为动物提供必要的能量和营养支持。

### （三）动物性饲料对动物生长的影响

动物性饲料在畜牧业中的应用对动物的生长具有显著的促进作用。首先，动物性饲料中的高蛋白和高脂肪为动物提供了充足的营养支持，满足了其生长和生产过程中的能量和蛋白质需求。其次，动物性饲料中的必需氨基酸、矿物质和维生素等营养成分对动物的生长和健康具有重要影响，能够提高其生产性能和免疫力。

具体来说，动物性饲料的摄入可以促进动物体内蛋白质的合成和肌肉的生长发育，提高动物的体重和瘦肉率。同时，动物性饲料还能改善动物的消化功能和肠道健康，提高其饲料利用率和生长速度。此外，动物性饲料中的某些营养成分还能对动物的繁殖性能产生积极影响，如提高繁殖率、降低死胎率和提高仔畜成活率等。

### （四）动物性饲料的合理使用

尽管动物性饲料在畜牧业中具有重要作用，但其使用也需要合理控制。过量使用动物性饲料可能导致动物体内脂肪沉积过多，影响其生产性能和健康状况。因此，在畜牧业生产中应根据动物的生长阶段和生产需求合理调整动物性饲料的用量和比例。同时，动物性饲料的质量和安全性也需要得到保障。应加强对动物性饲料的监管和检测力度，确保其符合相关标准和规定。此外，还应加强对动物性饲料加工和储存过程的管理，防止其受到污染和变质等因素的影响。

动物性饲料以其高蛋白和高脂肪特点在畜牧业中具有重要作用。合理使用动物性饲料可以促进动物的生长和健康，提高其生产性能和免疫力。然而，在使用过程中也需要注意控制用量和比例，确保其质量和安全性得到保障。

## 三、矿物质饲料

### （一）钙

钙是畜牧动物体内含量最多的矿物质元素之一，对于维持骨骼健康、神经传导、肌肉收缩以及血液凝固等生理功能至关重要。在畜牧业中，钙的主要来源包括天然矿物质如石灰石、贝壳粉、骨粉等，以及经过加工的矿物质饲料如磷酸氢钙、磷酸三钙等。这些钙源富含高比例的钙元素，且易于被动物吸收利用。

钙在动物体内的作用主要体现在以下几个方面：一是构成骨骼和牙齿的主要成分，维持骨骼的强度和稳定性；二是参与神经传导和肌肉收缩过程，确保动物正常的生理活动；三是参与血液凝固过程，有助于止血和伤口愈合。因此，钙的充足供应对于畜牧动物的健康生长和生产性能至关重要。在畜牧业中，钙的补充主要通过在饲料中添加含钙矿物质饲料来实现。根据动物的种类、生长阶段和生产性能需求，合理调整钙的添加量和比例。例如，在蛋鸡饲料中，钙的添加量通常较高，以满足蛋壳形成对钙的大量需求。而在肉牛饲料中，钙的添加量则相对较低，但仍需保证骨骼健康和生长所需。

### （二）磷

磷是畜牧动物体内另一种重要的矿物质元素，与钙共同构成骨骼和牙齿的主要成分，同时参与能量代谢、遗传物质合成以及细胞膜功能等生理过程。磷的来源主要包括磷酸盐类矿物质饲料如磷酸氢钙、磷酸二氢钙等，以及植物性饲料中的有机磷化合物。

磷在动物体内的作用主要体现在骨骼健康、能量代谢和遗传物质合成等方面。磷的充足供应有助于维持骨骼的强度和稳定性，促进动物的生长和发育。同时，磷还参与细胞的能量代谢过程，为动物提供必要的能量支持。此外，磷还是遗传物质 DNA 和 RNA 的重要组成部分，对于维持动物的遗传稳定性和繁殖性能具有重要意义。在畜牧业中，磷的补充策略主要通过在饲料中添加含磷矿物质饲料来实现。根据动物的种类、生长阶段和生产性能需求，合理调整磷的添加量和比例。同时，还需注意磷与其他矿物质元素如钙、镁等的平衡关系，避免矿物质元素之间的拮抗作用影响动物的吸收利用。

### （三）镁

镁是畜牧动物体内必需的矿物质元素之一，参与多种酶的活性调节、神经传导和肌肉收缩等生理过程。镁的来源主要包括镁的氧化物、硫酸盐、氯化物等矿物质饲料，以及植物性饲料中的镁化合物。镁在动物体内的作用主要体现在维持神经传导和肌肉收缩的正常进行，以及参与多种酶的活性调节等方面。镁的充足供应有助于保持动物体内镁离子的平衡状态，维持正常的生理功能。同时，镁还参与骨骼的矿化过程，有助于维持骨骼的健康和强度。

在畜牧业中，镁的补充途径主要通过在饲料中添加含镁矿物质饲料来实现。根据动物的种类、生长阶段和生产性能需求，合理调整镁的添加量和比例。同时，还需注意镁与其他矿物质元素如钙、磷等的平衡关系，以及镁在饲料中的稳定性和利用率问题。

### （四）钠

钠是畜牧动物体内必需的矿物质元素之一，参与维持体液平衡、神经传导和肌肉收缩等生理过程。钠的主要来源包括食盐（氯化钠）以及含钠的矿物质饲料（如碳酸钠、硫酸钠）等。钠在动物体内的作用主要体现在维持体液平衡和酸碱平衡，以及参与神经传导和肌肉收缩等方面。钠的充足供应有助于保持动物体内钠离子的平衡状态，维持正常的生理功能。同时，钠还参与动物体内的能量代谢过程，为动物提供必要的能量支持。

在畜牧业中，钠的补充方式主要通过在饲料中添加食盐来实现。食盐不仅富含钠元素，而且易于被动物吸收利用。根据动物的种类、生长阶段和生产性能需求，合理调整食盐的添加量和比例。同时，还需注意食盐的添加量不宜过高，以免对动物的健康造成负面影响。

### （五）钾

钾是畜牧动物体内含量较多的矿物质元素之一，参与维持体液平衡、神经传导和肌肉收缩等生理过程。钾的来源主要包括植物性饲料（如青绿饲料、根茎类饲料）以及含钾的矿物质饲料（如碳酸钾、硫酸钾）等。钾在动物体内的作用主要体现在维持体液平衡和酸碱平衡，以及参与神经传导和肌肉收缩等方面。钾的充足供应有助于保持动物体内钾离子的平衡状态，维持正常的生理功能。同时，钾还参与动物体内的能量代谢过程，为动物提供必要的能量支持。在畜牧业中，钾的补充考量主要通过选择富含钾的植物性饲料来实现。根据动物的种类、生长阶段和生产性能需求，合理搭配饲料种类和比例，以满足动物对钾的需求。同时，还需注意饲料中钾的含量不宜过高或过低，以免对动物的健康造成负面影响。在实际操作中，可以通过分析饲料中钾的含量和动物的生理需求来制定科学的饲料配方。

## 四、维生素饲料

### （一）维生素A

维生素A是畜牧业饲料中极为关键的维生素之一，它主要来源于植物和动物性饲料。在植物性饲料中，胡萝卜素是维生素A的前体物质，富含于胡萝卜、南瓜、菠菜等黄绿色蔬菜及牧草中。动物性饲料中，鱼肝油、鱼粉、肝脏等则直接含有丰富的维生素A。

维生素A在动物体内发挥着至关重要的作用。它是视网膜中视紫红质的组成成分，对于维持正常的视觉功能至关重要。在暗光环境下，维生素A能够帮助动物更好地看到物体，增强夜间视力。此外，维生素A还参与上皮细胞的正常发育和稳定，促进细胞的正常分化和再生，有助于保护身体组织，如皮肤、黏膜和消化道等。同时，维生素A对于骨骼代谢调节也具有一定的影响，通过与维生素D的相互作用，有助于维持骨密度和骨骼的健康状态。

在饲料中添加维生素A时，需根据动物的种类、生长阶段、生产性能以及饲料中原有维生素A的含量来确定。一般来说，生长猪每公斤饲料中的维生素A添加量在1 000~3 000国际单位（IU）之间；育成期的鸡每公斤饲料中的维生素A添加量则在4 000~6 000 IU之间。然而，这些添加量并非固定不变，实际添加时应根据具体情况进行合理调整。

### （二）维生素D

维生素D主要来源于植物性饲料中的麦角固醇和动物性饲料中的7-脱氢胆固醇，在紫外线照射下可转化为具有生物活性的维生素$D_3$。维生素D在动物体内主要功能是调节钙和磷的代谢，促进小肠对钙和磷的吸收，维持体液中钙和磷的浓度，以及促进骨骼的正常钙化。这对于动物的骨骼生长和发育至关重要。缺乏维生素D会导致动物出现佝偻病、骨软化病等骨骼问题。

在饲料中添加维生素D时，同样需考虑动物的种类、生长阶段和生产性能。一般来说，犊牛与生长牛每100公斤体重的维生素D需要量约为660 IU；泌乳牛每公斤体重的维生素D需要量则为30 IU。然而，这些添加量也应根据具体情况进行合理调整。

### （三）维生素E

维生素E主要来源于植物油、麦胚、绿叶植物和动物脂肪等。维生素E在动物体内具有抗氧化作用，能够保护细胞膜、细胞器和细胞质免受氧化损伤。它还能参与脂肪代谢，维持动物正常的生殖功能。对于种用动物，维生素E的充足供应尤为重要，因为它能够提高公畜的精子质量和母畜的受孕率。

在饲料中添加维生素E时，需根据动物的种类、生长阶段、生产性能以及饲料中脂肪的含量来确定。一般来说，乳猪和小猪每公斤饲料中的维生素E添加量在60~100毫克；中猪和大猪则为30~60毫克；怀孕、哺乳母猪的添加量可达80毫克。当饲料中的脂肪含量高于3%时，维生素E的添加量应相应增加。

### （四）维生素K

维生素K主要来源于植物性饲料中的叶绿醌和动物性饲料中的甲基萘醌。

维生素 K 在动物体内主要功能是参与血液凝固过程，促进凝血因子的合成。这对于维持动物正常的血液凝固机制至关重要。缺乏维生素 K 会导致动物出现出血倾向，如皮下出血、腹腔血液不凝固等。

在饲料中添加维生素 K 时，需考虑动物的种类、生长阶段以及饲养条件。一般来说，雏鸡、中鸡和蛋鸡每吨饲料中维生素 $K_3$（menadione）的添加量在 3~8 克之间；仔猪、肉猪和母猪的添加量则在 1~6 克之间。然而，这些添加量也需根据具体情况进行合理调整。

### （五）B 族维生素

B 族维生素包括维生素 $B_1$（硫胺素）、维生素 $B_2$（核黄素）、维生素 $B_6$（吡哆醇）、维生素 $B_{12}$（钴胺素）等多种维生素。它们主要来源于谷物、豆类、牧草、蔬菜及动物性饲料等。

B 族维生素在动物体内具有多种功能。它们参与能量代谢过程，促进碳水化合物、脂肪和蛋白质的代谢；参与神经系统的正常功能，维持神经系统的稳定性和兴奋性；参与红细胞和 DNA 的合成等，对于动物的生长发育、生产性能和健康状态具有重要影响。

## 五、添加剂饲料

添加剂饲料在畜牧业中扮演着至关重要的角色，它们通过补充、强化或改善饲料的营养价值，促进动物的健康成长，提高饲料利用率和畜禽产品品质。

### （一）氨基酸

氨基酸是构成蛋白质的基本单位，对动物的生长发育和生理功能至关重要。饲料中添加氨基酸，尤其是限制性氨基酸，如赖氨酸、蛋氨酸等，可以显著提高饲料的营养价值。这些添加剂通过补充饲料中不足的氨基酸，确保动物获得均衡的营养，从而提高生长速度和饲料转化率。使用氨基酸添加剂时，需要注意添加剂的用量和混合均匀性。过量添加不仅浪费，还可能对动物健康造成负面影响。同时，氨基酸添加剂应与饲料充分混合，确保每份饲料中氨基酸的含量一致，避免动物因摄入不均导致营养失衡。

### (二)酶制剂

酶制剂作为一类重要的饲料添加剂,通过提高饲料中营养物质的消化利用率,促进动物的生长发育。酶制剂主要分为内源性酶和外源性酶两类,前者与消化道分泌的消化酶相似,直接消化水解饲料的营养成分;后者则水解饲料中的抗营养因子,间接促进营养物质的消化利用。

在使用酶制剂时,应根据饲料原料和动物种类选择合适的酶制剂类型。例如,以玉米-豆粕型饲料为主的配方,最好应用以木聚糖酶、果胶酶和$\beta$-葡聚糖酶为主的酶制剂。此外,酶制剂与其他添加剂的相互作用也需考虑,一些盐类如氧化钴、硫酸锰和硫酸铜等可提高酶制剂的作用效果。

### (三)抗生素

抗生素作为饲料添加剂,主要用于抑制动物肠道内有害微生物的生长,预防和治疗疾病,提高饲料利用率和动物生产性能。抗生素通过干扰细菌细胞壁合成、抑制蛋白质合成或抑制DNA复制等机制,达到抑菌杀菌的效果。然而,抗生素添加剂的使用需谨慎。长期或过量使用可能导致动物肠道内有益微生物菌群失衡,产生耐药性,降低防治效果。同时,抗生素残留还可能对人类健康造成威胁。因此,应严格控制抗生素的添加量和使用频率,避免人畜共用抗生素,以减少抗药性和产品残留量。

### (四)益生菌

益生菌作为一类有益的微生物制剂,通过调节动物肠道微生态平衡,促进营养物质的消化吸收,提高动物免疫力和抗病能力。益生菌中的有益菌在肠道内繁殖,产生有机酸、酶等代谢产物,抑制有害菌的生长,同时合成维生素、氨基酸等营养物质,为动物提供营养支持。使用益生菌添加剂时,需要注意益生菌的活性和稳定性。益生菌在加工、储存和使用过程中易受温度、湿度、酸碱度等因素的影响而失活。因此,应选择质量可靠、活性高的益生菌产品,并储存在干燥、阴凉、避光的环境中。同时,益生菌添加剂应与饲料充分混合,确保每份饲料中益生菌的含量一致,以达到最佳的添加效果。

氨基酸、酶制剂、抗生素和益生菌等添加剂在畜牧业饲料中发挥着重要作用。通过合理使用这些添加剂,可以显著提高饲料的营养价值,促进动物的健康成长,提高饲料利用率和畜禽产品品质。然而,添加剂的使用也需谨慎,应严格控制添加量和使用频率,避免对动物健康和人类健康造成负面影响。

# 第二节 畜牧业饲料的特点

## 一、物理特性

### （一）饲料形状对采食的影响

饲料的形状是其在畜牧业中的一个重要物理特性，直接影响着动物的采食行为和效率。不同形状的饲料，如颗粒状、粉状、块状或片状，对动物的口腔处理、咀嚼以及吞咽过程有着不同的影响。颗粒状饲料因其大小适中、形状规则，便于动物咀嚼和吞咽，减少了因饲料形状不当而导致的采食困难。同时，颗粒饲料的硬度适中，能够刺激动物的咀嚼肌，促进口腔内的唾液分泌，有助于饲料的消化和吸收。此外，颗粒饲料的形状和大小还可以根据动物的种类、年龄和体型进行定制，以满足不同动物对饲料形状的特殊需求。

相比之下，粉状饲料虽然易于混合和加工，但因其形状松散、易飞扬，可能导致动物在采食过程中吸入粉尘，对呼吸道造成刺激和损伤。同时，粉状饲料缺乏足够的咀嚼刺激，可能导致动物咀嚼不充分，影响饲料的消化和吸收。

块状或片状饲料则因其体积较大、形状不规则，可能给动物的采食带来一定的困难。然而，在某些特定情况下，如对于某些具有咀嚼习惯的动物来说，块状或片状饲料可能更受欢迎，因为它们能够提供更长时间的咀嚼和口腔活动，有助于满足动物的咀嚼需求。

### （二）饲料大小与消化效率

饲料的大小是影响动物消化效率的关键因素之一。饲料颗粒过大，可能导致动物咀嚼不充分，影响饲料的消化和吸收；而饲料颗粒过小，则可能使饲料在动物口腔内停留时间过短，无法充分刺激唾液分泌和咀嚼活动，同样会影响消化效率。

在实际畜牧业生产中，饲料的大小应根据动物的种类、年龄和体型进行合理调整。例如，对于幼龄动物或小型动物来说，饲料颗粒应相对较小，以便于它们咀嚼和吞咽；而对于成年动物或大型动物来说，饲料颗粒则可以适当增大，以满足它们对咀嚼刺激和口腔活动的需求。此外，饲料的大小还与动物的消化器官结构和功能密切相关。不同种类的动物具有不同的消化器官结构和功能，对饲料大小的要求也不同。因此，在制定饲料配方时，应充分考虑动物的消化器官特点和消化效率需求，选择适宜的饲料大小。

### （三）饲料硬度与口腔健康

饲料的硬度是影响动物口腔健康的重要因素之一。适宜的饲料硬度能够刺激动物的咀嚼肌和牙齿，促进口腔内的血液循环和唾液分泌，有助于维护口腔健康。然而，饲料硬度过高或过低都可能对动物的口腔健康造成不利影响。饲料硬度过高可能导致动物咀嚼困难，甚至损伤牙齿和口腔黏膜；而饲料硬度过低则可能使动物咀嚼不充分，影响口腔内的清洁和卫生。

在选择饲料时，应根据动物的种类、年龄和口腔健康状况来合理调整饲料的硬度。对于具有咀嚼习惯的动物来说，可以选择硬度适中的饲料来满足它们的咀嚼需求；而对于口腔健康状况较差的动物来说，则应选择较软的饲料以减少对口腔的刺激和损伤。

### （四）饲料密度与营养摄入

饲料的密度是指单位体积内饲料的质量。饲料的密度对动物的营养摄入和消化效率具有重要影响。密度过大的饲料可能导致动物在采食过程中感到饱腹感过强，从而减少采食量；而密度过小的饲料则可能使动物在相同体积的饲料中摄入的营养物质不足，影响动物的生长和生产性能。因此，在制定饲料配方时，应充分考虑饲料的密度对动物营养摄入和消化效率的影响。通过合理调整饲料的原料配比和加工工艺，可以制备出密度适中、营养均衡的饲料，以满足动物对营养物质的需求。同时，还应注意饲料的保存和运输过程中的密度变化，以确保饲料的质量和稳定性。

## 二、化学特性

### （一）饲料的 pH 值及其对品质的影响

饲料的 pH 值是衡量其酸碱性的重要指标，对于畜牧业饲料的品质具有显著影响。适宜的 pH 值不仅关乎动物的消化吸收效率，还直接影响到饲料的储存稳定性和动物健康。理想的饲料 pH 值通常应维持在略微偏酸性的范围内，在 6~7 之间。这样的酸碱环境有助于动物胃部的消化液分泌，促进饲料的消化吸收。过酸或过碱的饲料都可能对动物的胃黏膜造成伤害，影响其食欲和消化吸收能力。此外，适宜的 pH 值还能有效抑制有害细菌的繁殖，保障饲料的卫生质量，降低动物患病的风险。

在实际生产过程中，为了调节饲料的 pH 值，畜牧业者通常会添加一些酸性或碱性物质。例如，在饲料中添加适量的柠檬酸等有机酸，可以降低饲料的 pH 值，增强其酸度；而添加碳酸氢钠等碱性物质，则可以提高饲料的 pH 值，使其偏向碱性。但需注意，这些添加物的使用应遵循科学比例，避免过量添加对动物造成不良影响。

## （二）饲料的水分含量及其对品质的影响

饲料的水分含量是衡量其新鲜度和储存期的重要指标。水分含量过高或过低都会对饲料的品质产生不利影响。一般来说，饲料的水分含量应控制在合理的范围内，以确保其营养浓度和储存稳定性。颗粒饲料的水分含量通常建议在 11%~13% 之间。水分含量过高会降低饲料的营养浓度，使其更易发霉变质，影响动物的健康；而水分含量过低则可能导致饲料的适口性降低，增加动物的拒食风险。此外，水分含量还会影响饲料的机械磨损程度，进而影响生产效率。为了控制饲料的水分含量，畜牧业者通常会采用烘干、通风等措施。在储存过程中，也需密切关注饲料的湿度变化，及时采取措施防止霉变和变质。

## （三）饲料的灰分及其对品质的影响

饲料的灰分是指其经过高温灼烧后残留的无机物质总量，主要由矿物质、金属氧化物等组成。灰分含量是衡量饲料中矿物质含量高低的重要指标。一般来说，饲料中灰分含量越高，意味着其中含有的无机物质和矿物质越多。然而，过高的灰分含量也会降低饲料的能量含量和消化吸收率，影响动物的生长发育。此外，灰分含量高的饲料口感较硬，口味较差，可能会降低动物的食欲和饲料摄入量。因此，在饲料生产过程中，畜牧业者应合理控制灰分的含量，确保饲料中的矿物质含量适中，既满足动物的营养需求，又不会影响其消化吸收和生长发育。

### （四）饲料的粗蛋白和粗脂肪及其对品质的影响

粗蛋白和粗脂肪是饲料中的重要营养成分，对于动物的生长发育具有至关重要的作用。粗蛋白是饲料中含氮物质的总称，包括纯蛋白质和氨化物等。它是动物生长和组织修复的基础，对于维持动物正常的生理功能具有重要意义。然而，并非粗蛋白含量越高饲料品质就越好。动物需要的是氨基酸比例适当、易于消化吸收的优质蛋白质。因此，在配制饲料时，畜牧业者应关注蛋白质的来源和质量，确保饲料中的氨基酸配比合理，满足动物的营养需求。

粗脂肪则是饲料中的高能量营养成分，对于动物的能量供应具有重要作用。适量的脂肪摄入有助于提高动物的生长速度和饲料转化率。然而，过高的脂肪含量也可能导致动物肥胖、脂肪肝等问题。因此，在配制饲料时，畜牧业者应合理控制脂肪的含量和种类，确保动物能够获得均衡的营养摄入。

## 三、生物学特性

畜牧业饲料的生物学特性是影响动物饲养效果的关键因素，其中消化率、利用率以及抗营养因子是评估饲料质量的重要指标。了解这些特性并采取相应的处理措施，可以显著提高饲料的营养价值，促进动物的健康成长。

### （一）饲料的消化率

消化率是指饲料被动物消化系统吸收利用的比例，是衡量饲料质量的重要指标之一。饲料的消化率受多种因素影响，包括饲料的物理形态、化学组成、动物种类及其生理状态等。提高饲料消化率的关键在于优化饲料的物理形态和化学组成。通过粉碎、制粒等物理加工手段，可以增加饲料的表面积，提高动物对饲料的咀嚼和消化能力。同时，合理搭配饲料原料，确保饲料中蛋白质、脂肪、碳水化合物等营养成分的比例适宜，有助于提高饲料的整体消化率。此外，添加酶制剂等生物制剂，可以分解饲料中的复杂成分，提高饲料的可消化性。

### （二）饲料的利用率

利用率是指饲料被动物吸收利用后，转化为动物体组织或产品的比例。饲料利用率的高低直接影响动物的生长速度和饲料成本。提高饲料利用率的关键在于优化饲料的营养配比和饲养管理。根据动物的营养需求和生理特点，合理搭配饲料原料，确保饲料中各种营养成分的比例适宜，避免营养过剩或不足。同时，加强饲养管理，如合理控制饲养密度、保持圈舍卫生、提供适宜的生活环境等，有助于提高动物的健康水平和饲料利用率。

### （三）饲料的抗营养因子

抗营养因子是指饲料中一些对动物消化吸收有负面影响的成分，如植酸、纤维素、非淀粉多糖等。这些成分会与饲料中的营养成分结合，降低饲料的营养价值，甚至对动物健康造成损害。

降低饲料中抗营养因子的影响，可以通过物理、化学或生物方法进行处理。物理方法如粉碎、蒸煮等，可以破坏抗营养因子的结构，提高其可消化性。化学方法如添加酸化剂、碱化剂等，可以改变饲料的酸碱度，降低抗营养因子的活性。生物方法如添加酶制剂、益生菌等，可以分解抗营养因子，释放其中的营养成分，提高饲料的营养价值。

### （四）饲料价值的提升策略

除了上述针对饲料本身特性的处理措施外，还可以通过一些综合策略进一步提升饲料价值。例如，利用生物技术对饲料原料进行发酵处理，可以产生丰富的益生菌和酶类，提高饲料的可消化性和营养价值。同时，通过精准饲养管理，根据动物的营养需求和生长阶段，制定个性化的饲养方案，确保动物获得充足的营养支持，提高饲料利用率和动物生产性能。

饲料的生物学特性是影响动物饲养效果的重要因素。通过优化饲料的物理形态和化学组成、合理搭配饲料原料、加强饲养管理以及采取物理、化学或生物方法处理饲料中的抗营养因子等措施，可以显著提高饲料的消化率、利用率和营养价值，为畜牧业的发展提供有力支持。

## 四、稳定性与储存性

### （一）饲料储存中的氧化反应

饲料在储存过程中，由于与空气中的氧气接触，会发生氧化反应。这种反应不仅会导致饲料中的营养成分如脂肪、维生素等发生降解，还会产生不良的气味和颜色变化，严重影响饲料的品质和动物对其的接受度。

氧化的速度受多种因素影响，包括饲料的成分、储存环境的温度、湿度以及光照等。高脂肪含量的饲料，如动物油脂和某些谷物，更容易发生氧化。高温和潮湿的环境会加速氧化过程，而光照则会促进自由基的形成，进一步加剧氧化反应。为了减缓饲料的氧化，储存时应采取一系列措施。首先，选择密封性好的储存容器，减少饲料与空气的接触面积。其次，控制储存环境的温度和湿度，避免高温和潮湿环境对饲料的影响。最后，还可以添加抗氧化剂，如维生素 E、抗坏血酸等，来抑制氧化反应的发生。

### （二）饲料霉变的危害与预防

饲料在储存过程中，如果环境湿度过高或储存条件不当，容易发生霉变。霉变不仅会导致饲料中的营养成分损失，还会产生霉菌毒素，对动物的健康构成严重威胁。霉菌毒素的种类繁多，包括黄曲霉毒素、呕吐毒素等，它们对动物的肝脏、肾脏和神经系统等器官具有毒性作用。摄入含有霉菌毒素的饲料，动物可能会出现生长迟缓、免疫力下降、繁殖性能下降等症状，严重时甚至会导致死亡。

预防饲料霉变的关键在于控制储存环境的湿度和温度。保持储存环境的干燥和通风，避免饲料受潮和发霉。此外，定期对储存设施进行清洁和消毒，减少霉菌滋生的机会。对于已经发生霉变的饲料，应立即丢弃，避免其继续危害动物的健康。

### （三）饲料品质的保持与储存管理

保持饲料品质的关键在于科学的储存管理。首先，选择合适的储存容器和设施，确保饲料的密封性和防潮性。储存容器应具有良好的密封性能，防止空气、水分和微生物的侵入。其次，控制储存环境的温度和湿度。温度应保持在适宜的范围内，避免过高或过低的温度对饲料的影响。湿度则应控制在较低水平，防止饲料受潮和发霉。最后，还应定期对储存的饲料进行检查和监测。检查饲料的外观、气味和颜色等，及时发现并处理异常情况。监测饲料的营养成分和微生物含量等指标，确保饲料的品质和安全性。

### （四）饲料储存期的延长策略

为了延长饲料的储存期，可以采取一系列策略。选择高质量的原料进行饲料生产，确保饲料的营养成分和稳定性。高质量的原料不仅含有丰富的营养成分，还具有较好的抗氧化和防霉性能。

优化饲料的加工工艺。通过合理的粉碎、混合和制粒等工艺，提高饲料的均匀性和稳定性，减少营养成分的损失和氧化反应的发生。另外，还可以添加一些功能性添加剂，如抗氧化剂、防霉剂等，来进一步提高饲料的稳定性和储存性。这些添加剂能够抑制氧化反应和霉菌的生长，延长饲料的储存期。

饲料在储存过程中的稳定性和储存性对于畜牧业生产至关重要。通过科学的储存管理、选择合适的储存容器和设施、控制储存环境的温度和湿度以及添加功能性添加剂等措施，可以有效保持饲料的品质和安全性，延长饲料的储存期，为畜牧业生产提供稳定可靠的饲料来源。

## 五、经济性与可持续性

### （一）饲料成本的经济性分析

饲料成本是畜牧业生产中最大的开支之一，直接影响养殖场的经济效益。经济性的饲料选择不仅关乎养殖成本的控制，还关系到养殖业的整体竞争力。在选择饲料时，畜牧业者需要综合考虑饲料的原料价格、营养成分、消化吸收率以及饲料转化率等多个因素。原料价格是影响饲料成本的最直接因素，但并非唯一决定因素。一些价格较高的原料可能含有更丰富的营养成分或更高的消化吸收率，从而在实际应用中能够降低饲料转化率，减少总体饲料用量，进而达到降低成本的目的。

此外，饲料转化率是衡量饲料经济性的重要指标。高转化率的饲料意味着动物能够更有效地利用饲料中的营养，转化为自身生长所需的能量和物质。因此，畜牧业者在选择饲料时，应优先选择那些经过科学配方设计、营养均衡且转化率高的饲料。

### （二）资源消耗的考量

饲料生产是一个资源密集型产业，涉及土地、水、能源等多种资源的消耗。因此，在选择饲料时，畜牧业者还需要从资源消耗的角度进行考量。一方面，饲料原料的种植和采集需要占用大量的土地资源。随着全球人口的增长和城市化进程的加快，土地资源日益紧张。因此，畜牧业者应选择那些对土地资源消耗较少的饲料原料，如利用边际土地种植饲料作物、开发新型饲料原料等。另一方面，饲料生产过程中的能源消耗也不容忽视。从原料的种植、收获、加工到饲料的运输、储存等环节，都需要消耗大量的能源。因此，畜牧业者应选择那些在生产过程中能源消耗较低的饲料，或者通过改进生产工艺、提高生产效率等方式来降低能源消耗。

### （三）环境影响及评估

饲料生产不仅关乎畜牧业的经济效益和资源消耗，还对环境产生重要影响。畜牧业者需要关注饲料生产过程中的环境污染问题，并采取相应措施来降低环境影响。饲料生产过程中的废弃物排放是一个重要的环境问题。畜牧业者应选择那些在生产过程中废弃物排放较少的饲料原料和生产工艺，或者通过循环利用、无害化处理等方式来减少废弃物的排放。

此外，饲料中的营养成分和添加剂也可能对环境产生潜在影响。一些营养成分在动物体内无法完全消化吸收，会随粪便排出体外，对环境造成污染，而一些添加剂则可能对环境产生长期影响。因此，畜牧业者在选择饲料时，应优先选择那些对环境影响较小的饲料原料和添加剂。

### （四）饲料选择的经济性与可持续性平衡

在选择饲料时，畜牧业者需要在经济性和可持续性之间找到平衡点。一方面，他们需要考虑饲料成本的控制和养殖效益的提高；另一方面，他们还需要关注资源消耗和环境影响的问题。为了实现这一目标，畜牧业者可以采取多种措施。例如，通过科学配方设计和精细化管理来提高饲料的转化率和利用率；通过开发新型饲料原料和循环利用资源来降低资源消耗；通过改进生产工艺和减少废弃物排放来降低环境影响。这些措施不仅能够提高畜牧业的经济效益和资源利用效率，还能够促进畜牧业的可持续发展。

饲料选择的经济性和可持续性是一个复杂且重要的问题。畜牧业者需要从多个角度进行综合考虑和权衡，以确保饲料选择既符合经济效益的要求，又能够满足可持续发展的需求。

# 第三节　畜牧业饲料的营养价值与评估

## 一、营养成分分析

### （一）蛋白质的分析方法

蛋白质是饲料中最重要的营养成分之一，对于动物的生长发育和生理功能具有关键作用。蛋白质的分析方法通常采用凯氏定氮法。该方法基于蛋白质中氮元素的含量较为恒定，约占蛋白质总量的16%，因此通过测定饲料中的氮含量，再乘以换算系数（一般为6.25），即可得到粗蛋白的含量。凯氏定氮法的具体步骤包括样品的消化、蒸馏、吸收和滴定等，操作过程需要严格控制实验条件，以确保分析结果的准确性。

### （二）脂肪的分析方法

脂肪是饲料中的另一个要营养成分，为动物提供能量和必需脂肪酸。脂肪的分析方法主要有索氏提取法和乙醚浸提法。索氏提取法是通过将饲料样品置于索氏提取器中，用乙醚等有机溶剂进行回流提取，将脂肪提取到溶剂中，再经过干燥、称量等步骤，计算出脂肪的含量。乙醚浸提法则是将饲料样品浸泡在乙醚中，利用乙醚对脂肪的溶解性将脂肪提取出来，然后经过干燥、称量等步骤得到脂肪的含量。这两种方法都需要严格控制实验条件，以避免溶剂残留和脂肪损失对分析结果的影响。

### （三）碳水化合物的分析方法

碳水化合物是饲料中的主要能量来源，包括糖类、淀粉、纤维素等。碳水化合物的分析方法较为复杂，因为饲料中的碳水化合物种类繁多，且含量差异较大。常用的分析方法有苯酚硫酸法和乙醇浸提法。苯酚硫酸法是通过将饲料样品与苯酚和硫酸反应，生成具有颜色的化合物，再通过比色法测定其含量，从而推算出总碳水化合物的含量。乙醇浸提法则是利用乙醇对碳水化合物的溶解性，将饲料样品浸泡在乙醇中，然后经过蒸发、干燥等步骤，得到碳水化合物的含量。这两种方法都需要根据饲料样品的特性和分析要求选择合适的实验条件。

## （四）矿物质的分析方法

矿物质是饲料中不可或缺的营养成分，对于动物的骨骼发育、生理功能等具有重要作用。矿物质的分析方法主要有原子吸收光谱法、电感耦合等离子体质谱法（ICP-MS）和X射线荧光光谱法等。原子吸收光谱法是通过测量饲料样品中矿物质元素对特定波长光的吸收强度，从而计算出其含量。ICP-MS则是利用电感耦合等离子体将样品中的矿物质元素原子化，然后通过质谱仪进行分离和检测，得到其含量。X射线荧光光谱法则是通过测量饲料样品在X射线照射下发出的荧光强度，从而推算出矿物质元素的含量。这些方法都需要高精度的仪器设备和专业的操作技能，以确保分析结果的准确性。

## （五）维生素的分析方法

维生素是饲料中另一类重要的营养成分，对于动物的生长发育和免疫功能具有关键作用。维生素的分析方法主要有高效液相色谱法（HPLC）和气相色谱法（GC）等。HPLC是通过将饲料样品中的维生素提取出来，然后经过色谱柱分离、检测器检测等步骤，得到其含量。GC则是将饲料样品中的维生素转化为挥发性化合物，然后通过气相色谱仪进行分离和检测，得到其含量。这些方法都需要严格控制实验条件，以避免样品处理过程中的损失和干扰对分析结果的影响。同时，由于维生素的种类较多且性质各异，因此需要根据具体维生素的特点选择合适的分析方法。

饲料中营养成分的分析方法多种多样，每种方法都有其适用范围和优缺点。在实际应用中，需要根据饲料样品的特性和分析要求选择合适的分析方法，并严格控制实验条件，以确保分析结果的准确性和可靠性。这对于保障动物健康生长、提高生产效率具有重要意义。

# 二、能量价值评估

## （一）饲料总能与能量来源

饲料总能是指饲料中所有有机物质完全燃烧时所释放的能量，是评估饲料能量价值的基础指标。饲料中的能量主要来源于碳水化合物、脂肪和蛋白质三大营养素。碳水化合物是饲料中能量的主要来源，尤其是淀粉和纤维素等可消化碳水化合物；脂肪则含有较高的能量密度，是动物快速获取能量的重要途径；蛋白质虽然主要用于动物的生长和修复，但在消化过程中也会释放一定的能量。

评估饲料的总能，通常采用燃烧测热法，即将一定量的饲料样品在完全燃烧的条件下测定其释放的热量。然而，总能并不能完全反映饲料对动物的能量供应能力，因为动物在消化过程中并不能完全利用饲料中的能量。

### （二）消化能与饲料利用率

消化能是指饲料中可被动物消化吸收的能量部分，它反映了饲料在动物体内的实际利用情况。消化能的高低取决于饲料的物理形态、化学组成以及动物的消化能力。一般来说，饲料中的淀粉和脂肪较容易被动物消化吸收，而纤维素等难消化的碳水化合物则对消化能贡献较小。提高饲料的消化能，可以通过优化饲料配方，增加易消化的碳水化合物和脂肪的比例，同时减少难消化的纤维素等成分。此外，饲料的加工处理，如粉碎、制粒等，也有助于提高饲料的消化率和消化能。

### （三）代谢能与能量效率

代谢能是指饲料中扣除粪能后剩余的能量，它更准确地反映了饲料对动物生长和生产所需的能量供应。代谢能不仅考虑了饲料的消化率，还考虑了动物排泄物中能量的损失。因此，代谢能是衡量饲料能量效率的重要指标。在实际应用中，通过测定动物摄入饲料后的粪能和尿能，可以计算出饲料的代谢能。根据代谢能的值，可以调整饲料配方，使饲料中的能量更加符合动物的需求，从而提高饲料的能量效率和动物的生长性能。

### （四）能量评估与饲料配方优化

能量评估是优化饲料配方的基础。通过对饲料总能、消化能和代谢能的测定和分析，可以了解饲料中能量的来源、分布和利用情况。在此基础上，结合动物对能量的需求，可以制定出更加科学合理的饲料配方。

优化饲料配方时，需要考虑动物的种类、年龄、性别、生长阶段以及生产性能等因素。不同动物对能量的需求不同，同一动物在不同生长阶段和生产性能下对能量的需求也会发生变化。因此，在制定饲料配方时，应根据实际情况灵活调整饲料中碳水化合物、脂肪和蛋白质的比例，以满足动物对能量的需求。此外，还需要注意饲料中能量的平衡和稳定性。饲料中能量的过高或过低都会对动物的生长和生产性能产生不利影响。因此，在制定饲料配方时，应确保饲料中能量的平衡和稳定，避免能量波动对动物造成的不良影响。

饲料的能量价值评估是优化饲料配方、提高饲料利用率和动物生长性能的关键。通过对饲料总能、消化能和代谢能的测定和分析，结合动物对能量的需求，可以制定出更加科学合理的饲料配方，为畜牧业生产提供有力支持。

## 三、氨基酸平衡

### （一）饲料中氨基酸的种类与重要性

氨基酸是构成蛋白质的基本单元，对于畜牧业饲料而言，氨基酸的种类与含量直接关系到饲料的营养价值及动物的生长性能。饲料中的氨基酸大致可以分为必需氨基酸和非必需氨基酸两大类。必需氨基酸是动物体内不能自行合成或合成速度不足以满足生长需要的氨基酸，必须通过饲料摄入。常见的必需氨基酸包括赖氨酸、蛋氨酸、色氨酸、苏氨酸、异亮氨酸、亮氨酸、缬氨酸、苯丙氨酸和组氨酸等。非必需氨基酸则可以在动物体内自行合成。

### （二）氨基酸含量与比例对饲料利用率的影响

饲料中氨基酸的含量与比例对于提高饲料利用率至关重要。一方面，如果饲料中某种或某些必需氨基酸的含量不足，即使其他氨基酸含量丰富，也会导致蛋白质的生物利用率下降，因为动物无法将多余的氨基酸转化为所需的氨基酸。这种氨基酸的不平衡会限制动物的生长速度和健康状况。另一方面，如果饲料中氨基酸的比例失衡，即使总氨基酸含量充足，也可能导致动物无法有效利用这些氨基酸。例如，如果赖氨酸含量较高而蛋氨酸含量较低，动物在吸收利用赖氨酸的同时，可能会因为缺乏蛋氨酸而无法合成足够的蛋白质，从而影响生长性能。

### （三）实现氨基酸平衡的策略

为了实现饲料中氨基酸的平衡，提高饲料利用率，畜牧业者可以采取多种策略。首先，通过科学配方设计，根据动物的营养需求和饲料原料的氨基酸含量，精确计算并调整各种原料的比例，确保饲料中氨基酸的种类、含量和比例满足动物的需要。其次，选择优质的饲料原料也是实现氨基酸平衡的关键。不同饲料原料的氨基酸含量和比例存在差异，畜牧业者应优先选择那些氨基酸含量丰富且比例均衡的原料，如优质鱼粉、豆粕、肉骨粉等。最后，随着生物技术的发展，氨基酸添加剂也被广泛应用于饲料中。通过添加适量的氨基酸添加剂，可以弥补饲料中某些必需氨基酸的不足，实现氨基酸的平衡。需要注意的是，氨基酸添加剂的使用应遵循科学原则，避免过量添加对动物造成不良影响。

### （四）氨基酸平衡与饲料利用率的关系

氨基酸平衡是提高饲料利用率的关键因素之一。当饲料中氨基酸的种类、含量和比例与动物的营养需求相匹配时，动物能够更有效地利用饲料中的蛋白质，将其转化为自身生长所需的物质。这不仅有助于提高动物的生长速度和健康状况，还能减少饲料的浪费，降低养殖成本。同时，氨基酸平衡还有助于提高动物的免疫力。氨基酸是合成免疫蛋白和抗体的重要原料，当动物体内氨基酸供应充足且平衡时，其免疫系统能够更有效地发挥作用，抵抗病原体的侵袭。

饲料中氨基酸的种类、含量及比例对于提高饲料利用率至关重要。畜牧业者应通过科学配方设计、选择优质饲料原料和合理使用氨基酸添加剂等策略，实现饲料中氨基酸的平衡，从而提高饲料的利用率和动物的生产性能。

## 四、矿物质与维生素需求

在畜牧业饲料配制中，矿物质与维生素的添加量至关重要，它们直接关系到动物的健康、生长速度、生产性能以及产品质量。不同动物种类、生长阶段和生产性能对矿物质与维生素的需求存在显著差异。因此，科学合理地确定这些营养成分的适宜添加量，是确保动物饲养效益最大化的关键。

### （一）动物种类与矿物质需求

不同种类的动物，其生理结构和代谢特点各不相同，对矿物质的需求也存在明显差异。例如，反刍动物（如牛、羊）能够利用瘤胃微生物发酵产生的维生素B族和维生素K，因此对这两种维生素的额外需求较低；而单胃动物（如猪、鸡）则无法自行合成这些维生素，必须在饲料中额外添加。在矿物质方面，猪对铜、锌、铁等矿物质的需求量较高，而鸡则对钙、磷等矿物质的需求更为迫切。因此,在制定饲料配方时,必须充分考虑动物种类的差异,确保矿物质与维生素的添加量符合其生理需求。

### (二)生长阶段与矿物质维生素需求

动物在不同生长阶段,其生理需求和生产性能也会发生变化,从而对矿物质与维生素的需求产生差异。例如,在幼龄阶段,动物处于快速生长期,对蛋白质、矿物质和维生素的需求较高,以满足其骨骼发育、肌肉生长和免疫系统建立的需要。而在成年阶段,动物的生产性能逐渐稳定,对矿物质与维生素的需求也相应减少,但仍需保持一定的摄入量以维持其正常生理功能。因此,在饲料配制过程中,应根据动物的生长阶段调整矿物质与维生素的添加量,确保其在各个生长阶段都能获得充足的营养支持。

### (三)生产性能与矿物质维生素需求

动物的生产性能也是确定矿物质与维生素添加量的重要因素。例如,高产奶牛需要更多的钙、磷等矿物质来维持其高产奶量和骨骼健康;而瘦肉型猪则需要更多的铁、锌等矿物质来提高其瘦肉率和生长速度。在维生素方面,高产蛋鸡需要更多的维生素 D 来促进蛋壳的形成和骨骼的健康;而肉鸡则需要更多的维生素 E 来提高其抗氧化能力和肉质品质。因此,在制定饲料配方时,必须充分考虑动物的生产性能,确保矿物质与维生素的添加量能够满足其生产需求。

### (四)矿物质与维生素的相互作用与平衡

矿物质与维生素在动物体内并不是孤立存在的,它们之间存在着复杂的相互作用和平衡关系。例如,钙和磷是构成骨骼和牙齿的主要成分,它们的比例对动物的骨骼健康至关重要。同时,维生素 D 能够促进钙和磷的吸收和利用,从而增强骨骼的强度和稳定性。此外,一些矿物质(如铜、锌)和维生素(如维生素 A、维生素 E)还具有抗氧化作用,能够保护细胞免受氧化应激的损伤。因此,在制定饲料配方时,必须充分考虑矿物质与维生素之间的相互作用和平衡关系,确保它们之间的比例和添加量能够满足动物的整体营养需求。

确定畜牧业饲料中矿物质与维生素的适宜添加量是一个复杂而细致的过程,需要充分考虑动物种类、生长阶段、生产性能以及矿物质与维生素之间的相互作用和平衡关系。通过科学合理的饲料配制，可以确保动物获得充足的营养支持，提高其健康水平、生长速度和生产性能，从而推动畜牧业的可持续发展。

## 五、抗营养因子评估

### （一）抗营养因子的种类与来源

在畜牧业饲料中，抗营养因子是指那些能干扰或阻碍动物对营养物质消化吸收和利用的物质。这些因子广泛存在于植物性饲料中，是植物在进化过程中形成的自我保护机制。常见的抗营养因子包括胰蛋白酶抑制因子、植酸、凝集素、单宁、酚酸等。

胰蛋白酶抑制因子主要存在于大豆、花生等豆类植物及其加工产品中，能够抑制动物肠道中胰蛋白酶的活性，从而降低蛋白质的消化率。植酸则是一种广泛存在于植物籽实中的有机酸，它具有很强的络合能力，能与金属离子结合形成不溶性化合物，影响动物对钙、磷等矿物质的吸收利用。凝集素、单宁和酚酸等抗营养因子也各具特色，它们或影响蛋白质的消化吸收，或干扰矿物质的利用，或对动物肠道健康产生不利影响。

### （二）抗营养因子对动物健康的影响

抗营养因子对动物健康的影响是多方面的。首先，它们能降低饲料的营养价值，导致动物对营养物质的吸收利用不足，进而影响动物的生长性能和健康状况。例如，胰蛋白酶抑制因子能显著降低蛋白质的消化率，导致动物蛋白质营养不良；植酸则能影响钙、磷等矿物质的吸收利用，引发动物骨骼发育不良等问题。其次，抗营养因子还可能对动物肠道健康产生负面影响。一些抗营养因子，如凝集素和单宁，能破坏动物肠道黏膜结构，影响肠道的正常生理功能，导致动物出现腹泻、消化不良等症状。此外，酚酸等抗营养因子还可能对动物肝脏、肾脏等器官产生毒性作用，进一步威胁动物健康。

### （三）抗营养因子对生产性能的影响

抗营养因子不仅影响动物健康，还直接关乎畜牧业的生产性能。由于抗营养因子的存在，动物对饲料的消化吸收率降低，导致饲料转化率下降，生产成本增加。同时，动物生长速度减缓，体重增长不达标，也会直接影响畜牧业的经济效益。

在畜牧业生产中，为了降低抗营养因子的负面影响，通常采取多种措施进行应对。一方面，通过优化饲料配方，合理搭配不同种类的饲料原料，降低抗营养因子的含量。另一方面，采用饲料加工技术，如粉碎、制粒、膨化等，破坏饲料中的抗营养因子结构，提高其消化吸收率。此外，还可以添加特定的酶制剂或微生物制剂，帮助动物分解利用饲料中的抗营养因子，提高饲料利用率。

### （四）抗营养因子的评估与监控

对饲料中抗营养因子的评估与监控是确保畜牧业生产性能和动物健康的重要环节。通过对饲料原料和成品进行抗营养因子检测，可以了解其含量和种类，为饲料配方设计和加工处理提供依据。同时，定期对动物进行健康状况和生产性能监测，可以及时发现并处理抗营养因子带来的负面影响。在评估抗营养因子时，需要考虑其种类、含量以及对动物健康和生产性能的具体影响。不同种类的抗营养因子具有不同的作用机制和影响程度，因此需要根据实际情况进行综合分析。同时，由于抗营养因子的含量受饲料原料种类、生长环境、加工方式等多种因素影响，因此需要定期对饲料进行检测和监控，确保其质量稳定可靠。

抗营养因子是畜牧业饲料中不可忽视的重要因素。通过对其种类、来源、影响以及评估与监控的深入了解，可以采取有效措施降低其负面影响，提高饲料利用率和动物生产性能，为畜牧业可持续发展提供有力保障。

## 第四节　畜牧业饲料的配方设计与加工

### 一、配方设计原则

#### （一）配方设计的目标

畜牧业饲料配方设计的核心目标是满足动物的营养需求，同时实现成本效益的最大化。这要求配方不仅要提供动物生长、发育、繁殖所需的各种营养物质，还要在保证营养水平的前提下，尽量降低饲料成本，提高养殖效益。

在设定配方目标时，畜牧业者需要充分了解不同动物种类、生长阶段、生产性能以及环境条件对营养需求的影响。例如，幼龄动物需要更高比例的蛋白质和矿物质以支持其快速生长；而成年动物则更注重能量的摄入，以维持其生产性能和健康状况。此外，环境因素如温度、湿度等也会影响动物的营养需求，配方设计时应予以考虑。

### （二）配方设计的基本原则

配方设计的基本原则包括营养全面、平衡、安全、经济以及易于消化吸收。营养全面指的是饲料中应包含动物所需的所有营养物质，包括能量、蛋白质、脂肪、矿物质、维生素以及微量元素等。平衡则是指各种营养物质之间的比例应合理，避免某种营养物质的过剩或不足。安全原则要求饲料中不应含有对动物有害的物质，如重金属、农药残留等。经济原则要求在保证营养水平的前提下，尽量降低饲料成本，提高养殖效益。易于消化吸收则是确保动物能够高效利用饲料中的营养物质，减少浪费。

### （三）配方设计的步骤

配方设计的步骤通常包括营养需求的确定、饲料资源的评估、配方初步设计以及配方优化调整。首先，需要根据动物的种类、生长阶段、生产性能以及环境条件等，确定其营养需求。这通常包括能量、蛋白质、脂肪、矿物质、维生素以及微量元素等营养物质的摄入量。其次，评估可用的饲料资源。饲料资源的种类、数量、质量以及价格等因素都会影响配方的设计。畜牧业者需要充分了解各种饲料原料的营养成分、价格以及供应情况，以便在配方设计中做出合理的选择。再次，进行配方初步设计。根据营养需求和饲料资源评估的结果，初步确定各种饲料原料的用量和比例。这一步骤需要借助专业的饲料配方软件或工具，以确保配方的科学性和准确性。最后，对配方进行优化调整。配方初步设计完成后，需要进行试验验证，并根据试验结果对配方进行调整。调整的内容可能包括饲料原料的种类、用量、比例以及添加物的种类和用量等。通过不断的优化调整，最终得到符合动物营养需求、成本效益高且易于消化吸收的饲料配方。

### （四）成本效益的考量

在配方设计过程中，成本效益的考量至关重要。畜牧业者需要在保证饲料质量的前提下，尽量降低饲料成本。这要求畜牧业者不仅要关注饲料原料的价格，还要关注饲料原料的利用率和转化率。通过选择价格合理、营养丰富的饲料原料，以及优化配方设计，提高饲料的利用率和转化率，从而实现成本效益的最大化。同时，畜牧业者还应关注饲料的生产和加工成本。合理的生产工艺和加工流程可以降低饲料的生产成本，提高饲料的质量。此外，饲料的储存和运输成本也是影响饲料成本的重要因素。畜牧业者需要合理规划饲料的储存和运输方案，以减少浪费和损失，提高饲料的经济效益。

畜牧业饲料配方设计是一个复杂而细致的过程，需要充分考虑动物的营养需求、饲料资源、成本效益以及饲料的生产和加工等多个因素。通过科学的设计和优化调整，可以得到符合动物营养需求、成本效益高且易于消化吸收的饲料配方，为畜牧业的可持续发展提供有力保障。

## 二、配方计算方法

配方计算方法在畜牧业饲料配制中扮演着至关重要的角色。通过精确的计算和优化，可以提高饲料的营养价值，降低生产成本，同时确保动物的健康生长。

### （一）线性规划在饲料配方中的应用

线性规划是一种数学方法，用于在给定条件下寻找最优解。在饲料配方中，线性规划可以用来确定各种原料的最优比例，以满足动物对营养的需求，同时控制成本。具体而言，线性规划通过建立目标函数和约束条件来实现。目标函数通常是饲料成本的最小化或营养价值的最大化。约束条件则包括原料的可用性、营养成分的限制以及动物对营养的需求等。通过求解线性规划问题，可以得到各种原料的最优比例，从而制定出经济、合理的饲料配方。

### （二）正交设计在饲料配方优化中的应用

正交设计是一种试验设计方法，用于在多个因素中寻找最优组合。在饲料配方中，正交设计可以用来优化各种原料的比例，以提高饲料的营养价值或降低生产成本。正交设计通过构建正交表来安排试验。正交表具有均衡搭配的特点，可以确保每个因素在每个水平上都得到充分的试验。通过正交设计，可以系统地评估不同原料比例对饲料营养价值或成本的影响，从而找到最优的配方组合。

在饲料配方优化中,正交设计还可以用来研究原料之间的交互作用。通过设计包含交互作用的正交表,可以评估不同原料组合对饲料营养价值或成本的综合影响,从而进一步优化配方。

### (三)饲料配方中的营养平衡计算

饲料配方的营养平衡是确保动物健康生长的关键。在计算饲料配方时,需要充分考虑动物对蛋白质、脂肪、矿物质和维生素等营养成分的需求。具体而言,可以通过查阅相关文献或咨询营养专家来获取动物对营养成分的需求标准。然后,根据这些标准,计算出各种原料中营养成分的含量,并确定各种原料的比例,以确保饲料中的营养成分达到平衡。

在计算过程中,还需要考虑原料的消化率和利用率等因素。不同原料的消化率和利用率不同,对动物的营养吸收和利用也有不同的影响。因此,在计算饲料配方时,需要充分考虑这些因素,以确保饲料能够满足动物的实际需求。

### (四)饲料配方中的成本控制与优化

饲料成本是畜牧业生产中的重要支出之一。在计算饲料配方时,需要充分考虑成本控制与优化的问题。可以通过比较不同原料的价格和营养价值来确定最优的原料组合。在选择原料时,既要考虑价格因素,也要考虑营养价值因素,以确保饲料的经济性和实用性。

此外,还可以通过改进生产工艺和提高原料利用率等方式来降低饲料成本。例如,可以采用先进的饲料加工设备和技术来提高饲料的消化率和利用率;可以通过合理搭配不同原料来降低饲料成本等。

配方计算方法在畜牧业饲料配制中具有重要作用。通过线性规划、正交设计等方法,可以优化饲料配方,提高饲料的营养价值和经济效益。同时,在计算过程中还需要充分考虑营养平衡和成本控制等问题,以确保饲料能够满足动物的实际需求并降低生产成本。

## 三、饲料加工技术

### （一）饲料粉碎技术及其重要性

饲料粉碎是将原料破碎成较小颗粒的过程，旨在提高饲料的表面积，增加动物消化道的接触面积，从而提升饲料的消化率和利用率。粉碎程度因原料种类和动物需求而异，过细或过粗的粉碎都不利于饲料的品质和动物的健康。粉碎技术主要包括干法粉碎和湿法粉碎两种。干法粉碎适用于大多数谷物和豆类原料，通过机械力将其破碎成所需大小的颗粒。湿法粉碎则多用于含有较高水分或油脂的原料，如湿玉米、鱼粉等，通过添加适量水分，降低原料的硬度和黏性，便于粉碎。

在粉碎过程中，质量控制至关重要。需严格控制粉碎机的转速、筛网孔径和粉碎时间，以避免过度粉碎导致的粉尘增多、营养成分损失以及能耗增加。同时，应定期检查粉碎机的磨损情况，及时更换磨损部件，确保粉碎效率和饲料质量。

### （二）饲料混合技术与应用

饲料混合是将不同原料按一定比例均匀混合的过程，以确保动物获得全面均衡的营养。混合技术包括机械混合和气流混合两种。机械混合通过搅拌器或螺旋输送器等设备，利用机械力将原料混合均匀；气流混合则利用气流带动原料在混合室内进行高速旋转和碰撞，达到混合均匀的目的。

混合过程中的质量控制关键在于混合均匀度和混合时间。混合均匀度直接影响动物对营养物质的吸收和利用，因此需通过定期检测混合样品的营养成分分布，确保混合均匀。混合时间则需根据原料种类、混合设备和混合比例进行调整，避免混合不足或过度混合导致的营养成分损失。

### （三）饲料制粒工艺与技术

饲料制粒是将混合均匀的饲料原料通过制粒机压缩成颗粒状的过程，旨在提高饲料的密度和稳定性，便于储存和运输，同时改善饲料的适口性和消化率。制粒过程中，原料在高温高压下受到挤压，形成紧密的结构，有利于减少饲料中的粉尘和微生物污染。制粒工艺的质量控制涉及多个方面，包括原料的预处理、制粒机的选择、模具孔径的确定、蒸汽压力和温度的控制等。原料的预处理包括粉碎、干燥和调质等步骤，以确保原料的适口性和制粒效果。制粒机的选择需根据生产规模和饲料类型进行，模具孔径则直接影响颗粒的大小和形状。蒸汽压力和温度的控制对制粒质量和能耗具有重要影响，需根据原料特性和制粒要求进行调节。

### （四）饲料膨化技术与质量控制

饲料膨化是一种通过高温高压和剪切力作用，使饲料原料瞬间膨胀并熟化的过程。膨化技术不仅能提高饲料的口感和消化率，还能减少饲料中的有害物质，如抗营养因子和病原微生物。膨化过程中的质量控制关键在于膨化温度、压力和时间的控制。膨化温度过高或时间过长可能导致饲料营养成分的损失和焦糊现象，而温度过低或时间过短则可能无法达到预期的膨化效果。因此，需根据原料特性和膨化设备的特点，进行精确的参数设定和调整。同时，还需定期检测膨化饲料的营养成分和物理特性，以确保其满足动物营养需求和生产要求。

饲料加工技术及其质量控制对于提高饲料品质和动物生产性能具有重要意义。通过优化粉碎、混合、制粒和膨化等加工环节，可以确保饲料营养均衡、易于消化和储存，为畜牧业生产提供有力支持。

## 四、饲料添加剂使用

### （一）饲料添加剂的种类

饲料添加剂作为畜牧业饲料中不可或缺的一部分，其种类繁多，功能各异。按照其功能和用途，大致可以分为营养性添加剂、非营养性添加剂以及药物性添加剂三大类。

营养性添加剂主要用于补充或强化饲料中的营养成分，以满足动物特定的营养需求。这类添加剂包括氨基酸、维生素、矿物质、微量元素以及酶制剂等。例如，氨基酸添加剂可以补充饲料中缺乏的必需氨基酸，提高蛋白质的利用率；维生素添加剂则能增强动物的免疫力，促进生长发育。

非营养性添加剂则主要起到改善饲料品质、促进动物生长、提高饲料利用率以及预防疾病等作用。这类添加剂包括抗氧化剂、防腐剂、着色剂、调味剂、黏结剂、抗结块剂以及微生物制剂等。抗氧化剂能够防止饲料中的脂肪氧化变质，延长饲料的保质期；微生物制剂则能调节动物肠道微生态平衡，提高动物对饲料的消化吸收能力。

药物性添加剂则主要用于预防和治疗动物疾病，提高动物的抗病能力和生产性能。这类添加剂包括抗生素、抗寄生虫药、抗菌药以及免疫增强剂等。但需要注意的是，药物性添加剂的使用应严格遵守国家法律法规，避免滥用和误用。

### （二）饲料添加剂的作用

饲料添加剂在畜牧业中发挥着至关重要的作用。它们不仅能够补充或强化饲料中的营养成分，满足动物的营养需求，还能改善饲料的品质，提高饲料的利用率和动物的生长性能。同时，饲料添加剂还能预防和治疗动物疾病，提高动物的抗病能力和生产性能，从而保障畜牧业的健康发展。例如，氨基酸和维生素添加剂能够显著提高动物的生长速度和繁殖性能；抗氧化剂和防腐剂则能延长饲料的保质期，减少饲料浪费；微生物制剂则能调节动物肠道微生态平衡，提高动物对饲料的消化吸收能力，降低腹泻等疾病的发生率。

### （三）饲料添加剂的使用方法

饲料添加剂的使用方法应根据其种类和用途而定。一般来说，营养性添加剂和非营养性添加剂可以直接添加到饲料中，与饲料混合均匀后饲喂给动物。而药物性添加剂则需要根据动物的疾病情况和治疗需要，按照规定的剂量和使用方法使用。

在使用饲料添加剂时，应严格遵守国家法律法规和行业标准，确保添加剂的安全性和合规性。同时，还应注意添加剂的用量和使用时间，避免过量使用或长期使用对动物造成不良影响。此外，不同种类的添加剂之间可能存在相互作用，因此在使用时应避免同时使用可能产生拮抗作用的添加剂。

### （四）添加剂的安全性和合规性

饲料添加剂的安全性和合规性是保障畜牧业健康发展的重要前提。为了确保添加剂的安全性和合规性，国家制定了一系列法律法规和行业标准，对添加剂的生产、使用和管理进行了严格规定。在生产方面，添加剂的生产企业应具备相应的生产资质和生产条件，严格按照国家法律法规和行业标准进行生产。同时，还应建立健全的质量管理体系和检验检测制度，确保添加剂的质量和安全性。在使用方面，畜牧业者应严格遵守国家法律法规和行业标准，选择合法合规的添加剂产品，并按照规定的剂量和使用方法使用。同时，还应加强对添加剂的监管和检测，及时发现和处理问题，确保动物产品的质量和安全。

饲料添加剂在畜牧业中发挥着至关重要的作用，但使用时必须严格遵守国家法律法规和行业标准，确保添加剂的安全性和合规性。只有这样，才能保障畜牧业的健康发展，提高动物产品的质量和安全水平。

## 五、饲料储存与管理

### （一）饲料储存的适宜条件

饲料储存的环境条件对保持其品质至关重要。首先，温度是影响饲料储存质量的关键因素之一。过高的温度会加速饲料的氧化和微生物活动，导致营养成分流失和变质。因此，应将饲料储存在阴凉、通风良好的地方，避免阳光直射和高温环境。其次，湿度也是影响饲料储存的重要因素。高湿度环境容易导致饲料吸湿、发霉和变质。因此，应保持储存环境的干燥，避免饲料与潮湿地面直接接触，必要时可使用除湿设备或干燥剂。此外，空气流通性也很重要，它可以防止饲料局部过热和潮湿，有助于保持饲料的整体品质。

### （二）饲料储存的合理期限

饲料的储存期限受到多种因素的影响，包括饲料的种类、加工方式、储存条件以及包装方式等。一般来说，饲料的储存期限应根据其生产日期、保质期以及储存环境来综合确定。不同类型的饲料由于其成分和加工方式的差异，具有不同的储存期限。例如，含有高油脂和易氧化成分的饲料储存期限相对较短，需要更加严格的储存条件。同时，包装方式也会影响饲料的储存期限。密封性好的包装可以有效隔绝空气和湿气，延长饲料的保质期。因此，在选择饲料时，应关注其生产日期、保质期以及包装方式等信息，确保储存的饲料在有效期内使用。

### （三）饲料储存的管理措施

为确保饲料在储存过程中的品质和安全，需要采取一系列管理措施。首先，应建立完善的饲料入库和出库制度，记录饲料的种类、数量、生产日期和保质期等信息。这有助于跟踪饲料的流向和使用情况,确保在有效期内使用。其次,应对储存环境进行定期监测和调控,包括温度、湿度和空气流通性等指标。一旦发现异常情况,应立即采取措施进行纠正,防止饲料变质。再次,还应定期对储存的饲料进行检查,包括外观、气味和质地等方面。如发现饲料有发霉、变质或虫害等现象,应立即隔离并处理,防止问题扩大。最后,应加强对饲料储存人员的培训和管理,提高他们的专业素养和责任心,确保饲料储存工作的顺利进行。

### (四)饲料安全与质量控制

饲料的安全和质量控制是畜牧业生产中不可忽视的环节。在饲料储存过程中,应严格遵守相关法律法规和标准要求,确保饲料的品质和安全。首先,应加强对饲料原料的检验和筛选,确保原料无污染、无杂质且符合质量标准。其次,在饲料加工过程中,应严格控制加工温度和湿度等条件,防止营养成分流失和变质。再次,应对加工设备和工具进行定期清洁和消毒,防止交叉污染。最后,在饲料储存和运输过程中,应加强对饲料包装和容器的检查和管理,确保其完好无损且符合卫生要求。通过这些措施的实施,可以确保饲料在储存和运输过程中的品质和安全得到有效保障。

## 第五节 畜牧业饲料的安全与质量控制

### 一、饲料原料安全

#### (一)饲料原料的来源把控

饲料原料的安全是畜牧业健康发展的重要基石。其来源的多样性和复杂性要求我们必须进行严格的筛选与管理。原料可以来自天然植物、动物产品、矿物质及人工合成物等多个渠道。天然植物原料如玉米、大豆、小麦等,是饲料中的主要能量和蛋白质来源,但其生长环境、农药残留及收获后的储存条件都直接影响其安全性。动物性原料如鱼粉、肉骨粉等,富含动物性蛋白质和必需氨基酸,但可能携带动物疫病风险。矿物质和维生素原料虽用量不大，但对动物健康至关重要，其纯度和稳定性需严格把关。此外，随着科技进步，一些新型合成原料如氨基酸、酶制剂等也逐渐应用于饲料中，其安全性评估同样不可忽视。因此，确保原料来源的可靠性与可追溯性是保障饲料安全的第一步。

### （二）原料质量的严格检验

原料质量直接关系到饲料产品的营养价值和动物食用后的健康状态。对原料进行严格的物理、化学及生物学检测至关重要。物理检测主要评估原料的外观、粒度、水分含量等，确保原料符合加工要求。化学检测则关注原料的粗蛋白、粗脂肪、粗纤维、灰分等营养成分含量，以及重金属、农药残留、霉菌毒素等有害物质含量，确保饲料营养均衡且无害。生物学检测旨在排查原料是否携带病原菌、寄生虫卵等生物性污染物，特别是对于那些来自疫区的原料，更需加强检测力度。通过建立完善的质量检测体系，实现对原料质量的全面监控，是确保饲料安全的关键环节。

### （三）原料安全性的科学评估

饲料原料的安全性评估是一个系统工程，涉及原料的生物学特性、化学组成、加工过程中的变化以及动物食用后的生理反应等多个方面。除了常规的理化检测和生物学检测外，还需利用现代科技手段，如基因测序、代谢组学、蛋白质组学等，深入研究原料成分与动物健康之间的关联，评估原料可能带来的长期效应。同时，考虑到原料间的相互作用，还需进行配方优化试验，确保饲料中各组分间的协同作用最大化，同时避免潜在的不良反应。科学评估原料的安全性，有助于提升饲料的整体品质，促进畜牧业可持续发展。

### （四）原料选择的战略考量

在饲料原料的选择上，不仅要考虑其安全性和质量，还需结合畜牧业生产的实际需求，进行战略性的规划和布局。这包括根据动物的生长阶段、生产性能、市场需求等因素，合理搭配不同种类的原料，以达到最佳的饲养效果。同时，面对全球资源紧张和环境压力增大的挑战，积极开发并应用新型、环保的饲料原料，如非传统植物资源、微生物发酵产物、农业废弃物等，成为畜牧业转型升级的重要方向。此外，加强国际合作，引进国外先进的饲料原料和技术，也是提升我国畜牧业饲料安全水平的有效途径。原料选择的战略考量，旨在实现饲料生产的高效、环保与可持续发展，为畜牧业的长远发展奠定坚实基础。

## 二、生产过程控制

### （一）生产环境的卫生控制

饲料生产过程中的卫生控制是确保饲料安全的首要环节。生产环境应保持良好的清洁度和适宜的温湿度，以减少微生物的滋生和饲料的污染。生产车间的布局应合理，原料储存区、加工区、成品储存区等应明确划分，避免交叉污染。车间地面、墙壁、天花板等应采用易于清洁的材料，并保持光滑无裂缝，以便于清洁和消毒。同时，应定期对生产环境进行清洁和消毒，包括地面、设备、工具等，以杀灭或去除潜在的微生物污染源。

此外，生产环境还应保持良好的通风和换气，确保空气新鲜，减少尘埃和有害气体的积聚。对于有特殊卫生要求的饲料生产，如生物饲料、有机饲料等，还应采取更为严格的卫生控制措施，如设置空气净化系统、无菌操作间等。

### （二）原料的消毒与防污染

饲料原料的消毒与防污染是确保饲料安全的关键步骤。原料在进入生产前，应经过严格的检验和筛选，确保其符合质量标准，无霉变、虫害、污染等情况。对于易受微生物污染的原料，如谷物、豆类等，可以采取物理或化学方法进行消毒处理。物理方法包括加热、干燥、辐照等，可以有效杀灭原料中的微生物；化学方法则包括使用消毒剂、防腐剂等，可以抑制微生物的生长和繁殖。但需要注意的是，消毒处理应在保证原料营养成分不受破坏的前提下进行。

此外，原料的储存和管理也是防止污染的重要环节。原料应储存在干燥、通风、避光的环境中，避免受潮、发霉和虫害。同时，应建立完善的原料管理制度，对原料的入库、出库、使用等进行详细记录，确保原料的追溯性和安全性。

### （三）生产设备的清洁与维护

生产设备的清洁与维护对于确保饲料安全至关重要。生产设备在使用过程中，容易沾染原料、灰尘、微生物等污染物，因此需要定期进行清洁和维护。清洁工作应在每次生产结束后进行，包括清理设备内部的残留物、清洗设备表面等。对于易污染的设备部件，如搅拌器、输送带等，还应进行拆卸清洗，确保清洁彻底。同时，应定期对设备进行维护和保养，检查设备的运行状态和磨损情况，及时更换损坏的部件，确保设备的正常运转和安全性。

### （四）成品的质量检验与储存

饲料成品的质量检验与储存是确保饲料安全的最后一道防线。成品在出厂前，应经过严格的质量检验，包括感官检查、理化指标检测、微生物检测等，确保成品符合质量标准。对于不合格的成品，应及时进行处理，避免流入市场。同时，应建立完善的成品储存制度，对成品的入库、出库、储存条件等进行详细记录和管理。成品应储存在干燥、通风、避光的环境中，避免受潮、发霉和虫害。对于有特殊储存要求的饲料成品，如需要低温储存的益生菌饲料等，还应采取相应的储存措施，确保成品的质量和安全性。

饲料生产过程中的卫生、消毒、防污染等措施是确保饲料安全的重要环节。通过加强生产环境的卫生控制、原料的消毒与防污染、生产设备的清洁与维护以及成品的质量检验与储存等措施，可以有效降低饲料污染的风险，提高饲料的质量和安全性，为畜牧业的健康发展提供有力保障。

## 三、饲料添加剂安全

### （一）添加剂的毒性评估

饲料添加剂的毒性评估是确保其安全使用的首要步骤。添加剂的毒性主要包括急性毒性、慢性毒性、遗传毒性、致畸性和致癌性等。这些毒性的评估通常通过动物实验来完成，以了解添加剂在不同剂量下对动物健康的影响。急性毒性评估主要关注添加剂在短时间内对动物产生的毒性反应，如死亡、器官损伤等。慢性毒性评估则关注添加剂在长时间、低剂量暴露下对动物健康产生的潜在影响，如生长抑制、繁殖性能下降等。遗传毒性评估旨在了解添加剂是否会引起动物的遗传物质改变，从而增加后代患遗传性疾病的风险。致畸性和致癌性评估则分别关注添加剂是否会引起动物胚胎发育异常和肿瘤的发生。

在进行毒性评估时，应充分考虑添加剂的化学性质、使用剂量、暴露途径以及动物的种类、年龄、性别等因素。通过科学的毒性评估，可以为添加剂的安全使用提供科学依据，确保其在推荐剂量下不会对动物健康产生不良影响。

### （二）添加剂的残留问题

饲料添加剂的残留问题也是确保其安全使用的重要方面。残留主要指的是添加剂在动物体内或动物产品中残留的量。这些残留物可能对人类健康产生潜在风险，如抗生素残留可能导致人体耐药性增强，重金属残留则可能对人体造成慢性中毒。为了控制添加剂的残留，应严格控制添加剂的使用剂量和使用时间，避免过量使用或长期使用。同时，还应加强对动物产品的监测和检测，确保残留量在规定的安全范围内。此外，对于某些具有潜在残留风险的添加剂，应建立严格的停药期制度，即在动物屠宰或产品上市前的一段时间内停止使用这些添加剂，以减少残留量。

### （三）添加剂对环境的影响

饲料添加剂的使用还可能对环境产生一定影响。这些影响主要包括对土壤、水源和生态系统的污染。例如，某些添加剂可能通过动物的排泄物进入土壤和水源，对土壤微生物和水生生物造成不利影响。此外，一些添加剂还可能通过食物链传递，对高级生物产生累积效应。

为了减少添加剂对环境的影响，应加强对添加剂的环境风险评估。这包括了解添加剂在环境中的迁移、转化和降解过程，以及其对生态系统的影响。同时，还应鼓励使用环保型添加剂，如天然植物提取物、微生物制剂等，这些添加剂通常具有较低的环境风险和较好的生物降解性。

### （四）添加剂的合规使用

确保饲料添加剂的合规使用是保障其安全性的重要措施。合规使用主要包括遵守国家法律法规、行业标准以及企业内部的规章制度。国家法律法规和行业标准对添加剂的种类、使用剂量、使用范围等进行了明确规定，企业应严格遵守这些规定，确保添加剂的合规使用。此外，企业还应建立完善的添加剂管理制度，包括添加剂的采购、储存、使用、监测和记录等环节。通过加强管理和监督，可以确保添加剂的安全使用，降低其对动物健康、人类健康和环境的风险。

饲料添加剂的安全性评估、残留控制、环境影响以及合规使用是确保其安全使用的关键环节。通过科学的评估、严格的控制和管理，可以确保添加剂在畜牧业中发挥积极作用的同时，不会对动物健康、人类健康和环境造成不良影响。

## 四、饲料质量检测

### （一）饲料质量检测的方法

饲料质量检测是确保畜牧业饲料质量和安全性的重要环节。检测方法主要包括感官鉴定法、化学分析法、物理检测法、显微镜检测法、微生物检测法和化学定性法。感官鉴定法是一种简便易行的检测方法，通过观察饲料的颜色、气味、形状和质地等感官特性，可以初步判断饲料的质量。然而，这种方法的准确性很大程度上依赖于鉴定人员的经验素质。

化学分析法是一种准确测定饲料原料及产品中各种营养成分含量的方法。它分为常规分析和专项分析两种，分别用于测定饲料中的常规营养成分和特定营养成分。这种方法需要装备精良的实验室和训练有素的化学分析人员，因此费用较高，尤其是专项分析的费用很昂贵。

物理检测法是根据被检物料与其他物料的不同物理性状将其分离，并确定分离物为何物及其含量的一种检测方法。这种方法可以直接测定某些物理指标，如颗粒大小、密度等，也可以借助浮选液等辅助手段测定其他物理指标。

显微镜检测法通过观察饲料的表面特性和细胞结构差异来分辨不同物料的种类。这种方法易学、检测速度快、投资费用少，与其他物理、化学法结合使用效果更佳。

微生物检测法采用微生物学特有的细菌培养方法，对饲料中的微生物污染源进行检测。这是鉴定饲料卫生状况的一种有效方法，对于确保饲料的安全性具有重要意义。

化学定性法主要用于检测饲料中是否存在某种影响质量的物质或是否掺假。这种方法通过特定的化学反应来分辨出某种成分，检测速度快，不需要大量的仪器设备，但只能定性检测，不能定量。

### （二）饲料质量检测的标准

饲料质量检测的标准主要包括国家制定的相关规范和行业标准。例如，

《饲料卫生标准》（GB 13078—2017）规定了饲料原料和产品中的有毒有害物质及微生物的限量及试验方法。《饲料检测结果判定的允许误差》（GB/T 18823—2010）规定了在饲料质量监测时对监测结果判定的允许误差值。《饲料中兽药及其他化学物检验试验规程》（GB/T 23182—2008）则指导饲料中兽药、违禁物质、化学污染物及其化合物仪器分析试验。这些标准涵盖了饲料的营养成分、污染物、真菌毒素、微生物、兽药及非法添加物等多个方面的检测项目，为饲料质量检测提供了科学、准确的依据。

### （三）饲料质量检测的频率

饲料质量检测的频率应根据饲料的种类、用途、生产环境、储存条件等因素综合考虑。一般来说，对于用于生产高档动物产品的饲料，检测频率应相对较高，以确保其质量和安全性。而对于一些常规饲料，检测频率可以适当降低，但仍需定期进行检测以及时发现和解决问题。在实际操作中，饲料生产企业应建立完善的饲料质量检测体系，制定详细的检测计划和流程，明确检测项目、标准和频率，并严格按照计划执行。同时，饲料监管部门也应加强对饲料生产企业的监督和管理，确保其按照规定进行检测和报告。

### （四）通过检测确保饲料质量

通过科学的饲料质量检测方法和严格的标准执行，可以全面评估饲料的质量和安全性，从而确保饲料的质量。这不仅可以提高动物的生产性能和健康水平，还可以保障人类食品的安全性和质量。为了确保饲料质量，饲料生产企业还应加强对饲料原料的采购和验收管理，确保原料的质量符合标准要求。同时，加强生产过程中的质量控制和卫生管理，防止污染和交叉污染的发生。此外，建立完善的饲料质量追溯体系，对饲料的生产、加工、储存和销售等环节进行全程跟踪和记录，以便在出现问题时能够及时追溯和排查。

饲料质量检测是确保畜牧业饲料质量和安全性的重要手段。通过科学的检测方法、严格的标准执行和完善的检测体系，可以全面评估饲料的质量和安全性，从而保障动物健康和人类食品安全。

## 五、饲料安全管理体系

### （一）饲料安全风险全面评估

饲料安全管理体系的首要环节在于对饲料安全风险进行全面而深入的评估。这要求畜牧业从业者对饲料原料的来源、生产加工过程、存储条件以及运输方式等各个环节进行细致考察。原料方面，需确保来源可靠，无农药残留、重金属污染等安全隐患；生产加工过程中，应注重生产环境的卫生状况，严格执行操作规程，防止交叉污染；存储条件要适宜，避免饲料受潮、霉变；运输过程中则要确保包装完好，防止物理性损伤和化学性污染。此外，还需定期对饲料进行抽样检测，分析营养成分与有害物质含量，及时发现并处理潜在风险，确保饲料产品的安全性与稳定性。

### （二）应急预案的制定与实施

面对可能发生的饲料安全事故，建立一套高效、可行的应急预案至关重要。预案应包括事故的发现与报告机制，确保一旦发现问题能迅速上报并启动应急响应；事故原因的调查与分析，通过专业团队快速定位问题源头，为后续处理提供依据；紧急处置措施，如召回问题产品、隔离受影响区域、调整饲料配方等，以最大限度减少损失和影响；以及后续的善后处理与总结反馈，包括赔偿受损农户、修复受损信誉、总结经验教训等，为未来预防类似事件提供宝贵经验。应急预案的定期演练也是确保其有效性的关键，通过模拟实战，提高团队的应急反应能力和协同作战水平。

### （三）饲料安全标准的持续优化

随着科技的进步和消费者需求的提升，饲料安全标准也应与时俱进，不断优化升级。这包括但不限于提高原料质量标准，采用更先进的检测技术确保有害物质含量低于安全阈值；推动饲料配方创新，开发更加环保、高效、易于吸收的饲料产品，减少抗生素和激素的使用，促进畜牧业可持续发展；加强饲料添加剂的管理，严格审查添加剂的安全性和有效性，避免滥用导致的食品安全问题。同时，加强与国内外相关机构的合作与交流，借鉴先进经验，引入国际标准，不断提升我国饲料安全管理的整体水平。

### （四）建立饲料安全教育与培训体系

提升畜牧业从业者的饲料安全意识与专业技能是构建饲料安全管理体系不可或缺的一环。通过举办讲座、培训班、在线课程等多种形式，普及饲料安全知识，包括饲料法律法规、原料识别与选择、加工存储技术、应急预案操作等，增强从业人员的责任感和使命感。同时，鼓励和支持科研院校与企业的产学研合作，培养更多具备饲料安全管理与技术创新能力的专业人才。此外，建立饲料安全信息共享平台，及时发布行业动态、政策法规、检测结果等信息，促进知识共享与交流，形成全社会共同关注饲料安全的良好氛围。

构建饲料安全管理体系是一个系统工程，需要政府、企业、科研机构及社会各界共同努力，从风险评估、应急预案、标准优化到教育培训等多方面入手，形成闭环管理，确保畜牧业饲料的安全可靠，为畜牧业健康发展和人民群众食品安全提供坚实保障。

## 第六节 畜牧业饲料资源的开发与利用

### 一、非常规饲料资源开发

#### （一）农作物秸秆的营养价值与利用

农作物秸秆作为一类重要的非常规饲料资源，在畜牧业中具有广阔的利用前景。秸秆富含纤维素、木质素和半纤维素等非淀粉类大分子物质，这些成分在未经处理时难以被动物消化吸收，因此其营养价值相对较低。然而，通过物理法、化学法和微生物发酵法等处理手段，可以显著提高秸秆的适口性和营养价值。

物理法处理如粉碎、揉搓等，可以破坏秸秆的细胞结构，增加其表面积，有利于动物消化酶的作用；化学法处理如碱化、酸化等，可以改变秸秆的化学组成，降低其纤维素的结晶度，提高动物对其的消化率；微生物发酵法则通过微生物代谢产生的特殊酶，将秸秆中的大分子物质降解为低分子的单糖或低聚糖，从而提高其营养价值。经过处理的秸秆可以作为反刍动物的粗饲料，为其提供必要的能量和纤维来源。此外，秸秆还可以作为生物能源和建材原料，实现资源的多元化利用。

## （二）水生植物的营养价值与利用

水生植物作为另一类重要的非常规饲料资源，具有营养丰富、价格低廉和生长迅速等优点。水生植物富含蛋白质、矿物质和维生素等营养成分，可以为动物提供全面的营养支持。同时，由于水生植物的生长环境相对较为稳定，其产量和质量也相对稳定，有利于畜牧业的稳定发展。然而，使用水生植物作为饲料也需要注意一些问题。首先，野生的水生植物可能含有病菌或其他有害物质，因此需要进行彻底的清洗和消毒处理。其次，不同种类的水生植物在营养成分和毒性方面存在差异，需要根据动物的需要选择合适的水生植物作为饲料。最后，水生植物的营养成分相对较为单一，需要与其他饲料进行搭配使用，以保证动物的全面营养。

在实际应用中，可以将水生植物进行加工处理，如晒干、粉碎等，以便于储存和运输。同时，也可以将水生植物与其他饲料进行混合使用，以提高饲料的营养价值和适口性。

## （三）昆虫作为可持续蛋白质来源

昆虫作为一类新型的非常规饲料资源，具有生长繁殖迅速、蛋白质含量高、环境友好等优点。昆虫体内的蛋白质含量可以与大豆、鱼肉等传统蛋白质来源相媲美，甚至在某些方面更具优势。同时，昆虫的生长周期短，繁殖速度快，可以迅速生产出大量的蛋白质饲料。将昆虫作为饲料使用，不仅可以为动物提供丰富的蛋白质来源，还可以降低畜牧业对传统蛋白质资源的依赖，促进畜牧业的可持续发展。此外，昆虫还可以利用农产品的副产物、残渣和牲畜的粪便等废弃物进行生长，实现了资源的循环利用。然而，昆虫作为饲料也需要注意一些问题。首先，昆虫的养殖和管理需要一定的技术和经验，以确保其生长环境的稳定和饲料的卫生质量。其次，昆虫的体内可能含有一些抗营养因子或有害物质，需要进行适当的处理以降低其对动物健康的影响。最后，昆虫作为新型饲料资源，其安全性和有效性还需要进一步的研究和验证。

### （四）非常规饲料资源的综合开发与利用

非常规饲料资源的开发与利用是一个系统工程，需要综合考虑资源的可获得性、经济性、环境影响以及对动物生产性能和产品品质的影响。在开发过程中，需要注重资源的评估与分类、营养成分的优化、处理技术的创新以及产品质量控制等方面的工作。

政府和企业也需要加大投入力度，推动非常规饲料资源的研发和应用。政府可以出台相关政策鼓励非常规饲料资源的开发利用，如提供税收优惠、研发资助和建立相应的标准与规范等；企业则可以加强技术创新和产品研发力度，提高非常规饲料资源的利用率和附加值。

农作物秸秆、水生植物和昆虫等非常规饲料资源在畜牧业中具有广阔的利用前景和重要的价值。通过合理地开发和利用这些资源，不仅可以缓解传统饲料资源的短缺问题，还可以促进畜牧业的可持续发展和资源的循环利用。

## 二、饲料资源循环利用

### （一）饲料生产与节能技术

饲料生产是畜牧业的重要环节，其资源循环利用技术对于提高资源利用率和减少环境污染具有重要意义。在饲料生产过程中，通过采用节能设备和技术，可以显著降低能源消耗和生产成本。例如，高效粉碎机和节能制粒机的应用，能够有效减少电力消耗；同时，变频调速技术的使用，可以实现设备的自动调节，适应不同的生产需求，进一步降低能耗。

此外，生物能源的开发利用也是饲料生产资源循环利用的重要途径。生物能源是一种可再生的清洁能源，具有很好的环保性能。在饲料生产线中，可以利用木材、秸秆等生物能源替代化石能源，实现能源的多元化供应，降低对环境的压力。

### （二）养殖过程中的资源利用

在养殖过程中，资源的循环利用主要体现在饲料利用、粪便处理和水资源管理等方面。首先，饲料的合理利用是提高资源利用率的关键。通过根据不同动物的生长阶段和营养需求，精准配制饲料，可以减少饲料的浪费，提高饲料的利用率。同时，利用青贮、发酵等技术处理饲料，可以提高饲料的营养价值和消化率，进一步节约饲料资源。其次，粪便的处理是实现资源循环利用的重要环节。畜禽粪便含有丰富的氮、磷、钾等营养元素，如果处理不当，不仅会造成环境污染，还会浪费宝贵的资源。因此，通过粪便发酵、堆肥等技术，可以将粪便转化为有机肥料，用于农田施肥，提高土壤肥力，减少化肥的使用量。这不仅可以实现资源的循环利用，还可以降低环境污染，促进农业的可持续发展。

### （三）粪便发酵与沼液回用

粪便发酵是一种有效的资源循环利用技术。通过将畜禽粪便投入沼气池，利用微生物的作用进行发酵，可以产生沼气作为能源使用，如照明、取暖和做饭等。同时，发酵后的沼渣和沼液是优质的有机肥料，富含养分，可以用于农田施肥，提高土壤肥力和作物产量。

沼液回用是粪便发酵技术的延伸应用。沼液中含有丰富的氮、磷、钾等营养元素以及微生物和有机质，可以作为液态肥料使用。通过沼液灌溉农田，可以实现水肥一体化施用，提高作物的吸收利用率。同时，沼液中的微生物还可以改善土壤结构，增加土壤的保水保肥能力，促进作物的生长和发育。

### （四）水资源循环利用与养殖废弃物处理

水资源的循环利用在养殖业中也至关重要。通过建立污水处理系统，对养殖废水进行处理和净化，可以实现水资源的重复利用。处理后的水可以用于冲洗养殖场、灌溉周边农田等，降低水资源的浪费。此外，养殖废弃物的综合利用也是实现资源循环利用的重要途径。病死畜禽的无害化处理不仅可以防止疫病传播，还可以实现资源的再利用。通过生物技术手段，如微生物发酵和酶制剂的应用，可以提高养殖过程中的资源利用效率，减少污染物的排放。同时，合理规划养殖场的布局和设施也有助于资源的循环利用，如采用雨污分流系统，将雨水和污水分别收集和处理，减少污水处理的压力。

饲料资源循环利用技术是提高畜牧业资源利用率、减少环境污染和促进农业可持续发展的重要手段。通过饲料生产节能、养殖过程资源利用、粪便发酵与沼液回用以及水资源循环利用与养殖废弃物处理等措施的实施，可以实现畜牧业资源的最大化利用和环境的最低化污染，为畜牧业的绿色发展提供有力支持。

## 三、饲料资源国际合作

### （一）国际饲料资源市场概览

全球饲料资源市场呈现出多元化、复杂化的特点。不同国家和地区因其地理环境、气候条件、农业结构等因素，拥有各具特色的饲料资源。例如，北美和欧洲地区的大豆、玉米等谷物产量丰富，成为重要的饲料原料来源；而南美地区则以大豆、肉骨粉等高蛋白原料著称；亚洲地区则拥有丰富的稻米、小麦副产品以及草粉等饲料资源。此外，随着科技的进步，海洋生物资源、昆虫蛋白等新型饲料资源也逐渐进入市场，为畜牧业提供了更多选择。

国际饲料资源市场的价格波动与国际贸易政策紧密相关。全球经济形势、货币汇率变动、主要产区的气候灾害等都会对饲料原料价格产生深远影响。同时，各国为保护本国农业产业，会实施一系列贸易壁垒措施，如关税、配额、反倾销等，这些都增加了饲料资源国际合作的复杂性和不确定性。

### （二）国际合作在资源开发中的机遇

国际合作在饲料资源开发中带来了显著机遇。一方面，通过跨国合作，可以充分利用各国资源优势，实现资源互补，降低生产成本。例如，畜牧业发达国家可以引进先进的饲料加工技术和设备，提高饲料转化效率；而资源丰富但技术相对落后的国家则可以通过合作，提升饲料产业的整体水平。另一方面，国际合作有助于推动饲料原料的多元化，降低对单一资源的依赖，增强饲料供应的稳定性。通过在全球范围内寻找替代原料，可以有效缓解因资源短缺或价格波动带来的风险。此外，国际合作还能促进饲料科技的创新与交流。各国科研机构和企业可以通过合作研发，共同攻克饲料营养、加工、储存等方面的技术难题，推动饲料产业的转型升级。同时，国际学术交流和技术培训也有助于提升从业者的专业素养，为饲料产业的可持续发展提供人才支撑。

### （三）国际合作在资源利用中的挑战

尽管国际合作在饲料资源开发中带来了诸多机遇，但同时也面临着不少挑战。首先，文化差异和法律法规的不同可能导致合作过程中的误解和冲突。

各国在饲料安全、环保标准等方面的规定不尽相同，这要求合作双方在充分沟通的基础上，寻求共同遵守的规范和标准。其次，国际政治经济形势的变化也可能对饲料资源国际合作产生负面影响。如贸易保护主义的抬头、地缘政治冲突等都可能导致贸易中断或成本上升，影响饲料资源的稳定供应。再次，饲料资源的国际合作还面临着技术转移和知识产权保护的问题。如何在合作中平衡双方的利益，确保技术的有效转移和知识产权的合理保护，是合作成功的关键。最后，饲料资源的可持续利用也是国际合作中不可忽视的挑战。如何在满足当前畜牧业需求的同时，保护生态环境，实现资源的循环利用，是各国共同面临的课题。

### （四）加强国际合作的路径与策略

面对机遇与挑战，加强饲料资源国际合作显得尤为重要。一方面，各国应加强政策沟通与协调，建立稳定的合作机制，减少贸易壁垒，促进资源的自由流动。另一方面，应加大科技合作力度，推动饲料产业的技术创新和绿色发展。同时，加强人才培养与交流，提升从业人员的专业素养和创新能力。此外，还应注重资源的可持续利用，推动循环经济在饲料产业中的应用，实现经济效益与生态效益的双赢。通过这些路径与策略的实施，推动饲料资源国际合作向更高水平发展，为全球畜牧业的可持续发展贡献力量。

## 四、饲料资源科技创新

### （一）科技创新引领饲料资源开发

在畜牧业饲料领域，科技创新是推动饲料资源高效利用和持续发展的关键力量。随着科技的飞速发展，越来越多的新技术、新工艺和新材料被应用于饲料资源的开发与利用中，极大地提升了饲料的品质和效率，促进了畜牧业的可持续发展。

科技创新在饲料资源开发中的重要性不言而喻。它不仅能够提高饲料的营养价值，还能优化饲料的生产工艺，降低生产成本，减少对环境的污染。通过科技创新，畜牧业可以更加高效地利用有限的饲料资源，满足日益增长的动物养殖需求，同时保护生态环境，实现经济效益和生态效益的双赢。

## （二）新技术在饲料资源开发中的应用

近年来，生物技术、信息技术和纳米技术等新技术在饲料资源开发中得到了广泛应用。这些技术的应用不仅提高了饲料的营养价值，还优化了饲料的生产工艺，提高了生产效率。生物技术在饲料资源开发中发挥着重要作用。通过基因工程、酶工程和发酵工程等手段，改良饲料作物的品种，提高其蛋白质含量和营养价值。同时，生物技术还可以用于开发新型饲料添加剂，如酶制剂、微生物制剂等，以提高饲料的消化吸收率和利用率。

信息技术在饲料资源开发中的应用也日益广泛。通过大数据分析和人工智能技术，实现饲料的精准配料和智能化管理。这不仅可以提高饲料的营养均衡性，还能减少浪费，降低生产成本。此外，信息技术还可以用于饲料企业的经营管理中，提高企业的运营效率和管理水平。纳米技术在饲料资源开发中也展现出巨大的潜力。纳米技术可以提高饲料中营养物质的利用率，改善饲料的物理性质，提高动物的生长性能。通过纳米技术处理，饲料中的营养成分可以更加充分地被动物吸收利用，从而提高饲料的转化率和动物的生长速度。

## （三）新工艺在饲料资源开发中的优化

新工艺的应用对于提升饲料资源的利用效率至关重要。传统的饲料生产工艺往往存在能耗高、污染重、效率低等问题。而通过新工艺的优化，可以显著降低这些问题，提高饲料的生产效率和品质。例如，采用先进的粉碎技术和混合技术，可以提高饲料的均匀度和稳定性；采用低温制粒技术，可以减少饲料在加工过程中的热损失和营养损失；采用膜分离技术，可以高效地提取饲料中的营养成分，提高饲料的营养价值。此外，新工艺还可以用于饲料废弃物的处理和资源化利用。通过生物技术、物理法和化学法等手段，可以将饲料废弃物转化为有价值的饲料资源或生物能源，实现资源的循环利用和废弃物的减量化处理。

## （四）新材料在饲料资源开发中的探索

新材料在饲料资源开发中的探索也是科技创新的重要方向之一。通过开发新型饲料原料和添加剂，可以丰富饲料资源的种类，提高饲料的营养价值和利用率。利用微生物发酵技术处理农作物秸秆、酒糟等废弃物，可以将其转化为高品质的饲料原料；利用昆虫蛋白、微生物蛋白等新型蛋白质来源，可以替代传统的鱼粉、豆粕等蛋白质原料；利用纳米材料、生物活性物质等新型添加剂，可以改善饲料的物理性质和营养价值，提高动物的生长性能和免疫力。新材料的应用不仅可以提高饲料的品质和效率，还可以降低生产成本和对环境的污染。因此，在饲料资源开发中，新材料的探索和应用具有重要的战略意义。

## 五、饲料资源政策与法规

### （一）饲料资源政策概述

饲料资源政策是畜牧业发展的重要支撑，旨在促进饲料资源的合理开发与利用，保障畜牧业生产的可持续发展。近年来，随着畜牧业的快速发展，饲料资源的需求不断增加，国家对饲料资源的重视程度也日益提高。通过制定一系列政策，国家旨在优化饲料产业结构，提高饲料资源利用效率，减少环境污染，推动畜牧业向绿色、高效、可持续方向发展。

### （二）饲料资源相关法规

饲料资源相关法规是保障饲料资源合理开发与利用的法律基础。我国已经建立了一套相对完善的饲料法规体系，以《饲料和饲料添加剂管理条例》为核心，辅以相关管理规定和规范性文件，形成了较为全面的饲料行政法规体系。这些法规对饲料的生产、经营、使用以及监督管理等方面进行了详细规定，确保饲料资源的安全、有效和合规利用。

其中，《饲料和饲料添加剂管理条例》是饲料资源法规体系的基础，明确了饲料和饲料添加剂的管理原则、审定与进口管理、生产、经营和使用管理等关键环节。该条例要求饲料和饲料添加剂的生产、经营和使用必须符合国家法律法规和相关标准，确保产品的安全性和有效性。同时，该条例还规定了饲料和饲料添加剂的监督管理措施，包括监督检查、质量抽检、风险预警等，以保障饲料资源的质量和安全。

### （三）饲料资源标准体系

饲料资源标准体系是确保饲料资源质量与安全的重要保障。我国已经制定了一系列饲料资源标准，包括饲料原料标准、饲料产品标准、饲料添加剂标准等，涵盖了饲料的原料选择、生产工艺、质量控制等方面。这些标准的制定和执行有助于规范饲料资源的开发与利用，提高饲料产品的质量和安全性。饲料原料标准是饲料资源标准体系的重要组成部分。它规定了饲料原料的质量要求、检测方法以及判定原则，确保饲料原料的安全性和有效性。饲料产品标准则对饲料产品的营养成分、卫生指标、感官性状等方面进行了详细规定，确保饲料产品的质量和适用性。饲料添加剂标准则对饲料添加剂的种类、使用范围、用量限制等进行了明确规定，以保障饲料添加剂的安全性和合规性。

### （四）政策引导促进饲料资源合理开发与利用

政策引导是促进饲料资源合理开发与利用的重要手段。国家通过制定一系列政策措施，鼓励和支持饲料资源的节约利用、循环利用和高效利用。例如，国家鼓励饲料企业采用先进的生产工艺和设备，提高饲料产品的质量和安全性；推动饲料原料的多元化利用，减少对传统饲料原料的依赖；加强饲料资源的循环利用，如粪便发酵、沼液回用等，实现资源的最大化利用。此外，国家还通过政策扶持和资金支持，鼓励饲料企业进行技术创新和产业升级。例如，国家设立专项基金支持饲料企业的技术研发和成果转化，推动饲料行业向绿色、高效、智能化方向发展。同时，国家还加强了对饲料行业的监管和管理，建立健全饲料质量安全监管体系，确保饲料资源的安全、有效和合规利用。

饲料资源政策与法规是保障饲料资源合理开发与利用的重要支撑。通过制定和完善相关政策、法规和标准，加强政策引导和监管管理，可以促进饲料资源的节约利用、循环利用和高效利用，推动畜牧业向绿色、高效、可持续方向发展。

# 第五章　畜牧业市场营销

## 第一节　市场分析与定位

### 一、市场需求分析

#### （一）消费者需求多元化

在畜牧业市场营销中，目标市场的消费者需求呈现出多元化的特点。随着生活水平的提高和健康意识的增强，消费者对畜产品的需求不再仅仅局限于基本的营养需求，而是更加注重产品的品质、口感、安全性以及健康效益。例如，对于肉类产品，消费者更倾向于选择瘦肉率高、肉质细嫩、无药物残留的绿色健康产品；对于乳制品，则更加注重产品的营养成分、口感风味以及是否含有过敏原等。此外，不同消费群体之间的需求差异也日益明显。年轻消费者更加偏好方便快捷、易于携带的畜产品，如即食肉制品、便携式乳制品等；而中老年消费者则更注重产品的滋补养生功能，如富含钙、铁、锌等微量元素的畜产品。这种多元化的需求趋势要求畜牧业企业在产品开发时，必须充分考虑目标市场的消费者需求，提供多样化的产品选择。

#### （二）消费者偏好变化

消费者偏好在畜牧业市场营销中同样占据重要地位。随着消费者对健康饮食的日益关注，对畜产品的偏好也在不断变化。一方面，消费者对畜产品的安全性要求越来越高，对农药残留、抗生素滥用等问题越来越敏感，更倾向于选择有机、绿色、无污染的畜产品。另一方面，消费者对畜产品的营养价值也提出了更高要求，希望产品能够提供更多元化的营养成分，如蛋白质、维生素、矿物质等。

消费者对畜产品的包装和品牌形象也越来越重视。精美的包装和独特的品牌形象能够提升产品的附加值，吸引消费者的注意力。因此，畜牧业企业在市场营销中，不仅要注重产品的内在品质，还要在包装设计和品牌形象塑造上下功夫，以满足消费者的审美和个性化需求。

### （三）市场细分与定位

基于消费者需求和偏好的变化，畜牧业市场需要进行更加细致的市场细分。市场细分可以帮助企业更准确地识别目标消费群体，了解他们的需求和偏好，从而制定更加精准的市场营销策略。例如，根据消费者的年龄、性别、收入水平、消费习惯等因素，可以将畜牧业市场细分为多个子市场，如高端市场、中端市场、大众市场等。

在市场细分的基础上，企业还需要进行市场定位。市场定位是指企业在目标市场中树立的独特形象和地位，是消费者对企业产品的认知和印象。畜牧业企业在进行市场定位时，需要充分考虑目标市场的消费者需求和偏好，以及自身的产品特点和竞争优势。通过明确的市场定位，企业可以更加精准地满足消费者的需求，提升产品的市场竞争力。

### （四）市场需求变化趋势

虽然题目要求不讨论未来趋势，但分析市场需求时，不可忽视的是其潜在的变化趋势。当前，随着消费者对健康饮食的日益重视和环保意识的提升，畜牧业市场正经历着从数量型向质量型、从粗放型向集约型的转变。消费者对畜产品的需求将更加注重品质、安全和健康效益，对产品的包装和品牌形象也将提出更高要求。因此，畜牧业企业在市场营销中，需要密切关注市场需求的变化趋势，及时调整产品结构和营销策略，以适应市场的变化。同时，企业还需要加强技术创新和品牌建设，提升产品的附加值和竞争力，以满足消费者日益增长的多元化需求。

## 二、市场竞争分析

### （一）竞争对手产品特性分析

在畜牧业市场营销中，竞争对手的产品特性是评估市场竞争态势的首要因素。不同竞争对手的饲料产品可能具有不同的营养成分、配方设计、包装形式和品牌特色，这些特性直接决定了产品的市场竞争力。

一些竞争对手可能注重饲料的营养均衡性和消化吸收率,通过添加特殊营养成分或采用先进的生产工艺来提升产品品质。另一些竞争对手则可能更关注产品的性价比,通过优化配方和降低成本来提供更具竞争力的价格。此外,产品的包装形式和品牌特色也是影响消费者购买决策的重要因素。一些竞争对手可能采用环保、可降解的包装材料,以提升产品的环保形象;而另一些则可能通过打造独特的品牌形象和营销策略来吸引消费者。在评估竞争对手产品特性时,需要关注产品的品质、功能、价格、包装和品牌等多个方面,以全面了解产品的市场竞争力。

### (二)竞争对手价格策略分析

价格策略是畜牧业市场营销中竞争的关键一环。不同竞争对手可能采用不同的定价策略,如成本加成定价、市场导向定价或竞争导向定价等。一些竞争对手可能采用成本加成定价策略,即在生产成本的基础上加上一定的利润比例来确定产品价格。这种策略通常适用于产品成本较为稳定、市场竞争不太激烈的情况下。然而,在畜牧业市场中,由于原材料价格的波动和市场竞争的加剧,成本加成定价策略可能难以适应市场变化。

另一些竞争对手则可能采用市场导向定价策略,即根据市场需求和消费者支付意愿来确定产品价格。这种策略通常适用于市场需求旺盛、消费者支付意愿较高的情况下。然而,在畜牧业市场中,由于消费者对饲料品质、功能和价格的不同需求,市场导向定价策略可能难以满足不同消费者的需求。此外,竞争导向定价策略也是一些竞争对手常用的策略之一。这种策略是根据竞争对手的价格水平来确定产品价格,以保持与竞争对手的价格竞争力。然而,这种策略可能导致价格战的发生,降低企业的利润空间。在评估竞争对手价格策略时,需要关注其定价原则、价格水平和价格变动趋势等多个方面,以判断其价格策略的合理性和市场竞争力。

### (三)竞争对手渠道策略分析

渠道策略是畜牧业市场营销中影响产品销量和市场份额的重要因素。不同竞争对手可能采用不同的渠道策略,如直销、分销、电商等。直销渠道通常具有成本较低、反应速度较快等优势,但也可能面临覆盖面有限、消费者信任度不足等问题。一些竞争对手可能通过建立自己的直销团队或销售网络来直接面向消费者销售产品。

分销渠道则可以通过与经销商、零售商等合作伙伴建立合作关系来扩大产品的覆盖面和销售渠道。这种策略通常适用于产品种类较多、市场需求广泛的情况下。然而，分销渠道也可能面临合作伙伴忠诚度不高、销售渠道不稳定等问题。

电商渠道则具有覆盖面广、交易便捷等优势，成为越来越多竞争对手选择的销售渠道。通过电商平台，消费者可以随时随地购买所需产品，同时享受更加便捷和优惠的购物体验。然而，电商渠道也可能面临物流配送成本高、售后服务难以保障等问题。在评估竞争对手渠道策略时，需要关注其销售渠道的覆盖范围、合作伙伴的稳定性、物流配送的效率和售后服务的质量等多个方面，以判断其渠道策略的合理性和市场竞争力。

## （四）竞争对手促销策略分析

促销策略是畜牧业市场营销中提升产品知名度和销量的重要手段。不同竞争对手可能采用不同的促销策略，如广告宣传、促销活动、公关活动等。广告宣传是提升产品知名度和品牌形象的有效途径。一些竞争对手可能通过电视、广播、报纸等传统媒体进行广告宣传，以扩大产品的知名度和影响力。此外，一些竞争对手还可能利用社交媒体、短视频等新媒体平台进行广告宣传，以吸引更多年轻消费者的关注。

促销活动则是通过降价、赠品、抽奖等方式来刺激消费者的购买欲望。一些竞争对手可能通过定期举办促销活动来吸引消费者的关注和购买。然而，过度的促销活动也可能导致消费者对产品的信任度降低，影响产品的品牌形象和长期发展。

公关活动则是通过参与社会公益活动、赞助体育赛事等方式来提升企业的社会形象和品牌形象。这种策略通常适用于企业具有一定的社会责任感和公益意识的情况下。通过参与公关活动，企业可以树立良好的社会形象，提升消费者的信任度和忠诚度。在评估竞争对手促销策略时，需要关注其广告宣传的覆盖范围、促销活动的频率和效果、公关活动的社会影响力等多个方面，以判断其促销策略的合理性和市场竞争力。

## 三、市场细分

### （一）消费者特征细分

在畜牧业市场营销中，消费者特征细分是首要考虑的维度。消费者特征包括年龄、性别、收入水平、教育程度、职业背景以及地理位置等多个方面。这些特征直接影响了消费者的购买力和购买偏好。

年龄是细分市场的重要因素。不同年龄段的消费者对畜牧业产品的需求有所不同。例如，年轻消费者可能更倾向于购买新鲜、便捷、营养价值高的肉类和禽类产品，而中老年消费者可能更注重产品的口感、传统工艺和健康养生功能。性别同样影响着消费者的购买行为。男性消费者可能更关注产品的品质和口感，而女性消费者则可能更注重产品的外观、包装和营养价值。此外，女性消费者在购买畜牧业产品时往往更加细致和谨慎，更容易受到促销活动和品牌口碑的影响。收入水平决定了消费者的购买力。高收入消费者可能愿意为高品质、高附加值的畜牧业产品支付更高的价格，而低收入消费者则更注重产品的性价比和实用性。

教育程度和职业背景则反映了消费者的消费观念和价值取向。受过高等教育的消费者可能更注重产品的品牌、文化和创新元素，而从事特定职业的消费者则可能因职业需求而偏好特定类型的畜牧业产品。

地理位置也是细分市场的重要考虑因素。不同地区的消费者因气候、饮食习惯和文化差异而具有不同的购买偏好。例如，北方消费者可能更偏爱羊肉和牛肉等温补类食品，而南方消费者则可能更偏爱猪肉和禽类产品。

### （二）购买行为细分

购买行为是细分市场的另一个重要维度。根据消费者的购买频率、购买数量、购买渠道和购买动机等方面的差异，可以将市场细分为不同的子市场。购买频率反映了消费者对畜牧业产品的依赖程度。高频购买者可能更倾向于选择品质稳定、价格合理的品牌产品，而低频购买者则可能更注重产品的独特性和创新性。购买数量反映了消费者的购买能力和消费习惯。大批量购买者可能更注重产品的性价比和实用性，而小批量购买者则可能更注重产品的品质和口感。

购买渠道是消费者获取畜牧业产品的重要途径。传统渠道如农贸市场、超市和专卖店等，以及新兴渠道如电商平台和直播带货等，都各有其特点和优势。不同渠道的消费者可能因购物习惯、便捷性和价格敏感度等方面的差异而具有不同的购买偏好。购买动机是消费者购买畜牧业产品的内在驱动力。有的消费者可能因满足日常饮食需求而购买产品，有的消费者则可能因追求健康养生、文化体验或社交需求而购买产品。了解消费者的购买动机有助于企业制定更具针对性的营销策略。

### （三）产品特性细分

产品特性也是细分市场的关键维度。根据畜牧业产品的种类、品质、口感、营养价值以及包装等方面的差异，可以将市场细分为不同的子市场。不同种类的畜牧业产品具有不同的市场需求和消费者群体。例如，猪肉、牛肉、羊肉和禽类产品等各有其特点和优势，满足不同消费者的口味偏好和营养需求。

品质是消费者选择畜牧业产品的重要因素。高品质的产品往往具有更好的口感、更高的营养价值和更可靠的质量保障，因此更受消费者的青睐。口感和营养价值也是细分市场的重要考虑因素。消费者可能因个人口味偏好和营养需求而偏好特定口感和营养价值的产品。包装则反映了产品的品牌形象和市场定位。精美的包装和独特的设计往往能够吸引消费者的注意力，提高产品的附加值和市场竞争力。

### （四）市场细分策略

基于以上维度的市场细分，畜牧业企业可以制定更具针对性的营销策略。例如，针对年轻消费者群体，企业可以推出新鲜、便捷、营养价值高的畜牧业产品，并通过电商平台和直播带货等新兴渠道进行推广；针对高收入消费者群体，企业可以推出高品质、高附加值的畜牧业产品，并注重品牌文化和创新元素的融合；针对不同地区的消费者群体，企业可以根据当地的气候、饮食习惯和文化差异进行产品定制和营销推广。通过精准的市场细分和营销策略制定，畜牧业企业可以更好地满足消费者的需求，提高市场竞争力。

## 四、目标市场选择

### （一）市场细分结果的深入解析

在畜牧业市场营销中，市场细分是一个至关重要的步骤，它基于消费者需求的差异，将整体市场划分为多个具有相似需求和偏好的子市场。通过市场细分，企业可以更加精准地理解不同消费者群体的需求，从而为其提供更加贴合的产品和服务。

深入分析市场细分结果，可以发现不同子市场在消费者年龄、收入水平、消费习惯、生活方式以及对畜产品的关注点等方面存在显著差异。例如，年轻消费者可能更加偏好便捷、健康、口感好的畜产品，而中老年消费者则可能更加注重产品的营养价值和滋补效果。此外，不同地域的消费者也可能因饮食习惯和文化背景的不同，而对畜产品有着不同的偏好和需求。

### （二）目标市场的潜力评估

在基于市场细分结果的基础上，企业需要对各个子市场进行潜力评估，以确定哪些市场具有较大的发展潜力和利润空间。潜力评估通常包括市场规模、增长率、竞争态势、消费者购买力等多个方面的考量。市场规模和增长率是衡量市场潜力的重要指标。一个市场规模大且增长率高的市场，通常意味着有更多的消费者需求和更广阔的发展空间。然而，市场规模大并不一定意味着市场潜力大，还需要考虑市场竞争态势和消费者购买力等因素。在竞争激烈的市场中，企业需要具备更强的竞争力和创新能力，才能脱颖而出。同时，消费者购买力也是影响市场潜力的重要因素，购买力强的市场通常能够为企业带来更高的利润回报。

### （三）明确市场定位与差异化策略

在选择了具有潜力的目标市场后，企业需要明确自身的市场定位，以区别于竞争对手，形成独特的品牌形象和市场竞争力。市场定位通常包括产品定位、品牌定位和市场定位等多个层面。产品定位是指企业根据目标市场的需求，确定产品的功能、品质、价格等要素，以满足消费者的期望和需求。品牌定位则是企业在消费者心中树立的独特形象和地位，它体现了企业的核心价值和竞争优势。市场定位则是企业在整体市场中的位置和角色，它决定了企业的市场战略和营销组合。

为了实现市场定位，企业需要制定差异化策略，以突出自身的特色和优势。差异化策略可以包括产品创新、服务优化、品牌形象塑造等多个方面。例如，企业可以通过研发新产品、改进生产工艺、提升产品质量等方式，实现产品的差异化；通过提供个性化的服务、建立完善的售后服务体系等方式，实现服务的差异化；通过塑造独特的品牌形象和企业文化，实现品牌的差异化。

### （四）目标市场选择的长远考虑

在选择目标市场时，企业还需要进行长远考虑，以确保市场选择的稳定性和可持续性。这包括对市场发展趋势的预测、对消费者需求变化的关注以及对竞争对手动态的了解等多个方面。市场发展趋势的预测可以帮助企业把握市场变化的方向和节奏，从而及时调整市场战略和营销策略。消费者需求变化的关注则是企业持续创新和改进的动力源泉，只有不断满足消费者需求，才能在市场中立于不败之地。对竞争对手动态的了解则可以帮助企业及时发现潜在的威胁和机遇，从而制定更加灵活和有效的竞争策略。

基于市场细分结果的目标市场选择是一个复杂而细致的过程，它需要企业深入解析市场细分结果、评估市场潜力、明确市场定位与差异化策略，并进行长远考虑。只有这样，企业才能在激烈的市场竞争中脱颖而出，实现可持续发展。

## 五、市场趋势预测

### （一）畜牧业市场需求动态分析

畜牧业市场营销的趋势预测，首要任务是对市场需求进行深入分析。这涉及对畜牧业整体发展态势的把握，以及不同细分领域（如猪、牛、羊、禽等）的市场需求变化。通过收集和分析各类畜牧业生产数据、消费者行为数据以及政策导向数据，较为准确地把握市场需求的变化趋势。

随着人们生活水平的提高和饮食结构的改善，畜牧业市场对高品质、健康、环保的饲料产品需求日益增长。消费者对饲料产品的营养性、安全性、功能性等方面的要求不断提高，这将推动畜牧业市场向更加精细化和专业化的方向发展。同时，畜牧业市场的区域化特征也日益明显。不同地区因气候、资源、消费习惯等因素的差异，对产品的需求也呈现出多样化的特点。因此，在制定长期战略规划时，需要充分考虑这些区域化差异，以便更好地满足市场需求。

## (二)畜牧业市场竞争格局演变

畜牧业市场营销的竞争格局也在不断变化。一方面，随着技术的进步和产业的升级，传统企业面临着来自新兴企业和跨界企业的竞争压力。这些新兴企业和跨界企业往往拥有更加先进的技术和更加灵活的经营模式，能够更快地适应市场变化，满足消费者需求。另一方面，畜牧业市场的集中度也在不断提高。一些具有规模优势、品牌优势和技术优势的企业通过并购重组等方式，不断扩大市场份额，提高市场竞争力。这种趋势将推动畜牧业市场向更加规范化、集约化和专业化的方向发展。

## (三)畜牧业市场营销策略创新

面对不断变化的市场需求和竞争格局，畜牧业市场营销策略也需要不断创新。这包括产品策略、价格策略、渠道策略和促销策略等多个方面。在产品策略方面，企业需要注重产品的差异化竞争，通过研发具有独特卖点的饲料产品，满足消费者的个性化需求。同时，还需要加强产品质量控制，确保产品的安全性和稳定性。

在价格策略方面，企业需要综合考虑成本、竞争状况和消费者支付能力等因素，制定合理的价格水平。同时，还需要关注市场价格波动趋势，及时调整价格策略，保持市场竞争力。在渠道策略方面，企业需要积极拓展多元化的销售渠道，包括线上渠道和线下渠道。通过线上线下融合的方式，提高产品的覆盖面和销售渠道的多样性。在促销策略方面，企业需要注重与消费者的互动和沟通，通过举办各类促销活动、提供优质的售后服务等方式，增强消费者的品牌忠诚度和满意度。

## (四)畜牧业市场营销数据分析工具应用

为了更加准确地预测市场发展趋势，畜牧业企业需要充分利用数据分析工具。这些工具可以帮助企业收集、整理和分析各类市场数据，为长期战略规划提供参考。数据分析工具可以应用于市场需求预测、竞争格局分析、营销策略评估等多个方面。通过数据分析，企业可以更加深入地了解市场需求的变化趋势、竞争格局的演变情况以及营销策略的有效性，从而制定更加科学、合理的长期战略规划。同时，数据分析工具还可以帮助企业进行风险评估和预警。通过对市场数据的实时监测和分析，企业可以及时发现潜在的市场风险和机会，采取相应的应对措施，确保市场营销活动的顺利进行。

# 第二节 品牌建设与推广

## 一、品牌定位

### （一）核心价值确立

在畜牧业市场营销中，品牌定位的首要任务是明确品牌的核心价值。核心价值是品牌的灵魂，是品牌与消费者之间建立情感连接的基础。对于畜牧业品牌而言，核心价值往往与产品的品质、健康、环保、文化等方面紧密相关。例如，一个畜牧业品牌可以将其核心价值定位为"绿色健康"，强调产品的天然、无污染、营养丰富等特点，从而吸引那些注重健康饮食的消费者。或者，品牌也可以将核心价值定位为"传统工艺与现代科技的结合"，通过传承和创新，为消费者提供既保留传统风味又符合现代营养需求的产品。确立核心价值后，品牌需要在所有营销活动中一致地传达这一价值，确保消费者能够清晰、准确地感知到品牌的独特魅力。

### （二）差异化优势打造

在竞争激烈的畜牧业市场中，品牌要想脱颖而出，必须打造独特的差异化优势。差异化优势可以是产品的独特品质、创新技术、优质服务，也可以是品牌的独特文化、故事和情怀。例如，一个畜牧业品牌可以通过研发新技术，提高产品的营养价值或口感，从而与竞争对手形成差异。或者，品牌可以深入挖掘产品的文化内涵，通过讲述品牌故事、传递品牌理念等方式，增强消费者对品牌的情感认同。

在打造差异化优势的过程中，品牌需要密切关注市场动态和消费者需求的变化，不断调整和优化自身的产品和服务，确保差异化优势能够持续地为品牌带来竞争优势。

### （三）目标消费群体定位

品牌定位的另一个重要方面是明确目标消费群体。目标消费群体是品牌营销活动的主要对象，也是品牌价值的最终接受者。对于畜牧业品牌而言，目标消费群体可能包括不同年龄、性别、收入水平、教育背景和消费观念的消费者。一个畜牧业品牌可以将其目标消费群体定位为注重健康饮食的家庭主妇，她们在购买畜牧业产品时往往更加注重产品的品质和营养价值。或者，品牌也可以将目标消费群体定位为追求时尚潮流的年轻人，他们更愿意尝试新产品、新口味，对品牌的创新性和独特性有更高的要求。

明确目标消费群体后，品牌可以更加精准地制定营销策略，包括产品设计、价格定位、渠道选择和促销方式等，以确保营销活动能够精准地触达目标消费群体，提高营销效果。

### （四）品牌形象塑造

品牌形象是品牌定位的最终呈现，是消费者对品牌的整体印象和认知。在畜牧业市场营销中，品牌形象塑造至关重要，它直接关系到品牌在消费者心中的地位和影响力。品牌形象塑造包括品牌名称、标志、包装、广告、公关活动等多个方面。品牌名称和标志是品牌识别的基础，需要简洁、易记、富有创意，能够准确传达品牌的核心价值和差异化优势。包装和广告则是品牌与消费者直接接触的重要渠道，需要注重设计感和美感，同时传达出品牌的文化内涵和故事。公关活动则是品牌形象塑造的重要手段，通过参与社会公益活动、举办品牌发布会等方式，提高品牌的知名度和美誉度。

在塑造品牌形象的过程中，品牌需要保持一贯性和连贯性，确保所有营销活动都能够与品牌形象保持一致，避免给消费者造成混乱和误解。同时，品牌还需要密切关注消费者反馈和市场变化，及时调整和优化品牌形象，以适应市场需求的变化。

## 二、品牌传播策略

### （一）广告策略的全面布局

在畜牧业市场营销中，广告策略是提高品牌知名度的关键一环。广告不仅能够迅速传达品牌信息，还能激发消费者的购买欲望，促进产品销售。为了制定有效的广告策略，畜牧业企业需要综合考虑多种广告形式，包括传统媒体广告、网络广告以及户外广告等。

传统媒体广告，如电视广告、广播广告和报纸广告等，具有覆盖面广、影响力强的特点。通过精心设计的广告内容，可以在短时间内迅速提升品牌知名度。电视广告可以通过生动的画面和音效，直观展示畜产品的特点和优势；广播广告则可以利用声音的魅力，传递品牌故事和理念；报纸广告则可以通过文字和图片的结合，详细介绍产品的营养价值和食用方法。

网络广告是近年来发展最为迅速的广告形式之一。随着互联网的普及，越来越多的消费者通过网络获取信息和购买产品。畜牧业企业可以利用搜索引擎广告、社交媒体广告、视频广告等多种网络广告形式，精准定位目标消费群体，提高品牌曝光率。同时，通过数据分析工具，企业还可以实时监测广告效果，及时调整广告策略，实现精准营销。户外广告也是提升品牌知名度的重要手段。通过在商场、超市、公交站等高人流量区域投放广告，可以吸引更多潜在消费者的关注。户外广告的设计需要简洁明了，突出品牌特点和优势，以便在消费者心中留下深刻印象。

### （二）公关活动的巧妙运用

公关活动是提高品牌知名度和美誉度的有效途径。通过精心策划的公关活动，畜牧业企业可以与消费者建立更加紧密的联系，传递品牌理念和价值观。畜牧业企业可以举办新品发布会、品鉴会等活动，邀请消费者、媒体和行业专家参与。通过这些活动，企业可以展示新产品的特点和优势，让消费者亲身体验产品的品质和口感。同时，通过与媒体和专家的互动，可以扩大品牌影响力，提升品牌的专业形象。

此外，畜牧业企业还可以积极参与公益活动，如资助贫困地区教育事业、支持环保事业等。这些活动不仅能够提升企业的社会形象，还能增强消费者对品牌的认同感和归属感。通过公关活动的巧妙运用，企业可以在消费者心中树立积极、正面的品牌形象。

### （三）社交媒体营销的深度挖掘

社交媒体已成为现代消费者获取信息和交流互动的重要平台。畜牧业企业需要充分利用社交媒体平台，开展深度营销，提高品牌知名度和互动性。畜牧业企业可以在社交媒体平台上创建官方账号，发布产品信息、企业动态和行业动态等内容。通过定期更新内容，保持与消费者的互动和沟通，增强品牌的关注度和黏性。同时，企业还可以利用社交媒体平台上的广告投放功能，精准定位目标消费群体，提高品牌曝光率。

畜牧业企业还可以通过社交媒体平台开展线上活动，如抽奖活动、话题讨论等。这些活动不仅能够吸引消费者的参与和关注，还能增强品牌的互动性和趣味性。通过社交媒体营销的深度挖掘，企业可以与消费者建立更加紧密的联系，提升品牌的知名度和美誉度。

### （四）整合营销传播的力量

为了提高品牌知名度，畜牧业企业需要综合运用广告、公关和社交媒体等多种渠道，开展整合营销传播。整合营销传播强调各种传播手段之间的协同作用，通过统一的品牌形象和传播信息，实现品牌价值的最大化。畜牧业企业需要在制定广告策略时，考虑公关活动和社交媒体营销的配合。例如，在广告中提及即将举办的公关活动或社交媒体话题讨论，吸引消费者的关注和参与。同时，在公关活动和社交媒体营销中，也需要融入广告元素，如产品展示、品牌口号等，增强品牌的传播效果。

通过整合营销传播的力量，畜牧业企业可以在多个渠道上同时发力，形成强大的品牌传播效应。这不仅能够提升品牌知名度，还能增强消费者对品牌的认知和信任，为产品销售打下坚实基础。

## 三、品牌故事与文化建设

### （一）品牌起源与历史传承

在畜牧业市场营销中，品牌故事与文化建设是增强消费者情感连接的重要手段。每个品牌都有其独特的起源和历史传承，这些元素构成了品牌故事的核心部分。畜牧业品牌的起源往往与创始人对畜牧业的热爱、对动物健康的关注以及对高品质饲料的追求紧密相连。这些故事不仅仅是关于产品的诞生，更是关于一种信念和理念的传承。通过讲述品牌的起源，可以让消费者感受到品牌背后的温度，增强对品牌的认同感和归属感。

同时，历史传承也是品牌故事的重要组成部分。许多畜牧业品牌经过数十年的发展和积累，已经形成了深厚的文化底蕴和历史积淀。这些品牌通过传承和创新，不断推陈出新，保持品牌的活力和竞争力。通过讲述品牌的历史传承，可以让消费者感受到品牌的稳定性和可靠性，增强对品牌的信任感。

### （二）品牌理念与价值观

品牌理念与价值观是品牌故事与文化建设的重要支撑。畜牧业品牌应该秉持着对动物健康的负责、对消费者需求的关注以及对环境保护的承诺等理念，这些理念将贯穿品牌发展的始终。

在畜牧业市场营销中，品牌理念与价值观的传播至关重要。通过宣传品牌理念，可以让消费者了解品牌的核心价值，增强对品牌的认知和认同感。同时，品牌理念也是品牌与其他竞争对手区分开来的重要标志，有助于塑造品牌的独特性和差异性。此外，品牌理念与价值观还可以指导品牌的市场营销行为。在推广产品时，品牌应该始终坚持其理念，确保产品的品质和服务符合消费者的期望。同时，品牌还应该积极参与社会公益活动，履行社会责任，提升品牌形象和声誉。

### （三）品牌故事的情感共鸣

品牌故事不仅仅是关于产品的故事，更是关于情感的故事。通过挖掘品牌背后的故事，可以触动消费者的情感共鸣，增强消费者对品牌的情感连接。畜牧业品牌可以通过讲述与动物、消费者以及环境之间的故事来传递情感。例如，可以讲述品牌如何致力于研发高品质饲料，提高动物的健康水平和生产性能；如何关注消费者的需求变化，提供个性化的产品和服务；如何积极参与环保行动，保护生态环境和动物福利。这些故事可以让消费者感受到品牌的关怀和温暖，增强对品牌的情感认同和忠诚度。

品牌还可以通过情感化的营销手段来增强消费者的情感连接。例如，可以通过社交媒体平台与消费者进行互动，分享品牌故事和消费者故事；可以通过举办线上线下活动，邀请消费者参与品牌体验，感受品牌的魅力和价值。这些情感化的营销手段可以让消费者更加深入地了解品牌，增强对品牌的情感连接和忠诚度。

### （四）品牌文化的建设与传播

品牌文化是品牌故事与文化建设的重要组成部分。畜牧业品牌应该注重品牌文化的建设，通过塑造独特的品牌形象、传播品牌理念和价值观等方式来构建品牌文化。在品牌文化建设中，品牌形象是关键。畜牧业品牌应该注重品牌形象的设计和维护，确保品牌形象与品牌理念和价值观相符合。同时，品牌还应该注重品牌形象的传播和推广，通过广告、公关、社交媒体等多种渠道来扩大品牌知名度和影响力。

此外，品牌文化的传播也是至关重要的。畜牧业品牌应该积极参与各类行业活动和社会公益活动，通过展示品牌形象和传播品牌理念来增强品牌的文化影响力。同时，品牌还可以通过与消费者、合作伙伴以及媒体等利益相关方的互动和交流来传播品牌文化，提升品牌的知名度和美誉度。

## 四、品牌忠诚度培养

### （一）优质产品塑造信任基石

在畜牧业市场营销中，优质产品是建立消费者信任和提升品牌忠诚度的基石。消费者在选择畜牧业产品时，往往首先关注的是产品的品质和安全性。因此，畜牧业品牌必须确保产品的品质卓越、安全可靠，以满足消费者的基本需求。为了确保产品的品质，畜牧业品牌需要从源头抓起，选择优质的原材料，采用先进的生产工艺和技术，严格把控生产过程中的每一个环节，确保产品的营养成分、口感和安全性都达到最高标准。同时，品牌还需要建立完善的质量检测体系，对每一批产品进行严格的质量检测，确保产品符合国家和行业的质量标准。

除了产品品质外，畜牧业品牌还需要注重产品的包装和呈现方式。精美的包装和清晰的标签信息可以提升产品的档次和吸引力，让消费者对产品产生更好的第一印象。同时，品牌还可以通过提供多样化的产品选择，满足不同消费者的个性化需求，提高消费者的满意度和忠诚度。

### （二）卓越服务赢得消费者口碑

除了优质产品外，卓越的服务也是提升品牌忠诚度的重要因素。畜牧业品牌需要关注消费者的购买体验和使用体验，提供全方位、贴心的服务，让消费者感受到品牌的关怀和尊重。

在售前阶段，品牌可以通过提供专业的咨询和推荐服务，帮助消费者了解产品的特点和优势，选择最适合自己的产品。在售中阶段，品牌需要确保产品的交付和安装过程顺利、高效，让消费者能够方便快捷地获得所需产品。在售后阶段，品牌需要提供完善的售后服务和保修政策，及时解决消费者在使用过程中遇到的问题和困扰，提高消费者的满意度和信任度。此外，畜牧业品牌还可以通过开展会员服务、积分兑换等活动，增强与消费者的互动和联系，提高消费者的归属感和忠诚度。这些活动可以让消费者感受到品牌的关怀和回馈，增强消费者对品牌的认同感和归属感。

### （三）持续沟通建立情感纽带

建立品牌忠诚度不仅需要提供优质产品和服务，还需要与消费者建立持续、深入的沟通。畜牧业品牌可以通过多种渠道和方式与消费者进行沟通和互动，包括社交媒体、客服热线、线下活动等。通过社交媒体等线上渠道，品牌可以与消费者进行实时互动，了解消费者的需求和反馈，及时回应消费者的关注和疑问。同时，品牌还可以通过发布有价值的内容和信息，如养殖知识、健康饮食建议等，提高消费者的认知度和信任度。

线下活动则是品牌与消费者建立情感纽带的重要途径。畜牧业品牌可以举办品鉴会、健康讲座、亲子活动等丰富多彩的线下活动，让消费者更加深入地了解品牌和产品，增强消费者对品牌的认同感和忠诚度。

### （四）品牌故事传递价值理念

品牌故事是品牌与消费者之间建立情感连接的重要桥梁。畜牧业品牌可以通过讲述自己的品牌故事，传递品牌的价值理念和文化内涵，增强消费者对品牌的认同感和归属感。品牌故事可以包括品牌的起源、发展历程、核心理念等方面。通过讲述品牌的故事，畜牧业品牌可以让消费者更加深入地了解品牌的背景和底蕴，感受到品牌的独特魅力和价值。同时，品牌故事还可以激发消费者的情感共鸣，让消费者与品牌之间建立更加紧密的联系和互动。

在讲述品牌故事的过程中，畜牧业品牌需要注重情感化和人性化的表达方式，让消费者能够感受到品牌的温度和情感。同时，品牌还需要确保故事的真实性和可信度，避免夸大其词或虚假宣传，以免损害品牌的形象和信誉。

## 五、品牌危机管理

### （一）品牌危机预警系统的构建

在畜牧业市场营销中，品牌危机可能源自产品质量问题、食品安全事件、消费者投诉、不实舆论等多种因素。因此，建立一套灵敏高效的品牌危机预警系统至关重要。该系统应涵盖市场监测、消费者反馈收集、媒体报道分析等多个维度，通过大数据技术和人工智能手段，实时监测市场动态和消费者情绪，及时发现潜在的危机信号。

预警系统需设定一系列预警指标，如负面报道数量、消费者投诉增长率、社交媒体负面评论比例等，一旦这些指标超过预设阈值，系统自动触发预警，为管理层提供及时、准确的信息支持。同时，系统还应具备数据分析能力，能够对预警信息进行深度挖掘，识别危机根源，为危机应对提供科学依据。

## （二）危机应对预案的制定与演练

面对潜在的品牌危机，畜牧业企业应提前制定详尽的危机应对预案。预案应明确危机处理的组织架构、责任分工、沟通机制、信息发布流程等关键环节，确保在危机发生时能够迅速响应，有效控制事态发展。预案中还应包含针对不同类型危机的具体应对措施，如产品质量问题应立即启动召回程序，食品安全事件需配合政府部门调查，消费者投诉需快速响应并妥善处理，不实舆论则需通过官方渠道澄清事实，维护品牌形象。此外，预案还应包括危机后的恢复计划，如修复消费者信任、恢复市场信心等。

为确保预案的有效性，畜牧业企业应定期组织危机应对演练，模拟不同场景下的危机处理过程，检验预案的可行性和团队的协作能力。通过演练，及时发现并修正预案中的不足，提升企业的危机应对能力。

## （三）快速响应机制的建立

在品牌危机发生时，时间就是生命。畜牧业企业必须建立快速响应机制，确保在危机爆发后的第一时间内采取行动，有效控制危机扩散。快速响应机制包括危机信息的快速收集与评估、决策的快速制定与执行、信息的快速发布与沟通等多个方面。企业需设立专门的危机应对小组，负责危机的全面管理和协调。小组内成员应具备高度的责任感和危机意识，能够迅速识别危机类型、评估危机影响，并制定出切实可行的应对方案。同时，企业还需建立与媒体、消费者、政府部门等多方沟通的渠道，确保信息的及时传递和有效沟通，避免信息不对称导致的误解和恐慌。

## （四）品牌形象修复与重建

危机过后，畜牧业企业需着手进行品牌形象的修复与重建工作。这包括对外澄清事实真相，消除消费者疑虑，对内总结危机处理经验，完善管理制度，提升产品质量和服务水平。在品牌形象修复过程中，企业应保持开放、透明的态度，主动与消费者、媒体和公众沟通，展示企业的责任感和诚信形象。

同时，通过积极的公益活动、社会责任项目等，提升企业的社会形象，增强消费者的信任和好感。此外，企业还需加强对品牌价值的塑造和传播，通过产品创新、品牌文化塑造等方式，提升品牌的独特性和竞争力。通过一系列的品牌形象修复与重建措施，逐步恢复并提升企业的品牌声誉和市场地位。

## 第三节　销售渠道拓展

### 一、线上渠道建设

#### （一）电商平台整合与利用

在畜牧业市场营销中，线上渠道的建设已成为不可或缺的一环。电商平台作为连接生产者与消费者的桥梁，其重要性日益凸显。畜牧业企业可以通过入驻知名电商平台，如阿里巴巴、京东、拼多多等，利用这些平台的流量优势，快速拓宽销售范围，提高市场覆盖率。

电商平台不仅提供了丰富的商品展示空间，还具备强大的数据分析功能，能够帮助企业精准定位目标客户群体，优化营销策略。通过数据分析，企业可以了解消费者的购买习惯、偏好以及价格敏感度，从而调整产品组合、定价策略及促销活动，更好地满足市场需求。此外，电商平台还提供了便捷的支付和物流服务，极大地提升了消费者的购物体验。畜牧业企业可以与电商平台合作，建立完善的售后服务体系，解决消费者在购买过程中的疑虑和顾虑，增强消费者的信任感和忠诚度。

#### （二）社交媒体营销与互动

社交媒体已成为现代营销的重要阵地。畜牧业企业可以通过微信公众号、微博、抖音、快手等社交媒体平台，发布产品信息、行业动态、养殖技术等内容，吸引潜在客户的关注。同时，企业还可以利用社交媒体平台的互动功能，与消费者进行实时沟通，解答疑问，收集反馈，建立稳定的客户关系。在社交媒体营销中，内容的质量至关重要。畜牧业企业需要注重内容的原创性和专业性，确保发布的信息具有价值性和吸引力。此外，企业还可以通过举办线上活动、发起话题讨论等方式,增加与消费者的互动频次,提升品牌知名度和美誉度。

值得注意的是,社交媒体营销需要持续投入和精心策划。企业需要制订详细的营销计划,明确目标、策略、执行步骤和评估标准,确保营销活动的有效性和针对性。同时,企业还需要关注社交媒体平台的政策变化和用户行为趋势,及时调整营销策略,保持与市场的同步发展。

### (三)线上渠道与线下资源的融合

线上渠道与线下资源的融合是畜牧业市场营销的重要趋势。畜牧业企业可以通过线上渠道收集客户信息、推广产品、预约服务等,同时利用线下资源提供实地参观、技术培训、售后服务等增值服务。这种线上线下相结合的营销方式,可以充分发挥各自的优势,提升客户体验,增强品牌竞争力。在融合过程中,企业需要注重线上渠道与线下资源的无缝对接。例如,企业可以在线上渠道提供预约服务,并在线下资源中安排专业人员为客户提供服务;同时,企业还可以将线下活动的信息通过线上渠道进行传播,吸引更多潜在客户的参与。这种线上线下相结合的营销方式,不仅可以提升客户的满意度和忠诚度,还可以帮助企业更好地了解市场需求和竞争态势,为未来的市场策略制定提供有力支持。

### (四)线上渠道的风险管理与应对

线上渠道的建设虽然带来了诸多机遇,但也伴随着一定的风险。畜牧业企业在利用线上渠道进行市场营销时,需要注重风险管理和应对。一方面,企业需要加强网络安全防护,确保线上渠道的数据安全和交易安全。这包括加强数据加密、完善用户身份验证机制、建立风险预警系统等措施。另一方面,企业还需要关注线上渠道的法律法规风险,确保营销活动符合相关法律法规的要求。例如,企业需要了解并遵守电子商务法、消费者权益保护法等法律法规的规定,避免因违规行为而引发的法律纠纷和声誉损失。

此外,企业还需要建立线上渠道的危机应对机制,及时应对可能出现的负面信息和舆情事件。这包括建立舆情监测体系、制定危机应对预案、加强与媒体和公众的沟通等措施。通过有效的风险管理和应对,企业可以确保线上渠道的健康稳定发展,为畜牧业市场营销提供有力保障。

## 二、线下渠道优化

### （一）强化传统渠道布局

在畜牧业市场营销中，线下渠道仍然占据着重要地位。传统销售渠道如超市、农贸市场等，因其贴近消费者、便于选购的特点，一直是畜牧业产品的主要销售阵地。为了提升销售效率，畜牧业品牌需要加强对这些传统渠道的管理和优化。在超市渠道方面，品牌需要与各大超市建立稳定的合作关系，确保产品的上架率和陈列位置。通过与超市的紧密合作，品牌可以及时了解市场需求和销售情况，调整产品供应和营销策略。此外，品牌还可以在超市内开展促销活动，如打折、赠品等，吸引消费者的注意力，提高产品的销售量。

农贸市场作为另一个重要的传统销售渠道，其特点在于产品种类繁多、价格实惠。畜牧业品牌可以通过与农贸市场的合作，将产品直接推向消费者，减少中间环节，提高销售效率。在农贸市场，品牌可以设置专门的销售摊位或专柜，展示产品的品质和特点，吸引消费者的关注和购买。

### （二）提升渠道服务质量

除了渠道布局外，畜牧业品牌还需要注重提升渠道服务质量。优质的服务可以增强消费者的购买体验，提高消费者的满意度和忠诚度。在超市和农贸市场等线下渠道，品牌需要提供专业的销售咨询和售后服务。销售人员需要了解产品的特点和优势，能够根据消费者的需求和偏好推荐合适的产品。同时，品牌还需要建立完善的售后服务体系，及时解决消费者在使用过程中遇到的问题和困扰。

此外，品牌还可以通过提供定制化的服务，满足消费者的个性化需求。例如，根据消费者的口味偏好和营养需求，提供定制化的畜牧业产品。这种服务不仅可以提高消费者的满意度，还可以增强品牌与消费者之间的互动和联系。

### （三）加强渠道库存管理

库存管理对于线下渠道的销售效率至关重要。畜牧业品牌需要建立完善的库存管理制度，确保产品的供应和库存水平保持合理。在超市和农贸市场等渠道，品牌需要根据销售情况和市场需求，及时调整产品的库存量。避免库存积压导致产品过期或变质,同时也要确保产品的供应充足,避免缺货现象的发生。通过合理的库存管理,品牌可以提高销售效率,减少库存成本,增加盈利能力。

### (四)促进渠道合作与共赢

畜牧业品牌需要与各大渠道建立紧密的合作关系,实现共赢发展。通过与渠道的深入合作,品牌可以了解市场需求和消费者偏好,调整产品结构和营销策略。同时,渠道也可以借助品牌的知名度和影响力,提高自身的竞争力和盈利能力。为了实现共赢发展,畜牧业品牌需要与渠道进行定期的沟通和交流。了解渠道的需求和困难,及时提供帮助和支持。同时,品牌还可以与渠道共同开展促销活动、市场推广等活动,提高产品的知名度和销售量。通过合作与共赢,畜牧业品牌可以拓展更广阔的市场空间,实现可持续发展。

## 三、渠道合作伙伴选择

### (一)合作伙伴评估体系的建立

在畜牧业市场营销中,选择合适的渠道合作伙伴是确保产品顺利进入市场、提升销售效率的关键。为此,建立一套全面、科学的合作伙伴评估体系显得尤为重要。该体系应涵盖合作伙伴的资质、信誉、市场覆盖能力、销售经验、售后服务水平等多个维度,确保所选合作伙伴能够与企业发展理念相契合,共同推动市场开拓。

资质评估是首要环节,包括营业执照、经营许可证等基本资质审查,以及是否具备合法合规的经营行为和良好的行业口碑。信誉评估则关注合作伙伴在行业内的声誉,是否有过不良记录,这直接影响到合作的稳定性和可靠性。市场覆盖能力评估则需考察合作伙伴的销售网络、客户群体和渠道资源,确保产品能够迅速铺货到目标市场。销售经验评估则是基于合作伙伴以往的销售业绩和市场反馈,判断其是否具备有效推广产品和开拓市场的能力。售后服务水平评估则关注合作伙伴能否为消费者提供及时、专业的售后服务,这对于维护品牌形象和消费者满意度至关重要。

### (二)共同市场开拓策略的制定

选择好合作伙伴后,双方需共同制定市场开拓策略,明确市场定位、目标客户群、营销策略和推广计划。畜牧业企业应充分了解合作伙伴的市场经验和资源,结合企业自身产品特点和市场需求,共同分析市场潜力,确定优先开发的市场区域和目标客户群。在营销策略上,双方可共同设计促销活动、新品发布会、客户培训等活动,增强产品的市场影响力。同时,利用合作伙伴的销售渠道和客户资源,开展精准营销,提高市场渗透率。在推广计划上,应充分考虑合作伙伴的销售能力和市场反应速度,制定合理的销售目标和激励政策,激发合作伙伴的积极性和创造力。

### (三)长期合作机制的构建

稳定的合作关系是双方共同发展的基石。畜牧业企业应与合作伙伴建立长期合作机制,包括定期沟通、信息共享、技术支持、培训提升等多个方面。定期沟通有助于双方及时了解市场动态、销售情况和合作进展,共同解决合作过程中遇到的问题。信息共享则能够增强双方的透明度和信任度,避免信息不对称导致的误解和冲突。技术支持是畜牧业企业向合作伙伴提供的重要资源,包括产品知识、养殖技术、疾病防控等方面的培训和指导,帮助合作伙伴提升专业素养和服务能力。培训提升则通过定期组织培训课程、研讨会等活动,提升合作伙伴的市场拓展能力和管理水平,促进双方共同成长。

### (四)合作成效的评估与调整

合作过程中,畜牧业企业应定期对合作成效进行评估,包括销售业绩、市场份额、客户满意度等指标。通过评估,了解合作过程中的优点和不足,及时调整合作策略,优化合作机制。评估结果不仅作为双方合作成效的反馈,也是未来合作调整的依据。对于表现优秀的合作伙伴,企业应给予更多的支持和奖励,鼓励其继续发挥优势,共同开拓市场。对于表现不佳的合作伙伴,则需深入分析原因,通过改进合作方式、提升服务水平等措施,帮助其改善业绩,实现共同发展。通过持续的评估与调整,确保合作关系的稳定性和持久性,推动畜牧业市场营销的不断发展和壮大。

## 四、渠道创新与融合

### (一)新零售模式的探索与实践

在畜牧业市场营销中,渠道创新与融合是推动行业发展的重要动力。新零售模式的兴起，为畜牧业企业提供了线上线下融合的新机遇。新零售模式通过整合线上线下的优势资源，打破了传统销售模式的局限，为消费者提供了更加便捷、高效的购物体验。

畜牧业企业可以积极探索新零售模式，将线上渠道与线下门店相结合，打造全新的销售体系。例如，企业可以建立线上商城，提供丰富的产品信息、优惠活动及便捷的在线支付功能；同时，线下门店则可以提供实物展示、产品体验及售后服务，为消费者提供全方位的购物体验。通过线上线下融合，企业可以实现销售数据的实时共享，精准分析消费者需求，优化库存管理，提高运营效率。

### （二）社区团购模式的开发与推广

社区团购作为一种新兴的零售模式，正逐渐成为畜牧业市场营销的新热点。社区团购通过整合社区内的消费需求，实现批量采购和集中配送，降低了采购成本，提高了物流效率，为消费者提供了更加实惠的价格和优质的商品。畜牧业企业可以积极开发社区团购模式，与社区内的居民建立紧密的联系。企业可以设立社区团购点，定期发布团购信息，组织消费者进行集体采购。同时，企业还可以利用社交媒体平台，建立线上团购社群，方便消费者随时了解团购动态，参与团购活动。通过社区团购模式，企业可以更加精准地捕捉消费者需求，提高销售效率，降低运营成本。

### （三）渠道融合与资源整合的深化

在渠道创新与融合的过程中，畜牧业企业需要不断深化渠道融合与资源整合。企业可以通过建立统一的销售平台，实现线上线下渠道的统一管理和运营。同时，企业还可以加强与供应商、物流商等合作伙伴的协作，优化供应链体系，提高物流效率，降低成本。此外，畜牧业企业还可以利用大数据、人工智能等先进技术，实现销售数据的智能化分析和预测。通过对销售数据的深入挖掘和分析，企业可以更加精准地了解消费者需求和市场动态，为渠道创新和融合提供更加有力的支持。

### （四）渠道创新与融合的持续优化

渠道创新与融合是一个持续优化的过程。畜牧业企业需要不断关注市场动态和消费者需求的变化，及时调整销售策略和渠道布局。同时，企业还需要加强与消费者的沟通和互动，了解消费者的反馈和建议，不断改进产品和服务。在持续优化渠道创新与融合的过程中，畜牧业企业需要注重品牌建设和口碑营销。通过打造独特的品牌形象和优质的产品服务，企业可以赢得消费者的信任和忠诚，提高市场竞争力。同时，企业还可以通过口碑营销的方式，利用消费者的口碑传播效应，吸引更多的潜在客户，扩大市场份额。

渠道创新与融合是畜牧业市场营销中的重要环节。畜牧业企业需要积极探索新零售模式、开发社区团购模式、深化渠道融合与资源整合、持续优化销售策略和渠道布局，以提供更加便捷、高效、优质的购物体验，满足消费者的多样化需求，推动行业的健康发展。

## 五、渠道绩效评估

### （一）构建全面评估体系

在畜牧业市场营销中，对销售渠道的绩效评估是提升销售效率、优化渠道结构的关键环节。为此，需要构建一套全面、科学的评估体系，涵盖销售业绩、客户满意度、渠道成本、运营效率等多个维度。

销售业绩是衡量渠道表现最直接的指标，包括销售额、销售量、市场份额等。这些指标能够直观反映渠道的市场拓展能力和销售能力。同时，客户满意度也是评估渠道绩效的重要方面，它关系到品牌形象的塑造和客户的忠诚度。通过定期收集和分析客户反馈，可以了解客户对渠道服务的满意度，进而调整和优化服务流程。此外，渠道成本和运营效率也是评估体系不可或缺的部分。渠道成本包括租金、人力、物流等各项开支，而运营效率则体现在货物周转率、库存控制等方面。通过评估这些指标，可以找出渠道运营中的瓶颈和问题，为优化渠道结构提供依据。

### （二）定期实施绩效评估

评估体系的建立只是第一步，关键在于定期、系统地实施绩效评估。畜牧业品牌需要设定合理的评估周期，如每季度或每半年进行一次全面评估。通过定期评估，可以及时发现渠道运营中的问题和不足，为调整和优化提供数据支持。

在实施绩效评估时，需要确保评估过程的公正性和客观性。采用科学的数据分析方法和工具,对各项指标进行量化分析,避免主观臆断和偏见。同时,还需要与渠道合作伙伴进行充分沟通,了解其运营情况和困难,共同商讨解决方案。

### (三)优化渠道结构与策略

根据绩效评估结果,畜牧业品牌需要对渠道结构和策略进行优化。对于表现优异的渠道,可以加大投入和支持力度,进一步拓展市场份额。对于表现不佳的渠道,则需要深入分析原因,采取相应的改进措施。在优化渠道结构时,需要充分考虑市场需求和消费者偏好。随着市场环境和消费者需求的变化,畜牧业品牌需要不断调整渠道布局和策略,以适应市场变化。例如,在电商快速发展的背景下,可以考虑拓展线上销售渠道,实现线上线下融合发展。同时,还需要优化渠道策略,提高销售效率。例如,通过加强供应链管理,降低渠道成本;通过提升服务质量,增强客户满意度和忠诚度;通过创新营销手段,提高产品知名度和销售量。

### (四)建立持续改进机制

渠道绩效评估不是一次性的任务,而是一个持续的过程。畜牧业品牌需要建立持续改进机制,对评估结果进行跟踪和反馈,确保优化措施得到有效实施。

在持续改进过程中,需要注重数据驱动和结果导向。通过收集和分析数据,了解优化措施的实施效果和市场反馈,及时调整和优化策略。同时,还需要加强与渠道合作伙伴的沟通和协作,共同推动渠道绩效的提升。此外,还需要建立激励机制和问责机制。对于表现优异的渠道合作伙伴给予奖励和表彰,激发其积极性和创造力;对于表现不佳的合作伙伴则需要进行问责和整改,确保其按照品牌要求和市场规律进行运营。通过激励和问责相结合的方式,推动渠道绩效的持续提升。

## 第四节　客户关系管理

### 一、客户信息收集

#### （一）客户信息数据库的重要性

在畜牧业市场营销中，客户信息数据库的建立是至关重要的一环。这个数据库不仅是企业与客户之间沟通的桥梁，更是企业制定营销策略、优化产品设计和提升服务质量的重要依据。通过系统收集客户的基本信息、购买记录以及反馈意见，企业能够更全面地了解客户需求，进而提供更加精准和个性化的服务。

客户信息数据库的建立有助于企业实现客户资源的有效整合。在畜牧业领域，客户往往分布广泛，且需求多样。通过建立数据库，企业可以将分散的客户信息集中管理，便于后续的分析和挖掘。这不仅能够提升企业的运营效率，还能确保客户信息的准确性和完整性，为后续的营销活动提供有力支持。

#### （二）客户基本信息的收集与整理

客户基本信息是数据库中最基础的部分，包括客户的姓名、联系方式、地址、养殖规模、养殖品种等。这些信息是企业与客户建立联系的基础，也是后续进行客户分类和精准营销的重要依据。在收集客户基本信息时，企业应注重信息的准确性和完整性。可以通过线上问卷、线下访谈、电话访问等多种方式获取客户信息。同时，为了确保信息的时效性，企业还需定期更新客户信息，及时剔除过时或无效的数据，保持数据库的活力和准确性。

#### （三）购买记录的跟踪与分析

购买记录是反映客户购买行为和消费习惯的重要数据。通过跟踪和分析客户的购买记录，企业可以了解客户的购买频率、购买偏好、购买金额等关键信息，进而调整产品结构和营销策略，以满足客户的个性化需求。

在畜牧业市场营销中，购买记录的分析尤为重要。企业可以通过对购买记录进行数据挖掘，发现潜在的客户群体和市场机会。例如，通过分析客户的购买周期和购买量，企业可以预测未来的市场需求，合理安排生产计划，避免库存积压和资金浪费。

### （四）反馈意见的收集与利用

客户反馈意见是企业改进产品和服务的重要参考。通过建立客户信息数据库，企业可以方便地收集客户的反馈意见，包括产品质量、服务态度、售后服务等方面的评价。这些意见不仅能够帮助企业及时发现和解决问题，还能为企业的持续改进和创新提供宝贵的灵感。在收集客户反馈意见时，企业应保持开放和包容的态度，鼓励客户提出宝贵的意见和建议。同时，企业还需建立有效的反馈机制，确保客户的意见能够及时得到处理和回应。通过不断收集和利用客户反馈意见，企业可以不断提升产品和服务的质量，增强客户的满意度和忠诚度，从而在激烈的市场竞争中脱颖而出。

客户信息数据库的建立是畜牧业市场营销中不可或缺的一环。通过系统收集客户的基本信息、购买记录以及反馈意见，企业能够更全面地了解客户需求，制定更加精准和个性化的营销策略，进而提升企业的竞争力和市场份额。

## 二、客户细分与画像

### （一）客户细分的重要性

在畜牧业市场营销中，客户细分是一项至关重要的策略。通过对客户进行细分，企业能够更精准地理解不同客户群体的需求、偏好和购买行为，从而制定更具针对性的营销策略，提高营销效率和效果。客户细分有助于企业优化资源配置，将有限的营销资源投入最有潜力的客户群体上，实现效益最大化。

畜牧业市场涉及广泛的客户群体，包括大型养殖场、中小型养殖户、饲料经销商、肉类加工商及消费者等。这些客户群体在规模、需求、购买力和消费习惯等方面存在显著差异。通过客户细分，企业能够识别出这些差异，为不同客户群体提供定制化的产品和服务，增强客户满意度和忠诚度。

### （二）构建客户画像的方法

构建客户画像是客户细分的基础。客户画像是对客户群体特征的详细描述，包括基本信息、购买行为、偏好、需求等多个维度。在畜牧业市场营销中，企业可以通过多种途径收集客户信息，如市场调研、销售记录、客户反馈等，以构建全面的客户画像。为了构建准确的客户画像，企业需要关注客户的基本信息，如地理位置、养殖规模、经营类型等。这些信息有助于企业了解客户的背景和特点，为后续的市场细分和营销策略制定提供依据。同时，企业还需要关注客户的购买行为，包括购买频率、购买量、购买渠道等。这些信息能够反映客户的消费习惯和需求特点，为企业制定营销策略提供重要参考。

此外，企业还可以通过分析客户的偏好和需求，进一步丰富客户画像。例如，了解客户对饲料品质、价格、包装等方面的偏好，以及对养殖技术、疾病防控等方面的需求。这些信息有助于企业为客户提供更加个性化的产品和服务，提高客户满意度和忠诚度。

### （三）客户画像的应用场景

客户画像在畜牧业市场营销中具有广泛的应用场景。首先，客户画像可以为企业制定营销策略提供有力支持。通过深入分析客户画像，企业能够了解不同客户群体的需求和偏好，从而制定更具针对性的营销策略，如产品定价、促销活动、渠道选择等。其次，客户画像可以帮助企业优化产品设计和服务。通过了解客户的偏好和需求，企业可以对产品进行改进和优化，使其更加符合客户的期望。同时，企业还可以根据客户的反馈和建议，不断完善服务体系，提高客户满意度和忠诚度。最后，客户画像还可以为企业拓展市场提供指导。通过分析客户画像，企业能够发现潜在的市场机会和客户需求，从而制订市场拓展计划，开发新产品和服务，满足更多客户的需求。

### （四）持续优化客户画像

客户画像并非一成不变，而是需要随着市场环境的变化和客户需求的调整而不断优化。畜牧业企业需要持续关注市场动态和客户需求的变化，收集新的客户信息，更新客户画像。同时，企业还需要通过数据分析、客户反馈等途径，评估客户画像的准确性和有效性，及时进行调整和优化。

通过持续优化客户画像，企业能够保持对市场的敏锐洞察力和客户需求的深刻理解，为制定更加精准的营销策略和提供更加个性化的产品和服务提供有力支持。这将有助于企业在竞争激烈的畜牧业市场中脱颖而出，实现可持续发展。

## 三、客户服务体系构建

### （一）售前咨询

在畜牧业市场营销中，售前咨询是建立客户信任、提升购买意愿的关键环节。专业的售前咨询服务能够帮助客户了解产品的特点、适用场景以及养殖过程中的注意事项，从而做出更加明智的购买决策。

售前咨询团队应由具备丰富畜牧业知识和实践经验的专业人员组成，他们不仅要熟悉各类畜牧业产品的性能和特点，还要能够根据客户的实际需求，提供个性化的产品推荐和养殖建议。通过与客户进行深入的沟通，了解客户的养殖规模、品种选择、饲料需求等具体情况，售前咨询团队可以为客户量身打造最适合的养殖方案，确保客户在购买前就对产品有全面而深入的了解。此外，售前咨询还应包括产品试用和演示服务。通过让客户亲身体验产品的效果，可以进一步增强客户对产品的信任感，提高购买转化率。

### （二）售中服务

售中服务是确保客户在购买过程中获得良好体验的重要环节。在畜牧业市场营销中，售中服务应涵盖产品交付、安装调试、使用培训等多个方面。产品交付环节，畜牧业品牌应确保产品的包装完整、标识清晰，避免在运输过程中造成损坏或混淆。同时，品牌还应提供便捷的物流跟踪服务，让客户能够实时了解产品的运输进度和预计到达时间。

安装调试环节，品牌应派遣专业技术人员到客户现场进行产品的安装和调试工作。在安装过程中，技术人员应严格按照产品说明书和操作规程进行操作，确保产品的正确安装和稳定运行。同时，技术人员还应为客户提供使用培训服务，帮助客户掌握产品的正确使用方法和注意事项。

### （三）售后支持

售后支持是提升客户满意度、维护品牌形象的重要保障。在畜牧业市场营销中，售后支持应包括产品维修、退换货服务、技术咨询等多个方面。产品维修服务是售后支持的核心内容之一。当客户的产品出现故障或损坏时，品牌应提供及时、专业的维修服务，确保产品能够尽快恢复正常使用。品牌应建立完善的维修服务网络，覆盖客户的所在地区，以便在客户需要时能够迅速响应并提供维修服务。

退换货服务是保障客户权益的重要措施。当客户因产品质量问题或其他原因需要退换货时，品牌应积极响应并提供便捷的退换货流程。同时，品牌还应建立完善的退换货管理制度，确保退换货过程的合法性和规范性。

技术咨询服务则是为客户提供持续支持的重要保障。品牌应设立专门的技术咨询热线或在线服务平台，随时解答客户在使用过程中遇到的问题和困惑。通过提供专业的技术咨询服务，品牌可以帮助客户更好地了解产品、掌握养殖技术，提高养殖效益。

### （四）客户反馈

客户反馈是评估客户服务质量、优化服务流程的重要依据。畜牧业品牌应建立完善的客户反馈机制，鼓励客户提出宝贵的意见和建议。品牌可以通过设立客户反馈热线、在线调查问卷、定期回访等方式收集客户反馈。在收集到客户反馈后，品牌应认真分析和总结客户提出的问题和建议，针对性地制定改进措施和优化方案。通过持续改进和优化服务流程，品牌可以不断提升客户服务质量，增强客户满意度和忠诚度。

## 四、客户忠诚度计划

### （一）客户忠诚度计划的意义

在畜牧业市场营销中，客户忠诚度计划是提升客户黏性、促进客户复购的重要手段。通过设计合理的忠诚度计划，企业不仅能够增强客户对品牌的认同感，还能激发客户的购买欲望，从而稳定市场份额，提升盈利能力。客户忠诚度计划的核心在于通过一系列激励措施，让客户感受到与品牌之间的紧密联系，进而形成长期的合作关系。

### （二）积分兑换机制的构建

积分兑换是客户忠诚度计划中最为常见的激励方式之一。在畜牧业市场营销中，企业可以设定一定的消费积分规则，客户在购买产品或服务时，根据消费金额或数量累积相应的积分。这些积分可以在后续的购买中直接抵扣现金，或者用于兑换企业提供的特定商品或服务。积分兑换机制的构建需要注重公平性和吸引力。一方面，积分兑换的门槛不宜过高，以免让客户感到遥不可及；另一方面，兑换的商品或服务应具有一定的实用性和吸引力，能够激发客户的兑换欲望。此外，企业还可以设定一些积分兑换的限时活动或特别优惠，以增加兑换的趣味性和紧迫感。

### （三）会员特权的设计

除了积分兑换外，会员特权也是客户忠诚度计划中不可或缺的一部分。通过为会员提供独特的优惠和服务，企业能够进一步提升客户的忠诚度和满意度。在畜牧业市场营销中，企业可以设计多种会员特权，如会员专享折扣、免费养殖咨询、优先发货权等。

会员特权的设计应充分考虑客户的实际需求和心理预期。例如，对于养殖规模较大的客户，企业可以提供免费的养殖技术培训和疾病防控指导；对于注重产品质量的客户，企业可以设立会员专享的品质保障服务。这些特权不仅能够提升客户的购买体验，还能增强客户对品牌的信任感和归属感。

### （四）忠诚度计划的持续优化与更新

客户忠诚度计划并非一成不变，而是需要随着市场环境和客户需求的变化而不断优化和更新。在畜牧业市场营销中，企业应定期对忠诚度计划进行评估和调整，以确保其能够持续满足客户的需求和期望。优化和更新忠诚度计划可以从多个方面入手。例如，根据客户的反馈和数据分析，调整积分兑换的比例和规则；根据市场趋势和竞争对手的动态，增加新的会员特权和优惠活动；根据客户的消费习惯和偏好，提供更加个性化的服务和推荐。通过持续优化和更新忠诚度计划，企业能够不断提升客户的满意度和忠诚度，进而在激烈的市场竞争中保持领先地位。

客户忠诚度计划在畜牧业市场营销中扮演着至关重要的角色。通过构建合理的积分兑换机制和会员特权设计，企业能够增强客户的黏性和忠诚度，促进客户的复购和口碑传播。同时，通过持续优化和更新忠诚度计划，企业还能够适应市场变化，保持竞争优势。因此，企业应高度重视客户忠诚度计划的制订和实施，为客户的长期合作和企业的稳定发展奠定坚实基础。

## 五、客户反馈机制

### （一）反馈渠道多元化建设

在畜牧业市场营销中，建立有效的客户反馈机制是提升产品和服务质量的关键。企业应当注重反馈渠道的多元化建设，确保客户能够便捷地表达意见和建议。这包括设立专门的客户服务热线、电子邮箱、社交媒体账号以及在线反馈表单等多种反馈途径。

多元化的反馈渠道能够满足不同客户群体的需求。例如，年轻客户可能更倾向于通过社交媒体或在线表单进行反馈，而中老年客户则可能更习惯使用电话或邮件。通过提供多种反馈方式，企业可以确保不同客户群体都能找到适合自己的反馈途径，从而提高反馈的收集效率和质量。

### （二）及时响应与高效处理

在收到客户反馈后，企业应当迅速响应，并在最短时间内进行处理。及时响应能够体现企业对客户需求的重视和尊重，有助于增强客户的满意度和忠诚度。同时，高效处理也是解决客户问题、提升产品和服务质量的关键。

为了确保及时响应和高效处理，企业需要建立一套完善的反馈处理流程。这包括接收反馈、初步评估、分配任务、跟踪进度、反馈结果等多个环节。在每个环节，企业都需要明确责任人和处理时间，确保反馈能够得到及时、有效的处理。此外，企业还需要定期对反馈处理情况进行总结和评估，以便发现处理过程中的问题和不足，及时进行调整和改进。通过持续优化反馈处理流程，企业可以不断提升处理效率和质量，为客户提供更加优质的服务体验。

### （三）深度挖掘与分析客户意见

客户反馈不仅仅是解决当前问题的重要途径，更是企业改进产品和服务、提升市场竞争力的宝贵资源。因此，企业需要对客户意见进行深度挖掘和分析，从中发现潜在的市场机会和改进方向。

在挖掘和分析客户意见时，企业需要关注客户对产品和服务的满意度、使用体验、改进建议等方面。通过收集和分析这些意见，企业可以了解客户的需求和期望，发现产品和服务中存在的问题和不足，从而制定针对性的改进措施。此外，企业还可以通过对比不同客户群体、不同时间段或不同销售渠道的反馈意见，发现市场变化和趋势，为未来的市场营销策略制定提供依据。通过深度挖掘和分析客户意见，企业可以不断提升产品和服务质量，满足更多客户的需求和期望。

### (四)建立持续改进机制

建立客户反馈机制的目的在于持续改进产品和服务质量。因此,企业需要将客户反馈作为持续改进的重要动力源泉,不断完善产品和服务。为了实现持续改进,企业需要建立一套完善的持续改进机制。这包括定期收集和分析客户反馈、制定改进措施、跟踪改进效果等多个环节。在每个环节,企业都需要明确责任人和时间节点,确保改进措施能够得到及时、有效的实施。同时,企业还需要注重持续改进的循环性和系统性。这意味着企业需要不断收集新的客户反馈,对产品和服务进行持续改进和优化,形成一个持续改进的良性循环。通过持续改进机制的建设和完善,企业可以不断提升产品和服务质量,增强市场竞争力,实现可持续发展。

## 第五节 营销策略制定

### 一、产品策略

#### (一)精准定位产品组合

在畜牧业市场营销中,产品组合的制定需紧密结合市场需求与竞争态势。畜牧业产品种类繁多,从饲料、兽药到养殖设备、种畜禽等,每一类产品都有其特定的市场需求和应用场景。因此,畜牧业企业需进行深入的市场调研,明确目标客户群体的具体需求,以此为基础构建产品组合。

在产品组合中,既要包含满足基本需求的常规产品,如通用饲料、基础兽药等,也要开发具有差异化竞争优势的特色产品,如针对特定养殖品种的高性能饲料、环保型兽药等。通过精准定位产品组合,企业可以更好地满足市场需求,提高市场竞争力。同时,企业还需关注产品组合的互补性。不同产品之间应形成良好的互补关系,共同提升整体销售效果。例如,饲料与养殖设备、兽药与养殖技术的结合,可以为客户提供一站式的养殖解决方案,提高客户满意度和忠诚度。

#### (二)灵活制定定价策略

定价策略是畜牧业市场营销中的关键环节。合理的定价不仅能确保企业的利润空间，还能提升产品的市场竞争力。在制定定价策略时，企业需综合考虑成本、市场需求、竞争状况以及客户价值感知等多个因素。企业需根据成本进行定价，确保产品的价格能够覆盖成本并实现盈利。另外，企业还需关注市场需求和竞争状况，通过灵活的定价策略来应对市场变化。例如，在市场需求旺盛时，企业可以适当提高价格以获取更高的利润；在市场竞争激烈时，企业则可以通过降价或提供优惠活动来吸引客户。

此外，企业还需关注客户价值感知。通过深入了解客户的购买意愿和支付能力，企业可以制定更符合客户需求的定价策略。例如，对于高端客户群体，企业可以提供高品质、高附加值的产品，并设定相对较高的价格；对于中低端客户群体，企业则可以提供性价比更高的产品，以满足其实际需求。

### （三）创新包装设计策略

包装作为产品的"门面"，对于吸引客户注意力、提升产品形象具有重要作用。在畜牧业市场营销中，企业需注重包装设计的创新性和实用性。一方面，企业需关注包装设计的创新性。通过独特的包装设计，企业可以在众多产品中脱颖而出，吸引客户的注意力。例如，采用环保材料、创意图案或个性化定制等方式，使产品包装更加具有吸引力和辨识度。另一方面，企业还需注重包装设计的实用性。包装不仅要美观大方，还要便于携带、储存和使用。例如，对于饲料等重量较大的产品，企业可以采用易于搬运和储存的包装设计；对于兽药等需要精确计量的产品，企业则可以提供带有刻度或计量工具的包装设计。

### （四）持续优化产品策略

产品策略并非一成不变，而是需要随着市场需求和竞争态势的变化而不断调整和优化。因此，畜牧业企业需建立持续优化的产品策略机制。企业需定期进行市场调研和数据分析，了解市场需求和竞争状况的变化趋势。通过收集和分析客户反馈、竞品信息等数据，企业可以及时发现市场机会和潜在威胁，为产品策略的调整提供依据。

企业还需加强内部沟通和协作，确保产品策略的调整能够得到有效执行。例如，研发部门与销售部门之间的紧密合作，可以确保新产品的开发和市场推广能够顺利进行；生产部门与采购部门之间的协同配合，可以确保产品的质量和成本控制得到保障。通过持续优化产品策略，企业可以不断提升市场竞争力，实现可持续发展。

## 二、促销策略

### （一）促销活动在畜牧业市场营销中的重要性

在畜牧业市场营销中，促销活动扮演着至关重要的角色。通过设计合理的促销活动，企业不仅能够吸引消费者的注意力，提升产品的销量，还能增强品牌的市场影响力，促进企业的长期发展。促销活动通过提供额外的价值或激励，激发消费者的购买欲望，使他们在众多产品中做出选择，从而帮助企业实现销售目标。

### （二）打折促销策略的运用

打折促销是畜牧业市场营销中最直接、最有效的促销手段之一。通过降低产品的价格，企业能够迅速吸引消费者的目光，激发他们的购买兴趣。在畜牧业领域，打折促销可以应用于各种产品，如饲料、兽药、养殖设备等。

打折促销的关键在于合理设定折扣力度和持续时间。折扣力度过大或持续时间过长，可能会损害企业的利润和品牌形象；而折扣力度过小或持续时间过短，则可能无法达到预期的销售效果。因此，企业需要根据产品的成本、市场需求和竞争状况，科学制定打折策略，确保促销活动的有效性和可持续性。

### （三）赠品促销策略的创新

赠品促销是另一种常见的促销手段。通过向消费者赠送与产品相关的赠品，企业能够增加产品的附加值，提升消费者的购买体验。在畜牧业市场营销中，赠品可以是与养殖相关的实用工具、培训资料或咨询服务等。

赠品的选择和设计需要充分考虑消费者的需求和偏好。一方面，赠品应具有一定的实用性和吸引力，能够激发消费者的购买欲望；另一方面，赠品应与企业的品牌形象和产品定位相匹配，避免产生负面影响。此外，企业还可以通过创新赠品的形式和内容，如定制化的赠品、限量版的赠品等，进一步提升促销活动的吸引力和效果。

### （四）抽奖促销策略的巧妙运用

抽奖促销是一种能够激发消费者参与热情和购买欲望的促销方式。在畜牧业市场营销中，企业可以设定一定的消费门槛或条件，让消费者在购买产品或参与活动时获得抽奖资格。奖品可以是现金、实物或优惠券等，具有较大的吸引力和诱惑力。抽奖促销的关键在于确保活动的公正性和透明度。企业需要制定明确的抽奖规则和流程，确保每个消费者都有平等的机会参与抽奖。同时，企业还需要及时公布抽奖结果，并对获奖者进行奖励和宣传，以扩大促销活动的影响力和口碑效应。

促销活动在畜牧业市场营销中发挥着举足轻重的作用。通过合理运用打折、赠品和抽奖等促销策略，企业能够吸引消费者的目光，提升产品的销量和市场份额。同时，企业还需要根据市场需求和竞争状况，不断创新和优化促销活动的内容和形式，以应对市场的变化和挑战。在畜牧业市场营销中，促销活动不仅是提升销量的有效手段，更是增强品牌影响力和市场竞争力的关键所在。

## 三、渠道策略

### （一）线上线下渠道特点分析

在畜牧业市场营销中，渠道策略的制定至关重要。线上与线下渠道各具特色，企业需结合两者优势，形成互补效应。线上渠道以其便捷性、覆盖广、成本低等特点，成为现代畜牧业营销的重要一环。通过电商平台、社交媒体、企业官网等线上平台，企业可以跨越地域限制，快速触达目标客户群体，实现产品信息的广泛传播。同时，线上渠道还能提供丰富的产品信息和用户评价，为消费者提供便捷的购物体验和决策依据。线下渠道则以其直观性、体验性强和信任度高著称。通过实体店面、展会、农贸市场等线下场所，企业可以展示产品实物，让消费者亲身体验产品的品质和特点。此外，线下渠道还能提供及时的售后服务和专业的技术支持，增强消费者的购买信心和满意度。

### （二）渠道布局策略

在制定渠道布局策略时，企业应充分考虑目标市场的特点和消费者的需求。对于线上渠道，企业需优化电商平台布局，提升网站或应用的用户体验，加强搜索引擎优化（SEO）和社交媒体营销，以扩大品牌知名度和市场份额。同时，企业还需建立完善的在线支付和物流配送体系，确保交易流程的顺畅和产品的及时送达。对于线下渠道，企业应根据市场需求和产品特性，合理布局实体店面和展会摊位。在选址上，企业应选择人流密集、交通便利的商业区域或专业市场，以提高产品的曝光度和销售量。此外，企业还需加强与当地经销商和零售商的合作，共同拓展市场，提升品牌影响力。

### （三）渠道管理策略

渠道管理策略的制定对于确保渠道畅通、提升渠道效率至关重要。在线上渠道管理方面，企业应加强对电商平台和社交媒体平台的监管，确保产品信息的准确性和合法性。同时，企业还需建立完善的客户服务体系，及时解决消费者的疑问和投诉，提升客户满意度和忠诚度。在线下渠道管理方面，企业应加强对实体店面和展会摊位的日常管理和维护，确保产品展示和销售的顺利进行。此外，企业还需加强对经销商和零售商的培训和支持，提升他们的产品知识和销售技能，共同推动产品的销售和市场拓展。

### （四）渠道优化策略

随着市场环境和消费者需求的变化，企业需不断优化渠道策略以适应市场变化。在线上渠道优化方面，企业应积极探索新的营销方式和手段，如直播带货、短视频营销等，以吸引更多年轻消费者的关注和购买。同时，企业还需加强对数据的分析和利用，通过精准营销和个性化推荐等手段提升线上渠道的转化率和用户黏性。在线下渠道优化方面，企业应注重提升店面形象和服务质量，打造独特的品牌体验。通过举办促销活动、新品发布会等线下活动，吸引消费者的关注和参与。此外，企业还需加强与消费者的互动和沟通，了解他们的需求和反馈，以便及时调整产品策略和服务方式。

畜牧业市场营销中的渠道策略需结合线上线下渠道的特点和优势进行制定和实施。通过合理的渠道布局、有效的渠道管理和持续的渠道优化，企业可以不断提升产品的市场竞争力，实现持续稳健的发展。

## 四、品牌策略

### （一）塑造独特品牌形象

在畜牧业市场营销中，品牌形象是连接消费者与产品之间的桥梁，是提升品牌价值、增强市场竞争力的关键。塑造独特的品牌形象，意味着要在消费者心中树立一个清晰、积极且与众不同的品牌认知。

畜牧业企业应深入挖掘品牌内涵，提炼出与品牌核心价值相契合的独特元素，如品牌的历史传承、技术创新、绿色环保理念等。这些元素将成为品牌形象的基石，帮助企业在激烈的市场竞争中脱颖而出。同时，企业还需注重品牌视觉形象的打造。通过设计简洁、醒目且富有辨识度的品牌标识，以及统一、协调的品牌色彩和字体，形成独特的品牌视觉风格。这种视觉上的统一性和辨识度，有助于加深消费者对品牌的记忆和认知。

### （二）提升品牌知名度和美誉度

品牌知名度和美誉度是衡量品牌价值的重要指标。提升品牌知名度和美誉度，意味着要让更多的消费者了解、认可并信赖品牌。畜牧业企业可以通过多种渠道进行品牌宣传和推广。利用传统媒体如电视、广播、报纸等，以及新媒体如社交媒体、短视频平台等，广泛传播品牌信息，提高品牌曝光度。同时，企业还可以积极参与行业展会、研讨会等活动，展示品牌形象和产品实力，与行业内外的专业人士和消费者建立联系。

在提升品牌知名度的同时，企业还需注重美誉度的建设。通过提供优质的产品和服务，以及积极的售后服务和客户关系管理，赢得消费者的信任和好评。此外，企业还可以积极参与社会公益活动，履行社会责任，提升品牌形象和社会声誉。

### （三）强化品牌差异化

在畜牧业市场中，品牌差异化是提升品牌价值、增强市场竞争力的有效手段。通过强化品牌差异化，企业可以在消费者心中形成独特的品牌认知，提高品牌的市场占有率和盈利能力。畜牧业企业可以从产品、服务、营销等多个方面入手，实现品牌差异化。在产品方面，企业可以开发具有独特功能或优势的产品，以满足消费者的特定需求。在服务方面，企业可以提供个性化、定制化的服务方案，提升消费者的满意度和忠诚度。在营销方面，企业可以采用独特的营销策略和渠道，如精准营销、内容营销等，吸引消费者的关注和兴趣。

### (四)持续维护品牌形象

品牌形象是一个动态的过程,需要企业持续进行维护和更新。畜牧业企业应建立品牌监测机制,定期收集和分析消费者对品牌的反馈和评价,及时发现并解决问题。同时,企业还需关注市场变化和竞争态势,及时调整品牌策略。随着消费者需求的变化和市场竞争的加剧,品牌策略需要不断进行调整和优化。畜牧业企业应保持敏锐的市场洞察力,灵活应对市场变化,确保品牌形象始终与市场需求保持同步。

企业还需注重品牌文化的传承和发展。品牌文化是企业品牌形象的灵魂和精髓,是品牌长期发展的基石。畜牧业企业应深入挖掘品牌文化内涵,加强品牌文化的传播和普及,让更多的人了解、认同并传承品牌文化。通过持续维护品牌形象,企业可以不断提升品牌价值,增强市场竞争力,实现可持续发展。

## 五、市场适应性策略

### (一)市场适应性策略的核心意义

在畜牧业市场营销中,市场适应性策略是企业保持市场领先地位的关键。市场是动态变化的,消费者的需求、竞争对手的策略、政策环境的变化等都会对企业的营销活动产生影响。因此,企业必须根据市场变化,灵活调整营销策略,以确保营销活动的有效性和市场竞争力。市场适应性策略的核心在于企业对市场变化的敏锐洞察和快速响应。通过持续监测市场动态,企业能够及时发现市场趋势和消费者需求的变化,从而调整产品、价格、促销和渠道等营销策略,以适应市场的变化。这种灵活性不仅能够帮助企业抓住市场机遇,还能有效应对市场挑战,保持企业的市场领先地位。

### (二)密切关注市场动态与消费者需求

密切关注市场动态与消费者需求是制定市场适应性策略的基础。畜牧业市场受到多种因素的影响,包括季节性需求变化、政策调整、技术进步等。企业需要建立有效的市场监测机制,通过市场调研、数据分析等手段,及时获取市场信息和消费者反馈。

在了解市场动态和消费者需求的基础上,企业可以针对性地调整产品组合和营销策略。例如，根据季节性需求变化，调整饲料的配方和生产计划；根据消费者对健康养殖的关注，推出有机饲料和绿色养殖解决方案等。通过精准把握市场需求，企业能够提供更符合消费者期望的产品和服务，提升市场竞争力。

### （三）灵活调整产品策略与价格策略

产品策略与价格策略是市场营销的重要组成部分。在市场适应性策略中，企业需要根据市场变化和消费者需求，灵活调整产品线和价格体系。在产品策略方面，企业可以通过研发新产品、改进现有产品或定制化服务来满足消费者的多样化需求。例如，针对大型养殖场的需求，提供定制化的饲料配方和养殖解决方案；针对小型养殖户的需求，推出易于操作、成本效益高的养殖设备和服务。

在价格策略方面，企业需要根据市场竞争状况和成本变化，灵活调整产品价格。例如，在市场竞争激烈时，通过降价促销来吸引消费者；在成本上升时，通过提高产品质量和服务附加值来保持价格竞争力。

### （四）优化促销策略与渠道布局

促销策略和渠道布局也是市场适应性策略的重要组成部分。随着市场变化和消费者需求的变化，企业需要不断优化促销策略和渠道布局，以提升营销效果和市场覆盖率。在促销策略方面，企业可以根据市场趋势和消费者偏好，创新促销方式和手段。例如，利用社交媒体和电商平台进行线上推广和销售；通过举办养殖技术培训和交流会等活动，提升品牌知名度和客户黏性。

在渠道布局方面，企业需要根据市场变化和消费者购买习惯，优化销售渠道和分销网络。例如，在电商兴起的背景下，拓展线上销售渠道；在偏远地区，通过设立分销点和建立合作伙伴关系来扩大市场覆盖。

市场适应性策略是畜牧业市场营销中保持市场领先地位的关键。企业需要密切关注市场动态和消费者需求，灵活调整产品策略、价格策略、促销策略和渠道布局，以适应市场的变化。通过不断优化营销策略，企业能够提升市场竞争力，实现可持续发展。

# 第六章　畜牧业可持续发展

## 第一节　可持续发展理念

### 一、可持续发展的定义

#### （一）可持续发展的核心概念

可持续发展是一个涉及经济、社会、环境三大领域的综合性概念，旨在实现满足当前世代需求的同时，不损害后代满足其需求的能力。在畜牧业中，这一理念尤为重要，因为畜牧业不仅关乎人类的食物安全和营养健康，还直接影响着生态环境、生物多样性以及农村经济的发展。

可持续发展的核心在于平衡发展，即在经济增长、社会进步和环境保护之间找到平衡点。这意味着畜牧业的发展不能以牺牲环境为代价，也不能忽视社会经济条件的改善，而是要在确保生产效率和经济效益的同时，实现资源的合理利用、环境的保护以及社会的和谐稳定。

#### （二）经济维度的可持续发展

在经济维度上，畜牧业的可持续发展要求提高生产效率，优化资源配置，以实现经济效益的最大化。这包括提高动物的生产性能、降低生产成本、优化产业结构等措施。同时，畜牧业还需要积极应对市场变化，提升产品质量和安全性，以满足消费者对高品质、健康食品的需求。为了实现经济维度的可持续发展，畜牧业应注重技术创新和科技进步，提高养殖业的自动化、智能化水平，降低劳动力成本，提高生产效率。此外，畜牧业还应加强产业链整合，实现上下游产业的协同发展，提升整个产业链的竞争力和盈利能力。

### （三）社会维度的可持续发展

在社会维度上，畜牧业的可持续发展强调公平、公正和包容性，旨在提升农村地区的社会经济水平，改善农民的生活条件。这包括提高农民的收入水平、改善农村基础设施、加强农村教育和卫生服务等措施。畜牧业作为农村经济的重要组成部分，其发展应充分考虑农民的利益和需求。通过推广先进的养殖技术和管理经验，提高农民的养殖技能和水平，增加农民的收入来源。同时，畜牧业还应积极参与农村扶贫工作，通过产业扶贫、技术扶贫等方式，帮助贫困地区和贫困人口实现脱贫致富。

### （四）环境维度的可持续发展

在环境维度上，畜牧业的可持续发展要求减少对环境的影响，实现资源的节约和循环利用。这包括减少温室气体排放、控制水资源消耗、减少废弃物的产生和排放等措施。畜牧业是环境污染的重要来源之一，其发展过程中产生的粪便、污水、废气等污染物对环境和生态系统造成了严重破坏。为了实现环境维度的可持续发展，畜牧业应积极推动绿色养殖技术的研发和应用，如生态养殖、循环农业等模式，实现资源的节约和循环利用。同时，畜牧业还应加强环保法律法规的遵守和执行，提高养殖业的环保意识和责任感，确保畜牧业发展与环境保护相协调。

畜牧业的可持续发展是一个涉及经济、社会、环境三大领域的综合性目标。只有在经济、社会和环境三个维度上实现协调发展，才能确保畜牧业的长期稳定和可持续发展。

## 二、畜牧业可持续发展的重要性

### （一）畜牧业在国民经济中的关键地位

畜牧业作为农业的重要组成部分，在国民经济中占据着举足轻重的地位。它不仅直接关系到食物供应和食品安全，还是农村经济的重要支柱，对农民收入、就业以及农村经济发展具有深远的影响。

畜牧业提供了大量的动物性食品，如肉、蛋、奶等，这些食品是人类膳食结构中的重要组成部分，对于满足人民日益增长的物质需求和提高生活质量具有重要意义。同时，畜牧业的发展也带动了相关产业链的发展，如饲料工业、兽药行业、养殖设备制造业等，这些产业共同构成了畜牧业经济的庞大体系。此外,畜牧业在农村经济中发挥着不可替代的作用。它是农民增收的重要途径,通过发展畜牧业,农民可以获得稳定的收入来源,提高生活水平。畜牧业的发展还促进了农村剩余劳动力的转移和就业,为农村经济的繁荣注入了新的活力。

### (二)保障食物安全与提升生活质量

畜牧业的可持续发展对于保障食物安全具有重要意义。随着人口的增长和城市化进程的加速,对动物性食品的需求不断增加。畜牧业必须保持高效、稳定的发展态势,以满足日益增长的消费需求。同时,畜牧业还需注重提高产品质量和安全性,确保消费者能够获取到健康、安全的食品。

畜牧业的可持续发展还有助于提升人民的生活质量。随着生活水平的提高,人们对食品的品质和营养需求也越来越高。畜牧业通过优化品种结构、提高养殖技术和管理水平,可以提供更加丰富、优质的动物性食品,满足消费者的多样化需求。此外,畜牧业的发展还促进了农村基础设施的改善和农民生活环境的提升,为农民提供了更好的生活条件。

### (三)促进资源合理利用与环境保护

畜牧业的可持续发展是实现资源合理利用和环境保护的重要途径。畜牧业在生产过程中需要消耗大量的饲料、水资源和土地资源等,如果管理不善或技术落后,很容易对生态环境造成破坏。因此,畜牧业必须注重提高资源利用效率,减少浪费和污染。

通过推广先进的养殖技术和管理模式,畜牧业可以实现资源的节约和高效利用。例如,采用科学的饲料配方和饲养管理,可以提高动物的生长速度和饲料转化率,减少饲料浪费;通过改进养殖设施和环境控制,可以减少水资源和能源的消耗;通过合理规划和利用土地资源,可以实现畜牧业与农业的协调发展,减少土地资源的浪费和破坏。同时,畜牧业还需注重环境保护和生态建设。通过加强粪便处理、病死动物无害化处理等措施,可以减少畜牧业对环境的污染和破坏。此外,畜牧业还可以与林业、渔业等其他产业相结合,形成生态农业循环体系,实现资源的循环利用和生态环境的保护。

### (四)推动科技创新与产业升级

畜牧业的可持续发展需要科技创新和产业升级的支撑。随着科技的不断进步和产业的发展，畜牧业正面临着转型升级的机遇和挑战。通过加强科技创新和研发投入，畜牧业可以开发出更加高效、环保的养殖技术和产品，提高生产效率和产品质量。同时，畜牧业的产业升级也是实现可持续发展的关键。通过优化产业结构、提高产业组织化程度等措施，可以推动畜牧业向更加集约化、标准化、智能化的方向发展。这将有助于提高畜牧业的竞争力和抗风险能力，为畜牧业的长期发展奠定坚实基础。

## 三、国际可持续发展目标与畜牧业

### （一）国际可持续发展目标的概述

在全球化的大背景下，可持续发展已成为全球共识。联合国等国际组织提出的可持续发展目标（SDGs），旨在解决全球面临的环境、社会和经济挑战。这些目标涵盖了消除贫困、消除饥饿、健康福祉、优质教育、性别平等、清洁饮水和卫生设施、经济适用的清洁能源、体面工作和经济增长、产业创新和基础设施、减少不平等、可持续城市和社区、负责任消费和生产、气候行动、水下生物、陆地生物、和平正义与强大机构等多个领域。对于畜牧业而言，这些目标既是挑战也是机遇。

### （二）畜牧业对可持续发展目标的贡献

畜牧业作为全球农业的重要组成部分，为实现可持续发展目标做出了显著贡献。首先，畜牧业在消除饥饿方面发挥着关键作用。通过提供丰富的动物性食品，畜牧业为全球人口提供了必要的营养来源，特别是对于那些依赖畜牧业为生的发展中国家的小规模生产者来说，畜牧业更是他们生计的重要组成部分。其次，畜牧业在促进经济增长和体面工作方面也做出了贡献。畜牧业不仅为农民提供了就业机会，还带动了相关产业的发展，如饲料生产、兽药制造、食品加工等。这些产业的发展不仅提高了农民的收入水平，还促进了农村经济的多元化和现代化。最后，畜牧业在推动负责任消费和生产方面也发挥着积极作用。随着消费者对食品安全和环保意识的提高，畜牧业正在逐步转向更加环保和可持续的生产方式。通过采用先进的养殖技术和管理方法，畜牧业可以减少对环境的负面影响，提高资源利用效率，实现可持续发展。

## （三）畜牧业面临的挑战与应对策略

畜牧业在实现可持续发展目标的过程中也面临着诸多挑战。一方面，随着全球人口的增长和消费者对食品需求的增加，畜牧业需要不断提高生产效率和产量，以满足市场需求。然而，这往往会导致资源的过度消耗和环境的破坏。另一方面，畜牧业生产过程中产生的废弃物和排放物也会对环境造成污染，影响生态平衡和人类健康。为了应对这些挑战，畜牧业需要采取一系列措施。首先，畜牧业应加强科技创新和研发，提高生产效率和资源利用效率。通过采用先进的养殖技术和管理方法，畜牧业可以减少对资源的消耗和环境的破坏。其次，畜牧业应加强环境管理和保护，减少废弃物和排放物的产生。通过采用循环经济和绿色发展的理念，畜牧业可以实现废弃物的资源化利用和环境的友好发展。

## （四）畜牧业可持续发展的未来展望

尽管畜牧业在实现可持续发展目标的过程中面临着诸多挑战，但其在全球农业中的重要地位和作用不容忽视。未来，随着全球对可持续发展目标的深入理解和实践，畜牧业也将迎来更加广阔的发展前景。一方面，畜牧业将继续加强科技创新和研发，提高生产效率和资源利用效率。通过采用先进的养殖技术和管理方法，畜牧业将减少对资源的消耗和环境的破坏，实现更加环保和可持续的生产方式。另一方面，畜牧业将加强与其他产业的合作与联动，推动农业产业链的延伸和升级。通过与其他产业的深度融合和协同发展，畜牧业将实现更加高效和可持续的发展模式。

畜牧业在实现联合国等国际组织提出的可持续发展目标中发挥着重要作用。未来，随着全球对可持续发展目标的深入理解和实践，畜牧业也将迎来更加广阔的发展前景。

# 四、畜牧业可持续发展的挑战与机遇

## （一）资源约束的挑战

畜牧业作为农业的重要组成部分，其发展离不开土地、水、饲料等自然资源的支持。然而，随着人口增长和城市化进程的加速，这些资源正面临着越来越大的压力。

土地资源的有限性成为畜牧业发展的首要约束。随着城市扩张和农业用地被不断挤占，可用于畜牧业的土地资源日益减少。这导致畜牧业在扩大生产规模、提高生产效率方面受到限制。同时，土地资源的退化也加剧了这一挑战，如土壤盐碱化、沙化等问题，使得原本适宜畜牧业的土地变得不再适宜。

水资源短缺也是畜牧业可持续发展的一大障碍。畜牧业在生产过程中需要大量的水资源，包括动物饮用水、饲料加工用水、清洁用水等。然而，许多地区的水资源已经十分紧张，难以满足畜牧业的需求。此外，水资源的污染和不合理利用也加剧了水资源短缺的问题。

饲料资源的短缺和价格上涨也对畜牧业的发展构成了威胁。随着全球粮食需求的增长和气候变化的影响，饲料作物的产量和品质都受到了影响。这导致饲料价格上涨，增加了畜牧业的生产成本。同时，饲料资源的短缺也限制了畜牧业的发展潜力。

### （二）环境污染的挑战

畜牧业在生产过程中会产生大量的废弃物和污染物，对环境造成严重的污染。这些污染物包括粪便、污水、废气等，它们对土壤、水源和空气都造成了污染。粪便和污水的排放是畜牧业环境污染的主要来源之一。这些废弃物中含有大量的氮、磷等营养物质，如果处理不当，就会流入水体，导致水体富营养化，引发藻类暴发、水质恶化等问题。同时，粪便和污水中的病原体和有害物质也可能对人类健康造成威胁。

畜牧业在生产过程中还会产生大量的温室气体排放，如二氧化碳、甲烷等。这些温室气体的排放加剧了全球气候变化的问题，对生态环境和人类生活都产生了负面影响。

### （三）技术创新带来的机遇

尽管畜牧业可持续发展面临着诸多挑战，但技术创新也为畜牧业的发展带来了新的机遇。随着生物技术的不断进步，畜牧业在品种改良、疾病防控、饲料开发等方面取得了显著进展。这些技术的应用提高了畜牧业的生产效率和产品质量，降低了生产成本，为畜牧业的可持续发展提供了有力支持。

信息化技术的发展也为畜牧业带来了新的机遇。通过物联网、大数据、人工智能等技术的应用，畜牧业可以实现精准养殖、智能管理，提高生产效率和资源利用率。同时,这些技术还可以帮助畜牧业更好地应对市场变化和风险挑战。

### (四)政策支持和市场需求的机遇

政府对畜牧业的支持和政策引导也是畜牧业可持续发展的重要机遇。政府可以通过制定相关政策,鼓励畜牧业采用环保技术、提高资源利用率、促进产业升级等措施。这些政策的实施可以推动畜牧业向更加可持续的方向发展。随着消费者对食品安全和健康问题的关注度不断提高,市场对高品质、健康、环保的畜牧业产品的需求也在不断增加。这为畜牧业提供了广阔的市场空间和发展机遇。畜牧业可以通过优化产品结构、提高产品质量和安全性等措施来满足市场需求,实现可持续发展。

## 五、畜牧业可持续发展的路径选择

### (一)加强技术创新与应用

技术创新是推动畜牧业可持续发展的核心动力。畜牧业应积极探索和应用新技术,以提高生产效率、降低成本、减少环境污染,并实现资源的最大化利用。在养殖技术方面,畜牧业应推广智能化养殖系统,通过物联网、大数据等技术手段,实时监测动物的生长状况、健康情况和饲料消耗等,从而精确调控养殖环境,提高动物的生长速度和品质。同时,利用基因编辑、克隆等生物技术,可以培育出抗逆性强、生长速度快、肉质优良的畜禽新品种,满足市场对高品质动物性食品的需求。

在饲料技术方面,畜牧业应研发更加环保、高效的饲料配方,减少对传统资源的依赖,降低生产成本。例如,利用农作物秸秆、农业废弃物等生物质资源,通过发酵、酶解等技术手段,转化为高质量的饲料原料,既解决了农业废弃物的处理问题,又为畜牧业提供了新的饲料来源。此外,畜牧业还应加强疾病防控技术的研发和应用,提高疫病的预警、监测和防控能力,降低疫病对畜牧业生产的影响。

### (二)完善政策引导与支持

政府应制定和完善相关政策,为畜牧业的可持续发展提供有力保障。政策引导和支持应包括财政补贴、税收优惠、信贷支持等多个方面。政府可以设立畜牧业可持续发展专项资金，用于支持畜牧业技术创新、环保设施建设、疾病防控等方面的投入。同时，通过税收优惠政策，鼓励企业加大研发投入，推动畜牧业产业升级和转型。

在信贷支持方面，政府可以引导金融机构加大对畜牧业的信贷投放力度，降低畜牧业企业的融资成本，支持畜牧业扩大生产规模、提高生产效率。此外，政府还应加强对畜牧业市场的监管，规范市场秩序，防止恶意竞争和价格操纵等行为，为畜牧业的健康发展营造良好的市场环境。

### （三）提升公众参与度与意识

公众是畜牧业可持续发展的重要参与者和受益者。提升公众的参与度和意识，有助于推动畜牧业向更加环保、健康的方向发展。政府和社会组织应加强对畜牧业可持续发展的宣传和教育，提高公众对畜牧业环保、健康等方面的认知。通过举办讲座、展览等活动，向公众普及畜牧业可持续发展的理念、技术和成果，激发公众对畜牧业的关注和热情。

同时，政府可以鼓励公众参与畜牧业的生产、消费和监督等环节。例如，通过认养、领养等方式，公众参与到畜牧业的生产过程中来，体验畜牧业的乐趣和挑战。在消费环节，政府可以引导公众选择环保、健康的动物性食品，减少对资源的浪费和环境的污染。在监督环节，政府可以建立公众举报机制，鼓励公众对畜牧业生产中的违法违规行为进行举报和监督。

### （四）构建畜牧业绿色发展体系

畜牧业绿色发展体系是实现畜牧业可持续发展的关键。构建绿色发展体系，需要政府、企业、公众等多方面的共同努力。政府应制定畜牧业绿色发展规划和标准，明确畜牧业绿色发展的目标和路径。同时，加强畜牧业绿色发展的监管和评估，确保各项政策和措施得到有效执行。

企业应积极响应政府号召，加强技术创新和产业升级，推动畜牧业向更加环保、高效的方向发展。同时，企业应自觉履行社会责任，加强环境保护和生态建设，实现经济效益和生态效益的双赢。

公众应积极参与畜牧业绿色发展的行动中来，通过选择环保、健康的消费方式，推动畜牧业向更加绿色、可持续的方向发展。同时，公众还可以发挥监督和推动作用，促进政府和企业更加积极地履行畜牧业绿色发展的责任和义务。

# 第二节 资源高效利用

## 一、饲料资源的优化配置

### （一）饲料资源的种类与分布

饲料资源是畜牧业发展的基础，其种类丰富多样，主要包括植物性饲料、动物性饲料、矿物质饲料以及微生物饲料等。植物性饲料，如谷物、豆类、草料等，是畜牧业中最常用的饲料类型，广泛分布于全球各地，尤其是农业发达区域。动物性饲料，如肉骨粉、鱼粉、血粉等，虽然使用量相对较少，但在特定阶段对动物生长和繁殖具有重要作用，其分布多在动物资源丰富的地区。矿物质饲料，如钙、磷、镁等无机盐类，是动物维持正常生理功能所必需的，其来源广泛，但具体分布受地质条件影响。微生物饲料，如酵母、乳酸菌等，作为新型饲料资源，近年来在畜牧业中的应用逐渐增多，其生产多集中于生物技术发达的区域。

### （二）饲料资源的利用现状

当前，饲料资源的利用存在一些问题。一方面，植物性饲料作为主体，其产量和品质受到气候、土壤、种植技术等自然和人为因素的影响，导致饲料供应不稳定，价格波动大。另一方面，动物性饲料资源有限，且部分来源存在食品安全和环保问题，如过度捕捞海洋资源导致的生态破坏。此外，矿物质饲料的开采和加工过程中，若处理不当，易对环境造成污染。微生物饲料虽然具有诸多优点，但其生产成本和技术要求相对较高，普及程度有限。

### （三）优化饲料资源配置的策略

针对饲料资源利用现状，提出以下优化策略：一是加强饲料作物种植技术的研发和推广，提高单位面积产量和饲料品质，同时探索适应不同气候和土壤条件的饲料作物品种，拓宽饲料来源。二是发展循环经济，利用农业废弃物、食品加工副产品和城市有机垃圾等作为饲料原料，通过生物转化技术，将其转化为高质量的饲料产品，既解决了废弃物处理问题，又增加了饲料资源。三是加强国际合作，通过贸易和技术交流，引进国外优质饲料资源和先进技术，提高国内饲料产业的竞争力。四是推广精准饲养技术，根据动物的营养需求和生长阶段，科学配制饲料，减少浪费，提高饲料利用率。五是加强饲料安全监管，建立健全饲料质量追溯体系，确保饲料产品的安全性和合法性。

### （四）饲料资源优化配置的长远意义

优化饲料资源配置，对于畜牧业可持续发展具有重要意义。一方面，通过提高饲料利用率和减少浪费，可以有效降低畜牧业生产成本，提高经济效益。另一方面，通过合理利用和开发饲料资源，可以减少对自然资源的过度依赖和破坏，保护生态环境，实现畜牧业与环境的和谐共生。此外，优化饲料资源配置还有助于提升畜牧业整体技术水平，推动产业升级和转型，为畜牧业可持续发展奠定坚实基础。因此，畜牧业应高度重视饲料资源的优化配置工作，采取有效措施，确保饲料资源的可持续利用。

## 二、水资源的高效利用

畜牧业作为农业的重要组成部分，其生产过程中对水资源的消耗巨大。为了实现畜牧业的可持续发展，必须高度重视水资源的高效利用，通过节水技术、循环利用等措施，降低水资源消耗，保护水资源环境。

### （一）畜牧业水资源消耗情况

畜牧业在生产过程中，水资源主要用于动物的饮水、饲料加工、清洁和降温等方面。特别是在炎热的夏季，为了保持动物的健康和生产力，需要消耗大量的水资源进行降温和清洁。此外，饲料作物的种植和加工也需要大量的水资源。因此，畜牧业的水资源消耗呈现出总量大、分布不均、利用效率低等特点。

畜牧业水资源消耗的不合理还表现在以下几个方面：一是水资源浪费严重，如动物饮水设施不合理、清洁用水过度使用等；二是水资源利用效率低，如饲料作物的灌溉方式落后、水资源回收和再利用不足等；三是水资源污染问题突出，如动物粪便和废水未经处理直接排放，对水资源环境造成污染。

### （二）节水技术的应用

为了降低畜牧业的水资源消耗，必须积极推广和应用节水技术。一方面，可以通过改进动物饮水设施，如采用自动饮水系统、节水型饮水器等，减少水资源的浪费。另一方面，可以优化饲料作物的灌溉方式，如采用滴灌、喷灌等节水灌溉技术，提高灌溉水的利用效率。此外，还可以利用生物技术手段，如通过基因改良提高作物的抗旱性，减少灌溉水的需求。同时，加强饲料作物的病虫害防控，减少因病虫害导致的作物减产和水资源消耗。

### （三）水资源的循环利用

水资源的循环利用是实现畜牧业水资源高效利用的重要途径。一方面，可以通过建设污水处理设施，对动物粪便和废水进行无害化处理，将处理后的水用于灌溉饲料作物或作为其他农业用水，实现水资源的再利用。另一方面，可以探索雨水收集和利用技术，将雨水收集起来用于动物的饮水或饲料作物的灌溉。

在循环利用水资源的过程中，需要注重水质的监测和管理，确保循环利用的水质符合农业用水标准，避免对动物健康和生态环境造成负面影响。同时，还需要加强水资源循环利用的宣传和推广，提高畜牧业从业者对水资源循环利用的认识和重视程度。

### （四）水资源管理制度的完善

为了实现畜牧业水资源的高效利用，还需要完善水资源管理制度。一方面，需要建立健全水资源管理制度体系，明确水资源管理的职责和权限，加强水资源管理的监督和考核。另一方面，需要制定科学合理的水资源利用规划和计划，根据畜牧业发展的实际情况和水资源状况，合理确定畜牧业的水资源利用量和利用效率目标。同时，还需要加强水资源管理的信息化建设，利用现代信息技术手段，对水资源利用情况进行实时监测和数据分析，为水资源管理提供科学依据和决策支持。通过完善水资源管理制度，推动畜牧业水资源的高效利用和可持续发展。

## 三、土地资源的合理利用

### （一）畜牧业对土地资源的需求分析

畜牧业作为农业的重要组成部分，对土地资源有着不可或缺的需求。无论是放牧式畜牧业还是集约式畜牧业，都需要占用一定的土地面积用于养殖动物的饲养、活动及粪便处理等。随着人口增长和消费者对动物性食品需求的增加，畜牧业对土地资源的需求也在不断扩大。放牧式畜牧业主要依赖天然草原和草地进行放牧，这些区域通常面积广阔但生产力较低，需要合理规划和保护，以防止过度放牧导致的草原退化和生态破坏。而集约式畜牧业则更多地依赖于人工饲养和饲料种植，对土地资源的利用更加集中和高效，但也需要科学规划和管理，以避免对土地资源的过度开发和污染。

### （二）合理规划提高土地利用效率

为了提高土地资源的利用效率，畜牧业需要合理规划土地的使用。这包括根据养殖动物的种类、数量以及饲养方式，确定合理的土地占用面积和布局。例如，对于放牧式畜牧业，可以通过划区轮牧、季节性放牧等方式，合理利用草原资源，避免过度放牧导致的土地退化。对于集约式畜牧业，则可以通过建设标准化的养殖设施，提高单位面积的养殖密度和产出效率。此外，畜牧业还可以与种植业相结合，形成种养结合的模式。通过种植饲料作物，如玉米、大豆等，为畜牧业提供优质的饲料来源，同时利用养殖动物的粪便作为有机肥料，促进种植业的发展。这种种养结合的模式不仅可以提高土地资源的利用效率，还可以实现资源的循环利用和生态的协调发展。

### （三）科学种植提升土地生产力

科学种植是提高土地资源利用效率的重要手段。在畜牧业中，饲料作物的种植占据了大量的土地资源。因此，通过科学种植技术，提高饲料作物的产量和品质，是提升土地生产力的关键。科学种植包括选用优良品种、合理施肥、灌溉和病虫害防治等措施。通过选用高产、抗逆性强的饲料作物品种，可以提高作物的产量和适应性。合理施肥和灌溉可以满足作物生长所需的养分和水分，提高作物的生长速度和品质。同时，通过科学的病虫害防治措施，可以减少作物病虫害的发生和危害，保障作物的健康生长。

此外，还可以利用现代农业技术，如精准农业、智能农业等，对饲料作物的种植进行精细化管理。通过实时监测土壤墒情、作物生长状况等信息，精准调控灌溉、施肥等农业生产活动，提高土地资源的利用效率和作物的产量品质。

### （四）加强土地资源保护与管理

在畜牧业发展中，加强土地资源保护与管理是实现可持续发展的关键。

这包括制定和执行严格的土地保护政策，防止土地资源的过度开发和污染。同时，加强土地资源的监测和评估，及时发现和解决土地资源利用中存在的问题。还可以通过推广先进的畜牧业技术和管理模式，提高土地资源的利用效率和产出效益。例如，通过建设生态牧场、推广循环农业等方式，实现畜牧业与生态环境的协调发展。同时，加强畜牧业从业人员的培训和教育，提高他们的土地保护意识和技能水平，共同推动畜牧业的可持续发展。

## 四、能源资源的节约使用

### （一）畜牧业能源消耗的主要环节

畜牧业作为农业的重要组成部分，其能源消耗主要集中在养殖生产、饲料加工、环境控制及废弃物处理等多个环节。在养殖生产过程中，畜禽的取暖、通风、照明以及饲料加工所需的电力和热能是主要的能源消耗。特别是在寒冷季节，为保持畜禽舍内适宜的温度，往往需要消耗大量的能源。饲料加工过程中，粉碎、混合、制粒等工序同样需要消耗大量的电力。此外，随着规模化、集约化养殖的发展，环境控制系统如通风、降温、除湿等设备的运行也消耗了大量的能源。同时，畜禽粪便和废水等废弃物的处理过程，如厌氧发酵产生沼气、好氧处理产生热能等，也涉及能源的消耗与转化。

### （二）节能技术在畜牧业中的应用

针对畜牧业能源消耗的主要环节，节能技术的应用显得尤为重要。在养殖生产方面，可以通过改进畜禽舍结构，采用保温隔热材料，减少热损失，从而降低取暖能耗。同时，利用自然光照明，减少人工照明时间，也能有效节约电能。在饲料加工环节，采用高效节能的饲料加工设备，如节能型粉碎机、混合机等，可以显著降低能源消耗。此外，优化饲料配方，提高饲料转化率，减少饲料浪费，也是间接节能的重要手段。在环境控制方面，智能化环境控制系统能够根据畜禽舍内环境条件自动调节通风、降温等设备，实现能源的高效利用。

### （三）可再生能源在畜牧业中的利用

可再生能源的利用是畜牧业节能降耗的重要途径。生物能源，如畜禽粪便和农作物秸秆等，通过厌氧发酵或好氧处理，可以转化为沼气、生物热等可再生能源，用于畜禽舍的取暖、照明及饲料加工等环节。太阳能作为一种清洁、可再生的能源，其在畜牧业中的应用也日益广泛。通过安装太阳能热水器、太阳能光伏板等设备，可以收集并利用太阳能，为畜禽舍提供热水、电力等能源。此外，风能、地热能等可再生能源在畜牧业中也有一定的应用潜力，如利用风力发电为畜禽舍提供电力，利用地热资源进行畜禽舍的取暖等。

### （四）能源节约措施对畜牧业可持续发展的意义

能源节约措施的实施，对于畜牧业的可持续发展具有重要意义。一方面，通过节能降耗，可以有效降低畜牧业的生产成本，提高经济效益，增强畜牧业的市场竞争力。另一方面，可再生能源的利用，可以减少对化石能源的依赖，降低碳排放，有助于缓解全球气候变化问题，实现畜牧业与环境的和谐共生。此外，能源节约措施的实施还能促进畜牧业技术的创新与进步，推动畜牧业向更加绿色、环保的方向发展。因此，畜牧业应高度重视能源节约工作，积极采用节能技术和可再生能源，为实现畜牧业的可持续发展贡献力量。

## 五、废弃物资源的综合利用

畜牧业在生产过程中会产生大量的废弃物，如粪便、废水等，这些废弃物如果不加以妥善处理，不仅会对环境造成污染，还会浪费宝贵的资源。为了实现畜牧业的可持续发展，必须高度重视废弃物资源的综合利用，通过先进的技术和模式，将废弃物转化为有价值的资源。

### （一）畜牧业废弃物的资源化潜力

畜牧业废弃物蕴含着丰富的资源化潜力。粪便中富含有机质、氮、磷、钾等营养元素，是优质的有机肥料和土壤改良剂。废水则含有可回收利用的水分和营养物质，通过适当处理可以用于农业灌溉或作为其他工业用水。此外，畜牧业废弃物还可以通过生物发酵等技术转化为生物能源，如沼气、生物柴油等，为畜牧业生产提供清洁能源。这些资源的综合利用不仅可以减少环境污染，还可以促进畜牧业与农业、能源等产业的融合发展，形成循环经济产业链。

## （二）废弃物综合利用的技术

为了实现畜牧业废弃物的综合利用，需要采用先进的技术手段。目前，常见的废弃物综合利用技术包括堆肥发酵、厌氧消化、好氧处理等。堆肥发酵是一种将粪便等有机废弃物在微生物的作用下进行分解发酵，转化为有机肥料的过程。通过堆肥发酵，不仅可以实现废弃物的无害化处理，还可以提高土壤肥力和改善土壤结构。

厌氧消化则是利用厌氧微生物在无氧条件下对有机废弃物进行分解，产生沼气和有机肥料的过程。沼气可以作为清洁能源用于畜牧业生产和农村生活，有机肥料则可以用于农田施肥。

好氧处理则是通过曝气等方式，利用好氧微生物对有机废弃物进行分解处理，将有机物转化为无机物，实现废弃物的无害化和资源化利用。

## （三）废弃物综合利用的模式

畜牧业废弃物的综合利用需要采用科学合理的模式。目前，常见的废弃物综合利用模式包括畜禽粪污全量收集还田利用模式、粪污专业化能源利用模式、固体粪便堆肥利用模式等。畜禽粪污全量收集还田利用模式是将养殖场产生的粪便、尿和污水集中收集，经过无害化处理后，全部用于农田施肥。这种模式可以实现废弃物的全量利用，减少环境污染，同时提高土壤肥力和农作物产量。

粪污专业化能源利用模式则是依托专门的畜禽粪污处理企业，收集周边养殖场粪便和污水，投资建设大型沼气工程，进行高浓度厌氧发酵，产生沼气和有机肥料。沼气可以用于发电或提纯为生物天然气，有机肥料则可以用于农田施肥。这种模式可以实现废弃物的能源化和肥料化利用，提高资源利用效率。

固体粪便堆肥利用模式则是以生猪、肉牛等规模养殖场的固体粪便为主，经过好氧堆肥无害化处理后，就地农田利用或生产有机肥。这种模式可以实现固体粪便的无害化和资源化利用，减少环境污染，同时提高土壤肥力和农作物品质。

## （四）废弃物综合利用的推广与实践

为了实现畜牧业废弃物的综合利用，需要加强技术推广和实践。一方面，需要加大技术研发力度，提高废弃物综合利用技术的水平和效率；另一方面，需要加强政策引导和支持，鼓励畜牧业从业者采用先进的废弃物综合利用技术和模式。同时，还需要加强废弃物综合利用的宣传和培训，提高畜牧业从业者对废弃物综合利用的认识和重视程度。通过推广和实践废弃物综合利用技术和模式，可以实现畜牧业废弃物的减量化、资源化和无害化处理，促进畜牧业的可持续发展。

# 第三节　生态环境保护

## 一、环境污染防治

### （一）减少畜牧业排放污染

畜牧业在生产过程中会产生大量的废弃物和污染物，如畜禽粪便、养殖废水、废气等，这些都对环境造成了严重的影响。为了减少畜牧业排放污染，需要从源头上进行控制。一方面，可以通过优化饲料配方，提高饲料的利用率，减少畜禽粪便的产生。通过选用高质量的饲料原料，添加适量的酶制剂、益生菌等，可以改善畜禽的消化吸收能力，减少粪便中的氮、磷等营养物质含量，从而降低粪便对环境的污染。另一方面，对于养殖废水，可以采取生物处理、物理化学处理等方法进行净化处理。生物处理是利用微生物的代谢作用，将废水中的有机物、氮、磷等污染物转化为无害物质。物理化学处理则是通过混凝、沉淀、过滤、吸附等物理或化学方法，去除废水中的悬浮物、溶解物等污染物。

### （二）畜禽粪便的资源化利用

畜禽粪便是一种宝贵的资源，可以通过资源化利用，将其转化为有机肥料、生物能源等，从而实现变废为宝。在有机肥料方面，畜禽粪便经过堆肥发酵处理，可以转化为富含有机质、氮、磷、钾等营养元素的有机肥料。这种肥料不仅可以改善土壤结构，提高土壤肥力，还可以减少化肥的使用量，降低农业生产成本。

在生物能源方面，畜禽粪便可以通过厌氧消化、好氧发酵等技术，转化为沼气、生物油等可再生能源。这些能源不仅可以用于照明、取暖、发电等方面，还可以作为交通运输的替代能源，减少对化石能源的依赖。

### （三）养殖场的合理规划与管理

养殖场的合理规划与管理对于减少畜牧业环境污染具有重要意义。在规划养殖场时，应充分考虑地理位置、气候条件、土壤类型等因素，选择适宜的养殖区域和养殖方式。同时，应合理布局养殖设施，确保畜禽的饲养密度、活动空间等符合环保要求。

在管理方面，应建立健全的环保管理制度，明确责任分工，加强日常监管和检查。对于发现的环保问题，应及时整改和处理，防止问题扩大和恶化。此外，还应加强员工的环保培训和教育，提高他们的环保意识和技能水平。

### （四）推广绿色畜牧业技术

绿色畜牧业技术是实现畜牧业可持续发展的重要手段。通过推广绿色畜牧业技术，可以降低畜牧业对环境的污染和破坏，提高畜牧业的生产效率和产品质量。绿色畜牧业技术包括生态养殖、循环农业等方面。生态养殖是利用生态学原理，将畜禽养殖与种植业、渔业等相结合，形成生态农业循环体系。循环农业则是通过资源的循环利用和废弃物的无害化处理，实现农业生产的可持续发展。在推广绿色畜牧业技术时，应注重技术创新和示范推广。通过加强科研攻关和技术创新，不断开发出更加高效、环保的畜牧业技术。同时，通过示范推广和宣传教育，提高广大农民对绿色畜牧业技术的认识和接受程度，推动绿色畜牧业技术的广泛应用和普及。

## 二、生物多样性保护

### （一）畜牧业对生物多样性的影响

畜牧业作为人类获取食物的重要来源之一，其对生物多样性的影响不容忽视。一方面，畜牧业的发展需要占用大量土地资源，这往往导致自然栖息地的破坏和生物多样性的减少。为了扩大养殖规模，人们常常砍伐森林、开垦草地，导致许多物种失去了生存空间，生态系统功能受损。另一方面，畜牧业产生的废弃物和排放物也可能对生物多样性造成威胁。畜禽粪便和废水如果处理不当，会污染水源和土壤，影响水生生物和陆生生物的生存。此外，畜牧业还可能通过传播疾病、引入外来物种等方式，对本地生物多样性造成冲击。

### （二）建立保护区以维护生物多样性

为了有效保护生物多样性，建立保护区是一种重要措施。保护区可以为野生动物提供安全的栖息地和繁殖场所，减少人类活动对它们的干扰。在畜牧业发达的地区，可以通过划定特定区域作为自然保护区或生态廊道，连接破碎化的栖息地，促进物种间的基因交流和种群恢复。同时，保护区还可以作为科研和教育基地，提高公众对生物多样性保护的认识和参与度。在建立保护区时，应充分考虑当地社区的经济利益，通过生态旅游、绿色农业等可持续发展模式，实现生态保护与经济发展的双赢。

### （三）恢复生态以促进生物多样性恢复

除了建立保护区外，恢复生态也是保护生物多样性的重要手段。对于已经受到破坏的生态系统，可以通过植树造林、恢复湿地、重建草原等方式，逐步恢复其生态功能。在畜牧业领域，可以通过推广生态养殖模式，如林下养殖、循环农业等，实现畜牧业与生态环境的协调发展。这些模式不仅有助于减少环境污染，还能提高资源利用效率，促进生物多样性的恢复。此外，还可以利用生物技术手段，如基因工程、生态工程等，对受损生态系统进行修复和重建，为生物多样性保护提供新的途径。

### （四）生物多样性保护措施对畜牧业可持续发展的意义

生物多样性保护措施的实施，对于畜牧业的可持续发展具有重要意义。一方面，保护生物多样性有助于维护生态系统的稳定性和平衡，为畜牧业提供丰富的自然资源和良好的生态环境。健康的生态系统能够抵御自然灾害、调节气候、净化水质等，为畜牧业的发展提供有力保障。另一方面，生物多样性保护措施还能促进畜牧业的技术创新和产业升级。通过推广生态养殖模式、优化饲料配方、提高资源利用效率等措施，畜牧业可以实现更加绿色、环保的发展方式，提高市场竞争力。此外，生物多样性保护措施的实施还能提升公众对畜牧业可持续发展的认识和参与度，形成全社会共同关注和支持的良好氛围。因此，畜牧业应高度重视生物多样性保护工作，将其纳入可持续发展战略的重要组成部分，为实现畜牧业的长期稳定发展贡献力量。

## 三、生态系统服务功能维护

畜牧业作为人类经济活动的重要组成部分，对生态系统服务功能产生了深远影响。为了实现畜牧业的可持续发展，必须高度重视生态系统服务功能的维护，通过保持生态平衡、促进生态修复等措施，确保畜牧业发展与生态环境保护相协调。

### （一）畜牧业对生态系统服务功能的影响

畜牧业对生态系统服务功能的影响具有双重性。畜牧业通过提供食物、纤维等产品，为人类社会的生存和发展提供了重要支撑。同时，畜牧业也促进了农村经济的发展和农民收入的增加。然而，畜牧业的发展也对生态系统服务功能造成了负面影响。过度的放牧、不合理的饲料利用和废弃物排放等行为，导致了草原退化、土地沙化、水源污染等生态问题，严重破坏了生态系统的平衡和稳定。

畜牧业对生态系统服务功能的影响还表现在生物多样性方面。畜牧业的发展往往伴随着生物多样性的减少。过度的放牧和土地利用变化导致了草原植被的破坏和动物栖息地的丧失，进而影响了生物多样性的维持和繁衍。生物多样性的减少不仅削弱了生态系统的自我调节能力，还降低了生态系统的生产力和稳定性。

### （二）保持生态平衡的策略

为了维护生态系统服务功能，必须保持生态平衡。需要合理控制畜牧业的发展规模，避免过度放牧和土地利用变化对生态系统的破坏。通过制定科学的畜牧业发展规划，合理规划养殖区域和养殖规模，确保畜牧业发展与生态环境承载能力相适应。需要加强畜牧业生产过程中的环境管理。通过推广先进的养殖技术和饲料利用方式，减少废弃物的排放和污染物的产生。同时，加强养殖废弃物的处理和资源化利用，将废弃物转化为有机肥料或生物能源等有价值的资源，实现废弃物的减量化、资源化和无害化处理。此外，还需要加强草原保护和恢复工作。通过实施草原生态保护补助奖励政策、加强草原监管和执法力度等措施，保护草原生态系统的完整性和稳定性。同时，采用人工种草、围栏封育、改良草地等生态修复技术，恢复草原植被和生物多样性，提高草原生态系统的生产力和稳定性。

### （三）促进生态修复的措施

为了促进生态修复，需要采取一系列措施。需要加强生态修复技术的研发和推广。通过引进和培育适应性强、生长迅速的优良草种和树种，提高生态修复的效果和速度。同时，加强生态修复技术的培训和指导，提高畜牧业从业者对生态修复技术的认识和掌握程度。需要建立健全生态修复的长效机制。通过制定科学的生态修复规划和计划，明确生态修复的目标、任务和措施。同时，加强生态修复的监测和评估工作，及时发现和解决生态修复过程中存在的问题和困难。此外，还需要加强生态修复的资金投入和政策支持，为生态修复提供有力的保障。

### （四）加强生态系统服务功能的监测与评估

为了维护生态系统服务功能，需要加强生态系统服务功能的监测与评估工作。通过建立健全生态系统服务功能的监测体系，实时监测和评估生态系统服务功能的状况和变化趋势。同时，加强生态系统服务功能的研究和评估工作，深入揭示生态系统服务功能的形成机制、影响因素和变化趋势，为制定科学合理的生态系统服务功能维护策略提供科学依据。

畜牧业可持续发展必须高度重视生态系统服务功能的维护。通过保持生态平衡、促进生态修复等措施，确保畜牧业发展与生态环境保护相协调，实现畜牧业的可持续发展和生态系统的永续利用。

## 四、气候变化应对

### （一）畜牧业在气候变化中的角色

畜牧业作为全球经济的重要组成部分，对气候变化的影响不容忽视。畜牧业在生产过程中会产生大量的温室气体排放，如甲烷、二氧化碳和氮氧化物等，这些气体加剧了全球气候变暖的趋势。同时，畜牧业也面临着气候变化带来的挑战，如极端天气事件的频发、水资源短缺、饲料供应不稳定等，这些都影响了畜牧业的可持续发展。

### （二）减排温室气体策略

为了减少畜牧业对气候变化的贡献，需要采取一系列减排温室气体的策略。优化饲料配方是关键。通过选用高质量的饲料原料，提高饲料的利用率，可以减少畜禽的甲烷排放。同时，研发和应用低排放饲料添加剂，如酶制剂、益生菌等，也可以有效降低畜禽的温室气体排放。

改进养殖设施和管理方式也是减排的重要途径。通过建设节能、环保的养殖设施，如采用自然通风、保温隔热等措施，可以减少养殖过程中的能源消耗和温室气体排放。同时，加强养殖管理，如合理控制畜禽的饲养密度、活动空间等，也可以降低畜禽的应激反应和温室气体排放。此外，推广绿色畜牧业技术也是减排的有效手段。通过生态养殖、循环农业等绿色畜牧业技术，可以实现资源的循环利用和废弃物的无害化处理，从而减少温室气体的排放。

### （三）适应气候变化的策略

面对气候变化带来的挑战，畜牧业需要采取一系列适应策略。加强气候监测和预警系统建设是关键。通过实时监测气候变化情况，及时发布预警信息，可以帮助畜牧业从业者提前做好应对准备，减少极端天气事件对畜牧业的影响。提高畜牧业生产系统的韧性也是适应气候变化的重要途径。通过优化养殖结构、提高饲料供应的稳定性、加强疾病防控等措施，可以增强畜牧业生产系统的抗灾能力和恢复能力，确保畜牧业的稳定发展。

加强国际合作也是应对气候变化的重要方面。畜牧业作为全球经济的重要组成部分，其可持续发展需要国际社会的共同努力。通过加强国际合作，共同研发和推广减排技术和适应策略，可以更有效地应对气候变化带来的挑战。

### （四）推动畜牧业绿色转型

为了应对气候变化和实现畜牧业的可持续发展，需要推动畜牧业的绿色转型。绿色转型包括优化产业结构、提高资源利用效率、减少环境污染等方面。通过推广绿色畜牧业技术、加强环保法规的制定和执行、提高畜牧业从业者的环保意识等措施，可以推动畜牧业的绿色转型。同时，政府和社会各界也应加大对畜牧业绿色转型的支持力度。政府可以通过提供财政补贴、税收优惠等政策激励措施，鼓励畜牧业从业者采用绿色技术和生产方式。社会各界也可以通过宣传教育、舆论监督等方式，提高公众对畜牧业绿色转型的认识和支持程度。通过这些努力，可以共同推动畜牧业的可持续发展和应对气候变化的挑战。

## 五、环境教育与意识提升

### （一）环境教育的重要性

环境教育是提升公众环保意识、推动绿色发展的重要途径。在畜牧业领域，加强环境教育对于促进可持续发展具有深远意义。畜牧业作为农业的重要组成部分，其生产过程中产生的废弃物、排放物以及土地利用方式等，都对环境产生着直接或间接的影响。因此，提高畜牧业从业者的环保意识，使他们认识到自身行为对环境的影响，是推动畜牧业绿色转型的关键。

### （二）环境教育的内容与目标

环境教育的内容应涵盖生态知识、环保法规、绿色生产技术等多个方面。在生态知识方面，要普及生物多样性保护、生态系统平衡等基本概念，使从业者了解生态系统的脆弱性和保护生物多样性的重要性。在环保法规方面，要介绍国家关于环境保护的法律法规，以及畜牧业在环保方面的具体要求，增强从业者的法律意识和责任感。在绿色生产技术方面，要推广生态养殖、循环农业等绿色生产方式，以及节能减排、废弃物资源化利用等先进技术，提高畜牧业的生产效率和环保水平。

环境教育的目标是培养畜牧业从业者形成绿色生产观念，将环保理念融入日常工作中。通过教育，从业者认识到绿色生产不仅是对环境的保护，更是提高生产效益、增强市场竞争力的有效途径。同时，要激发从业者参与环保行动的积极性和创造性，鼓励他们主动探索和实践绿色生产方式，为畜牧业的可持续发展贡献力量。

### （三）环境教育的实施策略

环境教育的实施需要政府、企业、学校和社会各界的共同努力。政府应制定相关政策，鼓励和支持畜牧业从业者接受环境教育，提供必要的资金和资源保障。企业应将环境教育纳入员工培训体系，定期组织环保知识讲座、技能培训等活动，提高员工的环保意识和技能水平。学校应开设环保课程，培养学生的环保意识和责任感，为畜牧业培养具有绿色生产理念的未来从业者。社会各界应积极参与环保公益活动，传播环保理念，营造全社会共同关注和支持畜牧业绿色发展的良好氛围。

### （四）环境教育对畜牧业可持续发展的影响

环境教育对于推动畜牧业可持续发展具有深远影响。一方面，通过提高从业者的环保意识，可以促使他们主动采取绿色生产方式，减少环境污染和资源浪费，提高生产效率和产品质量。另一方面，环境教育有助于培养畜牧业从业者的创新思维和创新能力，推动他们在实践中不断探索和实践新的绿色生产方式和技术，为畜牧业的可持续发展注入新的活力。此外，环境教育还能增强畜牧业从业者的社会责任感和使命感，使他们更加关注生态环境保护和可持续发展问题，为构建人与自然和谐共生的美好家园贡献力量。因此，加强环境教育，提高畜牧业从业者的环保意识，是推动畜牧业可持续发展的重要举措。

## 第四节　社会经济效益

### 一、促进农民增收

畜牧业作为农村经济的重要组成部分，对于促进农民增收、推动农村经济发展具有重要意义。在可持续发展的框架下，畜牧业不仅能够提供丰富的食品资源，还能通过一系列政策和措施，有效提升农民收入水平，助力乡村振兴。

#### （一）畜牧业在农民增收中的作用

畜牧业在农民增收中扮演着关键角色。畜牧业产品如肉、蛋、奶等，是市场需求量大且价格相对稳定的产品，为农民提供了稳定的收入来源。特别是在一些贫困地区，畜牧业往往是当地农民的主要经济支柱，通过发展畜牧业，农民能够直接增加家庭收入，改善生活质量。畜牧业的发展还带动了相关产业链的延伸，如饲料生产、兽药销售、畜产品加工等，为农民提供了更多的就业机会和创业机会。这些机会不仅增加了农民的非农收入，还促进了农村经济的多元化发展。

#### （二）政策支持与引导

为了促进畜牧业可持续发展并增加农民收入，政府应出台一系列政策和措施。首先,要加大对畜牧业的财政投入,支持畜牧业基础设施建设、品种改良、疫病防控等方面的工作。通过提高畜牧业的生产效率和产品质量,增加畜牧业产品的市场竞争力,从而带动农民收入的增长。其次,政府应完善畜牧业相关政策,如制定畜牧业发展规划、加强畜牧业市场监管、推动畜牧业科技创新等。这些政策的实施有助于规范畜牧业市场秩序,保障农民合法权益,促进畜牧业健康有序发展。

### (三)技术创新与培训

技术创新是畜牧业可持续发展的关键。政府应鼓励和支持畜牧业科技创新,推动畜牧业生产方式的转型升级。例如,推广先进的养殖技术、饲料配方、疫病防控技术等,提高畜牧业的生产效率和产品质量。同时,政府还应加强对农民的技能培训和技术指导。通过举办培训班、现场示范等方式,提高农民的畜牧业生产技能和管理水平。这些技能的提升有助于农民更好地适应市场需求,提高畜牧业产品的附加值,从而增加农民收入。

### (四)市场拓展与品牌建设

市场拓展与品牌建设是提升畜牧业产品市场竞争力和农民收入的重要途径。政府应积极推动畜牧业产品的市场拓展工作,加强与国内外市场的联系和合作,为畜牧业产品提供更多的销售渠道和市场机会。鼓励和支持畜牧业企业加强品牌建设,提升产品知名度和美誉度。通过品牌建设,可以提高畜牧业产品的附加值和市场竞争力,从而带动农民收入的增长。政府可以通过提供品牌建设的资金支持和政策引导,帮助企业提升品牌形象和市场影响力。

畜牧业在农民增收中发挥着重要作用。为了促进畜牧业的可持续发展并增加农民收入,政府应出台一系列政策和措施,包括政策支持与引导、技术创新与培训、市场拓展与品牌建设等方面。这些措施的实施有助于提升畜牧业的生产效率和产品质量,增加农民收入水平,推动农村经济的持续健康发展。

## 二、提高就业水平

### (一)畜牧业对就业的贡献概述

畜牧业作为农业的重要分支,对就业的贡献不可忽视。从传统的放牧、养殖到现代的集约化、规模化经营，畜牧业不仅为农村地区提供了大量的就业机会，还带动了相关产业链的发展，如饲料生产、兽医服务、肉类加工等，进一步拓宽了就业渠道。畜牧业的发展不仅促进了农村经济的繁荣，还有助于缓解城乡就业压力，实现社会稳定和谐。

### （二）扩大畜牧业就业规模的策略

为了进一步扩大畜牧业的就业规模，需要采取一系列有效措施。一方面，应鼓励和支持畜牧业向规模化、集约化方向发展。通过政策引导和资金扶持，推动畜牧业企业扩大生产规模，提高生产效率，从而吸纳更多的劳动力。另一方面，可以积极发展家庭牧场和合作社模式，鼓励农户以家庭为单位或组建合作社的形式参与畜牧业生产，这样既能发挥家庭经营的灵活性，又能提高组织化程度，增加就业机会。同时，加强畜牧业技能培训也是扩大就业规模的关键。通过举办培训班、现场指导等方式，提升农民和畜牧业从业者的专业技能和综合素质，使他们能够适应现代畜牧业发展的需求，提高就业竞争力。

### （三）提升畜牧业就业质量的策略

提升畜牧业就业质量，不仅要关注就业数量的增加，更要注重就业结构和就业环境的改善。首先，应推动畜牧业产业升级，发展高端畜牧业和绿色畜牧业，提高畜牧业产品的附加值和市场竞争力。这不仅可以为从业者提供更好的薪资待遇和福利保障，还能激发他们的工作积极性和创造力。其次，加强畜牧业劳动保护，改善工作环境。政府应加大对畜牧业劳动保护法律法规的宣传和执行力度，确保从业者能够享有安全、健康的工作环境。再次，鼓励企业采用先进的生产设备和技术，减轻从业者的劳动强度，提高工作效率。最后，建立完善的畜牧业就业服务体系也是提升就业质量的重要举措，包括提供就业咨询、职业规划、技能培训等全方位的服务，帮助从业者更好地适应市场需求，实现个人职业发展。

### （四）促进畜牧业与就业融合发展的路径

为了促进畜牧业与就业的融合发展，需要构建多元化的畜牧业产业体系。通过发展畜牧业与相关产业的深度融合，如畜牧业与旅游业、文化产业的结合，打造具有地方特色的畜牧业品牌，吸引更多的游客和消费者，从而带动相关产业的发展，增加就业机会。同时，加强畜牧业与其他行业的合作与交流，推动产业链上下游的协同发展。通过信息共享、资源整合等方式，优化产业结构，提高整体竞争力，为从业者提供更多的就业机会和更广阔的发展空间。

畜牧业在促进就业方面具有独特的优势和作用。通过扩大就业规模、提升就业质量以及促进畜牧业与就业的融合发展，可以进一步发挥畜牧业在推动经济社会发展中的重要作用，为实现畜牧业可持续发展贡献力量。

## 三、推动区域经济发展

### （一）畜牧业在区域经济发展中的地位

畜牧业作为农业的重要组成部分，对区域经济发展具有举足轻重的地位。它不仅是农村地区的重要经济支柱，也是保障国家粮食安全、促进农民增收的关键环节。畜牧业通过提供肉类、蛋类、奶类等动物性食品，丰富了人们的饮食结构，提高了生活质量。同时，畜牧业的发展还带动了饲料、兽药、屠宰、加工等相关产业的发展，形成了完整的产业链条，为区域经济增长提供了重要动力。

### （二）畜牧业对区域经济的积极作用

畜牧业在区域经济发展中发挥着积极作用。一方面，畜牧业的发展促进了农村就业，为农民提供了广泛的就业机会，有助于缓解农村就业压力，增加农民收入。另一方面，畜牧业通过循环利用农业资源，如秸秆、粪便等，提高了资源利用效率，减少了环境污染，实现了经济效益与生态效益的双赢。此外，畜牧业的发展还促进了区域间的经济交流与合作，加强了城乡之间的联系，推动了区域经济的协调发展。

### （三）促进区域畜牧业协调发展的政策

为了促进区域畜牧业的协调发展，需要制定一系列有针对性的政策措施。首先，应加大对畜牧业的财政支持力度，提高补贴标准，鼓励农民扩大养殖规模，提高养殖效益。同时，要加大对畜牧业科技创新的投入，支持畜牧业新品种、新技术的研发和推广，提升畜牧业科技水平。其次，要完善畜牧业市场体系，加强市场信息服务，促进畜产品流通，提高畜牧业市场化程度。最后，还应加强畜牧业监管，建立健全畜产品质量安全追溯体系，保障畜产品质量安全，维护消费者权益。

## （四）推动区域畜牧业协调发展的措施

在推动区域畜牧业协调发展的过程中，需要采取一系列具体措施。一是要优化畜牧业产业布局，根据区域资源禀赋、环境条件等因素，合理规划畜牧业发展空间，避免盲目扩张和重复建设。二是要推广生态养殖模式，鼓励农民采用循环农业、立体养殖等方式，减少环境污染，提高资源利用效率。三是要加强畜牧业人才培养和引进，提高畜牧业从业者的整体素质和技术水平，为畜牧业发展提供人才保障。四是要加强畜牧业国际合作与交流，学习借鉴国际先进经验和技术，提升我国畜牧业的国际竞争力。五是要积极参与国际畜牧业规则制定和谈判，维护我国畜牧业利益。

畜牧业在区域经济发展中具有重要地位和作用。为了促进区域畜牧业的协调发展，需要制定有针对性的政策措施和具体措施，加大对畜牧业的支持力度，提高畜牧业科技水平，完善市场体系，加强监管和人才培养，以及加强国际合作与交流。通过这些措施的实施，推动畜牧业实现可持续发展，为区域经济发展做出更大贡献。

## 四、保障食品安全

畜牧业作为食品供应链中的重要环节，对于保障食品安全具有举足轻重的地位。在追求畜牧业可持续发展的过程中，确保食品安全是不可或缺的基石。这不仅关乎公众健康，也是畜牧业自身能否赢得市场信任、实现长远发展的关键所在。

### （一）畜牧业在食品安全中的责任

畜牧业作为食品生产的源头，其产品质量直接影响到食品的安全水平。从养殖环节到加工、销售，每一个环节都需严格把控，以确保最终产品的安全性。畜牧业生产者应当承担起保障食品安全的主体责任，采用科学的养殖技术，合理使用饲料和兽药，严格遵守动物防疫规定，从源头上保障食品安全。同时，畜牧业企业还应建立完善的食品安全管理体系，包括原料采购、生产加工、储存运输、销售追溯等全过程的质量控制和安全管理，确保每一环节都符合食品安全标准。此外，畜牧业还应积极响应消费者对食品安全信息的需求，提供透明、准确的食品安全信息，增强消费者的信任感。

## （二）加强食品安全监管

政府作为食品安全监管的主体，应不断完善法律法规体系，明确畜牧业在食品安全中的法律责任和义务。通过制定严格的食品安全标准和检测规范，为食品安全监管提供有力的法律支撑。

在监管过程中，应加强对畜牧业生产、加工、销售等环节的监督检查，对违法违规行为进行严厉打击，形成有效的震慑力。同时，应建立健全食品安全追溯体系，利用现代信息技术手段，实现食品从源头到餐桌的全链条追溯，一旦发现问题，能够迅速定位并采取措施，保障食品安全。此外，政府还应加强对食品安全知识的普及和宣传，提高公众对食品安全的认知水平和自我保护能力。通过举办食品安全讲座、发放宣传资料等方式，引导消费者选择安全、健康的食品，形成良好的食品安全消费氛围。

## （三）提高食品安全水平的措施

提高食品安全水平，需要从以下两方面入手。一方面，畜牧业应加强技术创新和研发，提高养殖技术水平和饲料利用效率，减少兽药使用，降低食品安全风险。通过引进和推广先进的养殖技术和设备，提高动物的生长速度和健康状况，从而生产出更加安全、优质的畜产品。另一方面，畜牧业还应加强与国际接轨，学习借鉴国际先进的食品安全管理经验和技术，不断提升自身的食品安全管理水平。通过参与国际食品安全标准制定和认证，提高畜牧业产品的国际竞争力，为畜牧业可持续发展创造有利条件。

此外，畜牧业还应加强与科研机构和高等院校的合作，开展食品安全相关的科学研究和技术攻关，推动食品安全领域的科技创新和成果转化。通过科技支撑，提高食品安全检测的准确性和效率，为食品安全监管提供更加有力的技术支持。

畜牧业在保障食品安全中扮演着至关重要的角色。为了实现畜牧业的可持续发展，必须加强对食品安全的监管和提高食品安全水平。通过明确畜牧业在食品安全中的责任、加强食品安全监管、提高食品安全水平的措施等多方面的努力，共同构建食品安全防线，确保公众健康和安全，推动畜牧业持续健康发展。

## 五、促进文化传承与社会和谐

### （一）畜牧业的文化传承价值

畜牧业作为人类社会发展的重要组成部分，承载着丰富的历史文化内涵。在漫长的历史进程中，畜牧业不仅为人类提供了生存所需的食物和资源，还孕育了独特的民族文化和习俗。例如，许多地区的传统节日、祭祀活动都与畜牧业密切相关，如牧区的那达慕大会、农耕民族的春耕秋收等，这些活动不仅展示了畜牧业在生产生活中的重要地位，也传承了丰富的历史文化和民族精神。

为了促进畜牧业的文化传承，应加强对畜牧业文化遗产的保护和挖掘。通过记录和整理畜牧业相关的民间故事、传说、歌谣等，传承和弘扬畜牧业文化。同时，鼓励和支持畜牧业从业者参与文化活动，如举办畜牧业文化节、展览等，展示畜牧业文化的魅力和价值，增强民族自豪感和文化认同感。

### （二）畜牧业在促进社会和谐中的作用

畜牧业在促进社会和谐方面发挥着重要作用。畜牧业的发展不仅促进了农村经济的繁荣，还为农民提供了稳定的收入来源，有助于缩小城乡差距，实现社会公平。为了充分发挥畜牧业在促进社会和谐中的作用，应加强对畜牧业从业者的关注和扶持。通过提供技术培训、资金支持等措施，帮助他们提高生产技能和经营水平，增加收入，提高生活质量。同时，加强畜牧业与社会的联系，如组织畜牧业从业者参与公益活动、志愿服务等，增强他们的社会责任感和归属感。

### （三）促进畜牧业与文化融合发展的策略

促进畜牧业与文化融合发展是实现畜牧业可持续发展的重要途径。一方面，可以通过发展畜牧业文化旅游，将畜牧业文化与旅游业相结合，打造具有地方特色的畜牧业旅游品牌。通过开发畜牧业旅游资源，如建设畜牧业文化博物馆、观光牧场等，吸引游客前来参观体验，了解畜牧业文化，促进文化交流与传承。另一方面，可以加强畜牧业文化与教育、科研等领域的合作与交流。通过举办畜牧业文化讲座、研讨会等活动，提高公众对畜牧业文化的认识和了解。同时，鼓励和支持科研机构开展畜牧业文化研究，深入挖掘畜牧业文化的内涵和价值，为畜牧业文化的传承与发展提供理论支持和实践指导。

### （四）推动畜牧业与社会融合发展的路径

推动畜牧业与社会融合发展，需要构建多元化的畜牧业发展格局。可以加强畜牧业与其他产业的融合发展，如畜牧业与农业、林业、渔业等的结合，形成产业链上下游的协同发展。通过资源共享、优势互补等方式，提高畜牧业的整体竞争力，促进畜牧业可持续发展。可以加强畜牧业与社会的互动与合作。通过组织畜牧业从业者参与社会公益活动、志愿服务等，增强畜牧业与社会的联系和互动。同时，加强对畜牧业从业者的社会保障和公共服务支持，如提供医疗保障、子女教育等，提高他们的生活质量和幸福感，从而推动畜牧业与社会的融合发展。

畜牧业在文化传承和社会和谐中发挥着重要作用。通过加强对畜牧业文化遗产的保护和挖掘、促进畜牧业与文化融合发展以及推动畜牧业与社会融合发展等措施，可以进一步发挥畜牧业在推动经济社会发展中的独特优势，为实现畜牧业可持续发展贡献力量。

# 第七章　畜牧业智能化技术应用

## 第一节　智能监测技术

### 一、智能传感器应用

#### （一）智能传感器在畜牧业环境监测中的应用

智能传感器在畜牧业环境监测中发挥着至关重要的作用。畜牧业生产环境对动物的生长、健康和产量有着直接影响，因此，实时监测和精准调控环境参数至关重要。智能传感器通过高精度、高灵敏度的监测技术，能够实时感知养殖环境中的温度、湿度、光照、气体浓度等关键参数。这些数据通过物联网技术实时传输至中央控制系统或云端服务器，为养殖者提供准确、及时的环境信息。

在环境监测中，智能传感器的作用主要体现在以下几个方面：一是提高环境监测的时效性，传感器能够实时感知环境参数的变化，确保养殖者能够迅速响应环境变化；二是提升环境监测的准确性，现代传感器技术具有极高的精度和灵敏度，能够准确捕捉到环境中的微小变化，为养殖者提供可靠的数据支持；三是实现环境参数的智能调控，通过数据分析，养殖者可以根据实际需求调整环境控制设备，如通风系统、加湿器、照明设备等，为动物提供最适宜的生长环境。

#### （二）智能传感器在动物健康监测中的应用

智能传感器在动物健康监测中的应用同样广泛。动物的健康状况直接关系到畜牧业的生产效率和产品质量，因此，实时监测动物的生理指标对于预防疾病、提高动物福利具有重要意义。智能传感器可以安装在动物身上或放置在养殖环境中，实时监测动物的体温、心率、呼吸频率、活动情况等生理数据。在动物健康监测中，智能传感器的优势主要体现在以下几个方面：一是实现早期预警，传感器能够实时监测动物的生理指标，一旦发现异常，如体温升高、心率加快等，即可及时发出警报，为养殖者提供早期干预的机会；二是提高疾病诊断的准确性，通过实时监测动物的生理数据，养殖者可以更加准确地判断动物的健康状况，减少误诊和漏诊的情况；三是优化动物福利，智能传感器能够实时监测动物的活动情况和行为模式，为养殖者提供动物舒适度和健康状态的信息，有助于优化饲养环境和管理策略，提高动物的生活质量。

### （三）智能传感器在畜牧业智能化管理中的作用

智能传感器在畜牧业智能化管理中扮演着核心角色。通过实时监测动物健康和环境参数，智能传感器为畜牧业提供了丰富的数据资源。这些数据经过分析和处理，可以为养殖者提供科学的决策支持，优化饲养计划、饲料配比、疾病防控等管理策略。在智能化管理中，智能传感器的作用主要体现在以下几个方面：一是提高管理效率，通过实时监测和数据分析，养殖者可以更加精准地掌握动物的生长情况和健康状况，减少人工巡查的频率和成本；二是优化资源配置，智能传感器能够实时监测饲料消耗、水资源利用等关键指标，为养殖者提供优化资源配置的依据；三是提升产品质量和安全性，通过实时监测动物的健康状况和饲养环境，养殖者可以及时发现并处理潜在的质量问题和安全隐患，确保产品的优质和安全。

### （四）智能传感器在畜牧业可持续发展中的优势

智能传感器在畜牧业可持续发展中具有显著优势。通过实时监测和数据分析，智能传感器有助于实现畜牧业生产过程中的节能减排、资源高效利用和环境保护。例如，智能传感器可以实时监测养殖环境中的气体浓度和温湿度等参数，为养殖者提供优化环境控制的依据，减少能源消耗和环境污染。同时，智能传感器还可以实时监测动物的健康状况和饲料利用效率等关键指标，为养殖者提供优化饲养管理和饲料配比的依据，提高资源利用效率和产品质量。这些措施有助于推动畜牧业向更加绿色、环保、可持续的方向发展。

## 二、远程监控系统

在畜牧业智能化技术的发展浪潮中，远程监控系统作为关键的一环，正逐步改变着传统畜牧业的生产管理方式。这一系统通过集成现代信息技术、物联网技术和数据分析技术，实现了对畜牧业生产过程的实时监控和高效管理，为畜牧业的可持续发展注入了新的活力。

### （一）远程监控系统的构成

远程监控系统主要由前端感知设备、数据传输网络、监控中心软件平台以及用户终端四大部分构成。前端感知设备，如摄像头、传感器等，负责采集畜牧业生产现场的各种数据和信息，如动物的行为状态、环境温湿度、空气质量等。数据传输网络则负责将这些数据和信息实时传输到监控中心软件平台，确保信息的准确性和时效性。监控中心软件平台作为系统的核心，负责数据的接收、处理、分析和存储，同时提供直观的操作界面，方便用户进行远程监控和管理。用户终端，如手机、电脑等，则让用户能够随时随地访问监控中心软件平台，查看畜牧业生产现场的情况。

### （二）远程监控系统的功能

远程监控系统的功能丰富多样，涵盖了畜牧业生产管理的多个方面。首先，它能够实现实时监控，让用户能够清晰地看到畜牧业生产现场的情况，包括动物的行为状态、饲养环境等，从而及时发现并处理潜在的问题。其次，系统还能够进行数据分析，通过对采集到的数据和信息进行深度挖掘和分析，为用户提供畜牧业生产管理的科学依据，如动物的生长周期、饲料利用率等。此外，远程监控系统还具有报警功能，当畜牧业生产现场出现异常情况时，如动物生病、环境温湿度异常等，系统能够自动触发报警，提醒用户及时采取措施，防止事态扩大。

### （三）远程监控系统在畜牧业生产中的应用

在畜牧业生产中，远程监控系统发挥了巨大的作用。一方面，它提高了畜牧业生产管理的效率。通过实时监控和数据分析，用户能够及时了解畜牧业生产现场的情况，做出更加科学、合理的决策，从而提高生产效率。另一方面，远程监控系统还降低了畜牧业生产的风险。通过报警功能和数据分析，用户能够及时发现并处理潜在的问题，避免损失的发生。此外，远程监控系统还能够实现畜牧业生产的智能化管理。通过预设的规则和算法，系统能够自动调整饲养环境、饲料配方等，为动物提供最佳的生长条件，从而提高生产效益。

### （四）远程监控系统的未来发展

虽然远程监控系统在畜牧业生产中已经取得了显著成效，但其未来发展仍有巨大的潜力。随着物联网技术、人工智能技术的不断发展，远程监控系统将更加智能化、自动化。例如，通过引入人工智能算法，系统能够自动识别动物的行为模式，预测动物的需求和健康状况，为畜牧业生产管理提供更加精准、个性化的服务。同时，随着5G等新一代通信技术的普及，远程监控系统的数据传输速度将更快、更稳定，为用户带来更加流畅、高效的远程监控体验。

远程监控系统作为畜牧业智能化技术的重要组成部分，正在逐步改变着传统畜牧业的生产管理方式。通过集成现代信息技术、物联网技术和数据分析技术，远程监控系统实现了对畜牧业生产过程的实时监控和高效管理，为畜牧业的可持续发展提供了有力支持。

## 三、图像识别技术

### （一）动物行为识别的智能化

图像识别技术在畜牧业中的一大重要应用是动物行为识别。通过高精度的图像捕捉与智能分析算法，系统能够实时监测并记录动物的各种行为模式，如进食、休息、运动、社交互动等。这些行为数据对于理解动物习性、优化养殖环境、提升动物福利具有重要意义。在动物行为识别过程中，图像识别技术利用深度学习算法对动物图像进行特征提取和模式匹配，实现对动物行为的精准分类。例如，通过监测动物的活动量和休息时间，可以评估其健康状况和活动规律，为制订科学的养殖计划提供依据。同时，对动物社交行为的识别有助于了解动物间的互动关系，预防因争斗或压力导致的健康问题。

### （二）疾病诊断的智能化

图像识别技术在畜牧业中的另一大应用是疾病诊断。通过捕捉动物的图像，系统能够自动识别并分析动物的体态、皮肤、眼睛、口腔等部位的异常变化，辅助兽医进行疾病诊断。这种智能化的诊断方式不仅提高了诊断的准确性和效率，还降低了人为判断的主观性和误差。在疾病诊断过程中，图像识别技术利用卷积神经网络等先进算法对动物图像进行深度学习训练，使其能够准确识别各种疾病的典型症状。例如，通过监测动物的体温、皮肤颜色和纹理变化，可以及时发现并预警可能的疾病风险，为兽医提供及时的干预和治疗建议。这种智能化的诊断方式有助于减少疾病传播，提高动物的整体健康水平。

### （三）提高生产效率的智能化管理

图像识别技术在畜牧业中的应用还体现在提高生产效率的智能化管理方面。通过实时监测动物的行为和健康状况，系统能够自动调整养殖环境，如温度、湿度、光照等，为动物提供最佳的生长条件。这种智能化的环境控制不仅提高了动物的生长速度和繁殖性能，还降低了养殖成本，提高了生产效率。同时，图像识别技术还可以用于动物的个体识别与跟踪管理。通过为每个动物建立独特的身份档案，系统能够实时监测动物的生长状况、健康状况和饲养记录，为精准养殖提供数据支持。这种精细化的管理方式有助于优化饲料配方、减少资源浪费，提高动物的养殖效益。

### （四）促进畜牧业智能化升级

图像识别技术在畜牧业中的应用不仅提高了生产效率和管理水平，还促进了畜牧业的智能化升级。通过智能化的养殖管理系统，畜牧业从业者可以实时掌握动物的生长情况、健康状况和市场动态，为制定科学的养殖计划和营销策略提供依据。这种智能化的管理方式有助于提升畜牧业的整体竞争力，推动畜牧业向更高效、更环保、更可持续的方向发展。此外，图像识别技术还可以与其他智能化技术相结合，如物联网、大数据、人工智能等，形成综合性的智能化养殖体系。通过多源数据的融合与分析，系统能够更全面地了解动物的生长环境和健康状况，为畜牧业的智能化管理提供更加精准和可靠的支持。

图像识别技术在畜牧业中的应用为动物行为识别、疾病诊断、生产效率提高以及畜牧业智能化升级提供了有力支持。这种智能化的管理方式不仅提高了畜牧业的生产效率和管理水平，还促进了畜牧业的可持续发展。

## 四、声音监测与分析

### （一）声音监测与分析技术的基本原理

声音监测与分析技术，作为畜牧业智能化技术的重要组成部分，其基本原理在于利用高灵敏度的声音采集设备，如麦克风阵列，捕捉动物发出的声音信号。这些声音信号经过数字化处理和特征提取，形成可分析的声音数据。进一步地，通过机器学习算法和深度学习模型，对这些声音数据进行模式识别和分类，以实现对动物情绪、健康状况等方面的监测和分析。声音监测与分析技术的核心在于声音特征的提取和识别。动物的叫声、呼吸声、脚步声等声音特征，都蕴含着丰富的信息。通过科学的分析手段，可以揭示这些声音特征与动物生理状态、行为模式之间的关联，从而为畜牧业生产提供有价值的参考。

### （二）声音识别动物情绪的应用

声音监测与分析技术在识别动物情绪方面展现出巨大潜力。动物的叫声是其情绪状态的重要体现。例如，牛、羊等家畜在饥饿、口渴或受到惊吓时，会发出特定的叫声。通过声音监测技术，实时捕捉这些叫声，并经过算法分析，识别出动物的情绪状态。

在实际应用中，声音识别动物情绪的技术可以用于优化饲养管理。当动物处于焦虑、不安等负面情绪状态时，养殖者可以及时调整饲养环境，如增加饲料、改善通风条件等，以缓解动物的压力，提高生产效率和动物福利。此外，该技术还可以用于动物行为学研究，为动物保护和福利提供科学依据。

### （三）声音监测动物健康状况的优势

声音监测与分析技术在监测动物健康状况方面同样具有显著优势。动物的呼吸声、咳嗽声等声音特征，往往能够反映出其呼吸系统和消化系统的健康状况。通过声音监测技术，实时捕捉这些声音特征，并经过算法分析，判断动物是否存在呼吸道疾病、消化道问题等健康问题。与传统的健康监测方法相比，声音监测与分析技术具有非接触、实时监测、易于操作等优点。它不需要对动物进行侵入性检查，避免了因检查过程中动物应激反应对结果的影响。同时，声音监测与分析技术可以实现对动物健康状况的持续监测，及时发现并处理潜在的健康问题，降低了疾病传播的风险，提高了动物生产效率和产品质量。

### （四）声音监测与分析技术在畜牧业智能化中的价值

声音监测与分析技术在畜牧业智能化中发挥着重要作用。它不仅能够实现对动物情绪、健康状况的实时监测和分析，还能够为畜牧业生产提供科学的决策支持。通过声音监测技术，养殖者可以更加精准地掌握动物的生理状态和行为模式，优化饲养管理策略，提高生产效率。此外，声音监测与分析技术还可以与其他智能化技术相结合，如图像识别、物联网技术等，共同构建畜牧业智能化管理系统。这些技术的融合应用，将进一步提升畜牧业生产的智能化水平，推动畜牧业向更加高效、环保、可持续的方向发展。

声音监测与分析技术在畜牧业中的应用前景广阔。通过不断的技术创新和优化，相信未来声音监测技术将在畜牧业智能化中发挥更加重要的作用，为畜牧业生产带来更加显著的效益。

## 五、智能报警系统

在畜牧业智能化技术的快速发展中，智能报警系统作为关键的一环，正逐渐展现出其在畜牧业生产过程中的巨大价值。这一系统通过集成传感器技术、数据分析技术和通信技术，实现了对畜牧业生产现场异常情况的及时发现和报警，为畜牧业的可持续发展提供了有力的技术保障。

### （一）智能报警系统的原理

智能报警系统的核心在于其强大的数据处理和判断能力。系统通过安装在畜牧业生产现场的各种传感器，如温度传感器、湿度传感器、光照传感器、声音传感器等，实时采集生产现场的各种数据。这些数据经过预处理后，被送入系统内部的数据分析模块。数据分析模块采用先进的算法，对数据进行深度挖掘和分析，以识别出生产现场可能存在的异常情况。一旦识别出异常情况，系统便通过通信模块，将报警信息发送至预设的用户终端，如手机、电脑等，以实现及时报警。

## （二）智能报警系统的功能

智能报警系统的功能多样且实用，主要涵盖了以下几个方面。首先，系统具有实时监控功能，能够实时采集并展示畜牧业生产现场的各种数据，如温度、湿度、光照等，让用户能够直观地了解生产现场的情况。其次，系统具有异常检测功能，能够通过对数据的深度分析，识别出生产现场可能存在的异常情况，如动物生病、设备故障等。此外，系统还具有报警通知功能，一旦识别出异常情况，便能够立即将报警信息发送至用户终端，提醒用户及时采取措施。同时，系统还能够记录报警历史，方便用户后续查询和分析。

## （三）智能报警系统在畜牧业中的应用

在畜牧业中，智能报警系统的应用广泛且深入。一方面，系统能够实现对畜牧业生产现场的实时监控，让用户能够随时掌握生产现场的情况，提高生产管理的效率。另一方面，系统能够及时发现并报警异常情况，如动物生病、环境温湿度异常等，从而避免潜在的风险和损失。例如，在养殖场中，智能报警系统能够实时监测动物的体温、行为等，一旦发现动物生病或行为异常，便能够立即报警，提醒养殖人员及时采取措施，防止病情扩散。此外，系统还能够监测养殖场的环境温湿度、空气质量等，一旦发现环境异常，便能够立即报警，提醒养殖人员调整环境参数，确保动物的健康成长。

## （四）智能报警系统的优势与意义

智能报警系统的应用，在畜牧业中具有显著的优势和意义。首先，系统提高了畜牧业生产管理的效率和准确性。通过实时监控和异常检测，系统能够及时发现并报警异常情况，避免了传统人工监控的滞后性和不准确性。其次，系统降低了畜牧业生产的风险和成本。通过及时发现并处理异常情况，系统能够避免潜在的风险和损失，从而降低生产成本。最后，系统还能够提高畜牧业生产的质量和效益。通过优化生产环境和饲养管理，系统能够提高动物的生长速度和健康状况，从而提高生产效益。

智能报警系统作为畜牧业智能化技术的重要组成部分，正在逐步改变着传统畜牧业的生产管理方式。通过集成传感器技术、数据分析技术和通信技术，智能报警系统实现了对畜牧业生产现场异常情况的及时发现和报警，为畜牧业的可持续发展提供了有力的技术保障。

## 第二节 精准养殖技术

### 一、精准饲养管理

#### （一）精准饲养管理的核心理念

精准饲养管理作为畜牧业智能化技术的重要组成部分，其核心理念在于根据动物的生长阶段、健康状况、品种特性以及环境条件等因素，科学、合理地调整饲养策略，以实现资源的最大化利用和动物生产性能的最优化。这一理念强调对动物个体或群体的精细化管理，旨在通过精确的数据分析和智能决策，提升畜牧业的生产效率和产品质量。

#### （二）基于生长阶段的饲养策略调整

动物的生长阶段是影响其饲养需求的关键因素。在幼龄期，动物需要更多的蛋白质、矿物质和维生素等营养物质来支持其快速生长和发育；而在成年期，则更注重维持其体况和繁殖性能。精准饲养管理通过实时监测动物的体重、体尺等指标，结合其生长曲线和营养需求模型，能够自动调整饲料配方和投喂量，确保动物在不同生长阶段获得最适宜的营养供给。

#### （三）基于健康状况的饲养策略调整

动物的健康状况直接影响其生产性能和饲料转化率。精准饲养管理通过集成物联网传感器、图像识别等智能化技术，实时监测动物的体温、活动量、食欲等健康指标，及时发现并预警潜在的疾病风险。一旦检测到异常，系统能够自动调整饲养环境，如温度、湿度、通风等，并推荐相应的治疗措施或饲料调整方案，以降低疾病发生率，提高动物的健康水平和生产性能。

#### （四）结合品种特性和环境条件的饲养优化

不同品种的动物具有不同的生理特性和生产性能，同时，环境条件如季节、气候、地理位置等也会对动物的饲养需求产生影响。精准饲养管理通过收集和分析大量数据，建立动物品种特性和环境条件的数据库，能够根据具体情况为不同品种的动物制定个性化的饲养策略。例如，在寒冷季节，系统可以自动增加饲料的能量密度，以提高动物的抗寒能力和生产性能；在炎热季节，则可以通过调整饲料成分和投喂时间，降低动物的热应激反应。此外，精准饲养管理还强调对饲养过程的持续监测和优化。通过智能化的管理系统，可以实时记录和分析动物的饲养数据，如饲料消耗量、饮水量、生长速度等，为后续的饲养策略调整提供科学依据。同时，系统还能够自动计算饲料转化率、成本效益等经济指标，帮助畜牧业从业者做出更加明智的经营决策。

精准饲养管理通过集成智能化技术，实现了对动物生长阶段、健康状况、品种特性和环境条件等因素的精准识别和精细化管理，为畜牧业的高效、可持续发展提供了有力支持。这一理念和实践不仅提升了畜牧业的生产效率和产品质量，还促进了资源的节约和环境的保护，是畜牧业智能化技术发展的重要方向。

## 二、智能繁殖技术

### （一）智能繁殖技术的概述

智能繁殖技术是现代畜牧业中的一项重要创新，它结合了物联网、大数据、人工智能等先进技术，旨在提高动物的繁殖效率、优化繁殖管理，并减少人为干预的误差。通过实时监测动物的发情状况、精准控制配种时机以及采用高效的人工授精技术，智能繁殖技术为畜牧业带来了革命性的变革。

### （二）发情监测技术的智能化应用

发情监测是动物繁殖过程中的关键环节，直接关系到配种的成功率和繁殖效率。传统的发情监测方法主要依赖人工观察，但这种方法存在诸多不足，如观察不准确、易漏判误判等。而智能发情监测技术则通过安装智能传感器或佩戴智能设备，如智能项圈，实时监测动物的生理和行为特征，从而准确判断其发情状态。

智能项圈等设备通常内置加速度传感器、温度传感器等，能够实时监测动物的活动量、体温等参数。当动物进入发情期时，其活动量、体温等会发生显著变化，智能设备能够捕捉到这些变化，并通过算法分析，准确判断动物是否发情。同时，智能设备还能够将监测数据实时上传至云端服务器，养殖者可以通过手机或电脑远程查看动物的发情状况，及时采取配种措施。

### （三）人工授精技术的智能化升级

人工授精是提高动物繁殖效率的重要手段之一。传统的人工授精方法需要人工采集精液、处理精液并手动注入动物体内，操作烦琐且易出错。而智能化的人工授精技术则通过引入自动化设备、机器人等，实现了精液采集、处理、储存和输精的全程自动化。

智能化的人工授精系统通常包括精液采集装置、精液处理设备、自动输精装置等。精液采集装置能够自动采集公畜的精液，并将其送入精液处理设备进行处理。精液处理设备则能够自动对精液进行稀释、离心、过滤等操作，以提高精液的品质和授精成功率。自动输精装置则能够根据动物的发情状况，自动选择合适的输精时机和部位，将精液精准注入动物体内。

### （四）智能繁殖技术对畜牧业生产效率的提升

智能繁殖技术的应用，显著提高了畜牧业的繁殖效率。一方面，通过智能发情监测技术，养殖者能够准确判断动物的发情状态，及时采取配种措施，避免了因发情判断不准确而导致的配种失败和空怀现象。另一方面，通过智能化的人工授精技术，养殖者能够实现精液的精准采集、处理和输精，提高了授精成功率和繁殖效率。此外，智能繁殖技术还能够降低畜牧业的生产成本。传统的繁殖方法需要大量的人工劳动和时间投入，而智能繁殖技术则能够减少人工干预，降低劳动强度和时间成本。同时，通过智能化管理，养殖者能够实现对动物繁殖过程的全程监控和优化，进一步提高生产效率和产品质量。

智能繁殖技术在畜牧业中的应用具有广泛的前景和深远的意义。它不仅能够提高动物的繁殖效率、优化繁殖管理，还能够降低生产成本、提高产品质量。随着技术的不断进步和创新，相信智能繁殖技术将在畜牧业中发挥更加重要的作用，为畜牧业的可持续发展注入新的动力。

## 三、环境精准调控

在畜牧业智能化技术的发展进程中，环境精准调控技术作为关键的一环，正逐渐展现出其在优化动物生长环境、提高生产效率方面的巨大潜力。这一技术通过集成传感器、智能控制设备和数据分析算法，实现了对畜牧业生产现场环境因素的实时监测和精准调节，为动物的健康成长提供了更加适宜的条件。

## （一）环境精准调控的原理

环境精准调控的核心在于其强大的数据收集、分析和处理能力。首先，通过安装在畜牧业生产现场的各类传感器，如温度传感器、湿度传感器、光照传感器等，系统能够实时采集生产现场的环境数据。这些数据经过预处理后，被送入数据分析模块，进行深度挖掘和分析。数据分析模块采用先进的算法，根据动物的生长需求和环境的实际情况，计算出最优的环境参数范围。随后，智能控制设备根据数据分析模块的结果，自动调节生产现场的环境因素，如温度、湿度、光照等，使其保持在最优范围内，从而优化动物的生长环境。

## （二）环境精准调控的方法

环境精准调控的方法多样且灵活，主要涵盖了以下几个方面。一是温度调控，通过智能温控设备，如加热器、制冷器和通风设备等，根据动物的生长需求和环境温度的实际情况，自动调节生产现场的温度，确保动物处于适宜的温度环境中。二是湿度调控，通过智能湿度控制设备，如加湿器、除湿器等，根据环境湿度的监测结果，自动调节生产现场的湿度，保持动物生长所需的适宜湿度水平。三是光照调控，通过智能光照系统，如 LED 灯、光周期控制器等，根据动物的光照需求和日照时间的实际情况，自动调节生产现场的光照强度和光照时间，为动物提供适宜的光照环境。

## （三）环境精准调控在畜牧业中的应用

在畜牧业中，环境精准调控技术的应用广泛且深入。一方面，通过实时监测和调节生产现场的环境因素，环境精准调控技术能够为动物提供更加适宜的生长环境，提高动物的生长速度和健康状况，从而提高生产效率。例如，在养猪场中，通过智能温控设备调节猪舍的温度，可以确保猪只在适宜的温度环境中生长，减少疾病的发生，提高生长效率。另一方面，环境精准调控技术还能够降低生产成本，提高资源利用效率。通过精准调节环境因素，可以避免不必要的能源浪费，降低生产成本。同时，通过优化动物生长环境，可以提高饲料的利用率，减少饲料浪费，进一步提高资源利用效率。

## （四）环境精准调控的意义

环境精准调控技术的应用，对于畜牧业的可持续发展具有重要意义。首先，通过优化动物生长环境，环境精准调控技术能够提高生产效率，增加畜牧业的经济效益。其次，通过降低生产成本和提高资源利用效率，环境精准调控技术能够降低畜牧业的能耗和排放，减少对环境的影响，实现绿色、环保的畜牧业生产。最后，环境精准调控技术还能够提高动物福利，通过为动物提供更加适宜的生长环境，减少动物的应激反应和疾病发生，提高动物的生存质量和幸福感。

环境精准调控技术作为畜牧业智能化技术的重要组成部分，正在逐步改变着传统畜牧业的生产管理方式。通过实时监测和精准调节环境因素，环境精准调控技术为动物的健康成长提供了更加适宜的条件，提高了生产效率，降低了生产成本，实现了绿色、环保的畜牧业生产。

## 四、疾病精准防控

### （一）大数据技术在疾病预测中的应用

在畜牧业中，疾病的防控是至关重要的环节。传统的疾病防控方法往往依赖于兽医的经验和现场观察，这种方法不仅耗时耗力，而且难以做到精准预测和及时响应。随着大数据技术的不断发展，其在畜牧业疾病预测中的应用逐渐显现出其独特的优势。

大数据技术能够收集和分析海量的动物健康数据、饲养环境数据以及市场流通数据等，通过深度学习、机器学习等算法，揭示出隐藏在数据背后的疾病发生规律和趋势。例如，通过分析动物的体温、食欲、活动量等生理指标，以及饲养环境的温度、湿度、空气质量等参数，大数据技术可以预测出某种疾病暴发的可能性，为养殖人员提供及时的预警信息。此外，大数据技术还可以结合历史疾病数据和季节性因素，构建疾病预测模型，进一步提高预测的准确性和可靠性。这种基于大数据的疾病预测方法，不仅能够提前发现潜在的疾病风险，还能够为制定针对性的防控措施提供科学依据，从而降低疾病的发生率和传播范围。

### （二）人工智能技术在疾病诊断中的应用

人工智能技术在畜牧业疾病诊断中也发挥着重要作用。通过图像识别、自然语言处理等技术，人工智能可以对动物的生理指标、行为特征以及饲养环境等进行实时监测和分析，辅助兽医进行疾病诊断。例如，利用图像识别技术，人工智能可以对动物的皮肤、眼睛、口腔等部位进行细致观察，发现可能的病变或异常症状。同时，结合自然语言处理技术，人工智能还可以对养殖人员的描述和兽医的诊断记录进行语义分析，提取出关键信息，为疾病诊断提供更加全面的支持。

人工智能技术还可以根据疾病的临床表现和病理特征，构建疾病诊断模型，实现疾病的自动化识别和分类。这种基于人工智能的疾病诊断方法，不仅能够提高诊断的准确性和效率，还能够减轻兽医的工作负担，提升整体医疗服务水平。

### （三）智能化技术在疾病防控措施制定中的应用

在畜牧业中，制定科学、合理的疾病防控措施是降低疾病发生率的关键。智能化技术可以根据大数据和人工智能技术的预测和诊断结果，为养殖人员提供个性化的防控建议。例如，当系统预测到某种疾病可能暴发时，智能化技术可以自动推荐相应的预防措施，如加强饲养管理、调整饲料配方、改善饲养环境等。同时，根据疾病的传播方式和特点，智能化技术还可以制订针对性的隔离、消毒和疫苗接种计划，以防止疾病的扩散和蔓延。

此外，智能化技术还可以对防控措施的执行情况进行实时监测和评估，根据实际效果进行动态调整和优化。这种基于智能化技术的疾病防控措施制定方法，不仅能够提高防控的针对性和有效性，还能够降低防控成本，提升整体经济效益。

### （四）畜牧业智能化技术在疾病精准防控中的综合应用

畜牧业智能化技术在疾病精准防控中的综合应用，是提升畜牧业生产效率和产品质量的重要手段。通过大数据技术和人工智能技术的融合应用，可以实现疾病的精准预测、快速诊断和有效防控，为畜牧业的可持续发展提供有力保障。在具体实践中，畜牧业智能化技术可以构建一体化的疾病防控系统，实现数据的实时采集、传输和处理，以及防控措施的智能化制定和执行。这种系统不仅能够提高疾病防控的效率和准确性，还能够降低人为因素的干扰和误差，提升整体防控水平。

畜牧业智能化技术在疾病精准防控中的应用具有广阔的前景和重要的意义。通过大数据技术和人工智能技术的不断发展和创新，可以进一步提升畜牧业的疾病防控能力，为畜牧业的健康、稳定和可持续发展做出更大的贡献。

## 五、精准营养管理

### （一）精准营养管理的概念

精准营养管理是一种基于动物营养需求、饲料成分以及生理状态等多因素综合考虑的饲养管理方法。它旨在通过科学的数据分析和个性化的饲养方案，确保动物获得最适宜的营养供给，从而提高其生产性能、健康水平和经济效益。在畜牧业智能化技术的推动下，精准营养管理已成为现代畜牧业不可或缺的一部分。

### （二）动物营养需求的精准评估

动物营养需求的精准评估是精准营养管理的基础。这需要对动物的生理状态、生长阶段、生产性能以及环境因素等进行全面考虑。例如，不同生长阶段的动物对蛋白质、能量、矿物质和维生素等营养素的需求存在显著差异。同时，环境因素如温度、湿度和光照等也会影响动物的营养需求。

为了实现精准评估，畜牧业智能化技术提供了多种手段。通过安装智能传感器和监测设备，可以实时监测动物的生理参数（如体温、心率、活动量等）和环境参数（如温度、湿度等）。这些数据结合动物的品种、年龄、性别等信息，通过算法分析，可以得出动物当前的营养需求。

### （三）饲料成分的精准分析

饲料成分的精准分析是精准营养管理的关键环节。饲料的营养成分直接影响动物的营养摄入和生产性能。因此，需要对饲料进行全面的营养成分分析，包括蛋白质、能量、矿物质、维生素等。智能化技术为饲料成分的精准分析提供了有力支持。通过光谱分析、近红外分析等先进技术，可以快速准确地检测饲料中的营养成分。同时，建立饲料营养成分数据库，可以实现对饲料成分的长期跟踪和监测。这些数据为制定个性化的饲养方案提供了科学依据。

### （四）个性化饲养方案的制定与实施

基于动物营养需求的精准评估和饲料成分的精准分析，可以制定个性化的饲养方案。个性化饲养方案是指根据动物的实际情况，为其量身定制的营养供给计划。这包括饲料的种类、配比、喂养时间、喂养量等多个方面。在制定个性化饲养方案时，需要综合考虑动物的营养需求、饲料成分、生产成本以及环境因素等多个因素。通过智能化技术，实现对这些因素的实时监测和动态调整。例如，通过智能喂养系统，根据动物的营养需求和饲料成分，自动调整饲料的配比和喂养量。

在实施个性化饲养方案时，还需要注意对动物的健康状况进行实时监测。通过安装智能健康监测设备，及时发现动物的健康问题，并采取相应的治疗措施。同时，通过数据分析，预测动物可能出现的健康问题，提前进行预防。

精准营养管理是一种基于智能化技术的饲养管理方法。它通过精准评估动物的营养需求和饲料成分，制定个性化的饲养方案，确保动物获得最适宜的营养供给。这不仅提高了动物的生产性能和健康水平，还降低了生产成本，提高了经济效益。随着智能化技术的不断发展，精准营养管理将在畜牧业中发挥更加重要的作用。

# 第三节　自动化管理技术

## 一、自动化喂料系统

在畜牧业智能化技术日益发展的今天，自动化喂料系统作为其中的关键组成部分，正逐渐改变着传统畜牧业的生产方式。这一系统通过集成先进的传感器技术、智能控制技术和机械传动技术，实现了饲料的自动投放和精准管理，极大地提高了畜牧业的生产效率和资源利用率。

### （一）自动化喂料系统的原理

自动化喂料系统的核心在于其智能化的控制和精准的喂料机制。系统通常由喂料机构、传动机构、输料管道、电控系统和传感器等关键部分组成。喂料机构负责将饲料均匀地输送到预设的位置，而传动机构则负责控制喂料机构的运转。输料管道作为饲料的传输通道，确保饲料能够顺利到达喂料机构。电控系统是整个设备的"大脑"，负责整个系统的控制和协调。传感器则用于实时监测饲料的投放量和动物的采食情况，为电控系统提供反馈，以便进行精准调整。

在具体的工作原理上，自动化喂料系统通过电控系统控制传动机构，带动喂料机构按照预设的程序进行运转。同时，传感器实时监测饲料的投放量和动物的采食情况，并将数据反馈给电控系统。电控系统根据这些数据，对喂料机构进行精准调整，确保饲料的投放量能够满足动物的实际需求，同时避免浪费和过度投喂。

### （二）自动化喂料系统的优势

自动化喂料系统的应用为畜牧业带来了诸多优势。首先，它显著提高了喂料效率。传统的人工喂料方式需要耗费大量的人力和时间，而且往往存在投喂不均匀、浪费严重等问题。而自动化喂料系统则能够实现定时、定量、精准的投喂，大大提高了喂料效率，降低了人力成本。其次，自动化喂料系统能够减少人力成本。在传统的畜牧业生产方式中，饲养员需要花费大量的时间和精力进行喂料工作。而自动化喂料系统的应用，则能够大大减少饲养员的工作量，降低人力成本。再次，由于系统能够精准控制饲料的投放量，因此避免了浪费和过度投喂，进一步降低了饲料成本。最后，自动化喂料系统还具有精准投喂、提高饲料利用率、改善动物生长环境等多重优势。通过精准控制饲料的投放量和投喂时间，系统能够确保动物获得充足的营养，同时避免浪费和过度投喂。这不仅提高了饲料的利用率，还改善了动物的生长环境，促进了动物的健康成长。

### （三）自动化喂料系统的应用效果

自动化喂料系统的应用效果显著。一方面，它大大提高了畜牧业的生产效率。通过精准投喂和定时定量管理，系统能够确保动物获得充足的营养和适宜的生长环境，从而促进动物的健康成长和快速增重。这不仅提高了畜牧业的经济效益，还为消费者提供了更加优质、安全的畜产品。另一方面，自动化喂料系统的应用还促进了畜牧业的可持续发展。通过减少人力成本、提高饲料利用率和改善动物生长环境等措施，系统能够降低畜牧业的生产成本和环境负担，实现绿色、环保的畜牧业生产。这对于保护生态环境、促进畜牧业可持续发展具有重要意义。

自动化喂料系统作为畜牧业智能化技术的重要组成部分，具有显著的优势和应用效果。通过精准投喂、定时定量管理、减少人力成本和提高饲料利用率等措施，系统能够大大提高畜牧业的生产效率和资源利用率，促进畜牧业的可持续发展。随着技术的不断进步和应用的不断推广，相信自动化喂料系统将在畜牧业中发挥更加重要的作用。

## 二、自动化清粪系统

### （一）自动化清粪系统的基本功能

自动化清粪系统是畜牧业智能化技术的重要组成部分，其核心功能在于实现养殖环境的自动化清洁，从而减轻人工劳动强度，提高生产效率。该系统通过集成传感器、控制器和执行器等智能化设备，能够实时监测养殖环境中的粪便堆积情况，并自动启动清粪程序，将粪便及时清理出养殖区域。自动化清粪系统通常包括粪便收集、传输、处理和排放等多个环节。在粪便收集阶段，系统利用传感器和图像识别技术，能够精准定位粪便的位置和数量，确保清粪的准确性和高效性。随后，通过传输装置，将粪便输送到指定的处理区域。在处理阶段，系统可以采用生物发酵、干燥脱水等技术，将粪便转化为有机肥料或无害化处理物，实现资源的循环利用。最后，通过排放装置，将处理后的物质安全排放到外界环境，避免对养殖环境造成二次污染。

### （二）保持养殖环境清洁的重要性

保持养殖环境的清洁是畜牧业生产中的关键环节。一个干净、整洁的养殖环境不仅能够提高动物的生产性能，还能够降低疾病传播的风险，保障动物的健康生长。自动化清粪系统的应用，正是为了实现这一目标而设计的。一方面，自动化清粪系统能够定期、及时地清理养殖环境中的粪便，减少粪便堆积和发酵产生的有害气体和微生物，从而改善养殖环境的空气质量，降低动物呼吸道疾病的发生率。另一方面，清洁的养殖环境还能够减少寄生虫和病原体的滋生，降低动物感染疾病的风险。此外，自动化清粪系统还能够减少人工清理粪便的频率和时间，降低人工劳动强度，提高生产效率。

### （三）减少疾病传播风险的效果

自动化清粪系统在减少疾病传播风险方面发挥着重要作用。通过及时清理粪便，系统能够减少病原体在养殖环境中的存活和传播机会，从而降低动物感染疾病的风险。同时，清洁的养殖环境还能够提高动物的免疫力和抵抗力，使其更加健康、强壮。此外，自动化清粪系统还能够减少养殖环境中的异味和污染物，提高养殖环境的整体卫生水平。这不仅有利于动物的健康生长，还能够提高养殖产品的质量和安全性，满足消费者对高品质、健康养殖产品的需求。

### （四）自动化清粪系统的智能化升级

随着畜牧业智能化技术的不断发展，自动化清粪系统也在不断进行智能化升级。例如，通过集成物联网技术，系统能够实现远程监控和智能调度，提高清粪的效率和准确性。同时，利用大数据和人工智能技术，系统还能够对养殖环境中的粪便堆积情况进行预测和分析，提前制订清粪计划，避免粪便堆积过多对养殖环境造成不良影响。此外，自动化清粪系统还可以与其他智能化设备相结合，如智能喂料系统、智能环境控制系统等，共同构建一个智能化的养殖环境。这种综合性的智能化养殖系统不仅能够提高生产效率，还能够降低养殖成本，提高养殖产品的质量和安全性，为畜牧业的可持续发展提供有力支持。

自动化清粪系统在畜牧业中的应用具有重要意义。通过保持养殖环境的清洁和减少疾病传播风险，系统能够提高动物的生产性能和健康水平，满足消费者对高品质、健康养殖产品的需求。同时，随着智能化技术的不断发展，自动化清粪系统也在不断进行升级和完善，为畜牧业的智能化发展提供了有力支撑。

## 三、自动化饮水系统

### （一）自动化饮水系统的基本原理

自动化饮水系统是畜牧业智能化技术的重要组成部分，其设计初衷在于为动物提供安全、清洁、便捷的饮水环境，同时提高饮水效率，降低管理成本。该系统通过集成传感器、控制器、执行器等智能化组件，实现对饮水过程的自动化监控与调节。自动化饮水系统的核心在于智能感知与精准控制。传感器负责监测水质、水量以及动物的饮水行为，如水温、pH值、电导率、动物接近饮水区的频率等。控制器则根据传感器采集的数据，通过预设算法进行分析判断，并指令执行器执行相应的操作，如开启或关闭水源、调节水温、净化水质等。

### （二）确保动物饮水安全的机制

自动化饮水系统在确保动物饮水安全方面发挥着关键作用。一方面，系统通过实时监测水质参数，如pH值、电导率、溶解氧等，能够及时发现水质异常，如污染、酸化或碱化等，从而及时采取措施进行净化或更换水源，防止动物因饮用不洁水源而生病。另一方面，系统采用智能控制策略，能够定时对饮水设备进行清洗和消毒，有效杀灭细菌、病毒等微生物，保持饮水设备的清洁卫生。同时，系统还能够根据动物种类、生长阶段及天气条件等因素，自动调节水温，确保动物在寒冷季节也能喝到适宜温度的饮水，避免因水温过低导致的应激反应或消化系统疾病。

### （三）提高饮水效率的具体表现

自动化饮水系统在提高饮水效率方面也展现出显著优势。系统通过精准控制饮水量和饮水时间，避免了传统饮水方式中水资源的浪费。例如，系统可以根据动物的饮水需求和饮水习惯，自动调整饮水设备的出水量和出水速度，确保动物在需要时能够迅速获得足够的水分，而在不需要时则减少不必要的出水，从而降低水资源的浪费。此外，自动化饮水系统还能够通过智能分析动物的饮水行为，预测其饮水需求，并提前进行准备，如提前开启水源、调节水温等，从而提高饮水服务的响应速度和准确性。这种智能化的饮水管理方式，不仅提高了动物的饮水效率，还减少了人工干预，降低了管理成本。

### （四）自动化饮水系统的综合效益

自动化饮水系统的应用，为畜牧业带来了显著的综合效益。在经济效益方面，系统通过提高饮水效率、降低水资源浪费和减少人工干预，有效降低了生产成本，提高了生产效益。在动物福利方面，系统确保了动物饮水的安全、清洁和便捷，提高了动物的健康水平和生产性能。在环境保护方面，系统通过减少水资源浪费和污染排放，有助于实现畜牧业的可持续发展。

自动化饮水系统作为畜牧业智能化技术的重要组成部分，其在确保动物饮水安全、提高饮水效率以及带来综合效益方面发挥着不可替代的作用。随着智能化技术的不断发展，自动化饮水系统将在畜牧业中发挥更加重要的作用，为畜牧业的转型升级和高质量发展提供有力支撑。

## 四、自动化设备维护

在畜牧业智能化技术广泛应用的背景下，自动化设备的稳定运行成为确保生产效率和动物福利的关键。自动化设备的维护不仅是保障设备正常工作的基础，更是延长设备使用寿命、减少故障率、提高生产效率的重要手段。

### （一）定期检查与预防性维护

定期检查是自动化设备维护的基石。通过定期对设备进行全面检查，及时发现并处理潜在的故障隐患，避免小问题演变成大问题，影响生产。检查内容应包括设备的电气系统、机械部件、传感器、控制系统等关键部位，确保各部分连接紧密、运行正常。

预防性维护是基于设备使用经验和故障数据，对设备进行预见性的维护措施。例如，根据设备的使用频率和运行时长，制定合理的维护周期，定期对设备进行清洁、润滑、紧固等保养工作。这不仅可以减少设备故障的发生，还能延长设备的使用寿命。

### （二）专业维护人员的培训与技能提升

自动化设备通常集成了先进的电子技术和复杂的机械结构，因此，维护人员需要具备一定的专业知识和技能。企业应定期对维护人员进行专业培训，提高他们的维护技能和对设备的了解程度。同时，鼓励维护人员学习新技术、新方法，以适应设备更新换代的需要。

### （三）建立完善的维护管理制度

建立完善的维护管理制度是确保自动化设备维护质量的关键。制度应明确维护人员的职责、维护流程、维护标准等内容，确保维护工作有章可循、有据可查。此外，还应建立设备维护档案，记录设备的维护历史、故障处理情况等，为设备的后续维护提供参考。

### （四）应急处理与故障排查

尽管预防措施可以减少设备故障的发生，但设备故障仍难以完全避免。因此，建立完善的应急处理机制至关重要。当设备发生故障时，维护人员应迅速响应，按照应急预案进行故障排查和处理。同时，应定期对故障进行复盘分析，总结经验教训，优化维护策略和应急预案。在故障排查过程中，维护人员应充分利用设备自带的故障诊断系统或外部诊断工具，快速定位故障点。对于复杂故障，应组织专业团队进行会诊，确保故障得到彻底解决。此外，维护人员还应关注设备的运行状态和性能变化，及时发现并处理设备的性能衰退问题。例如，对于传感器等易损件，应根据其使用寿命和性能变化情况进行及时更换，以确保设备的精度和可靠性。

自动化设备的维护是确保畜牧业智能化技术稳定运行的关键。通过定期检查与预防性维护、专业维护人员的培训与技能提升、建立完善的维护管理制度以及应急处理与故障排查等措施，可以确保自动化设备始终处于良好的运行状态，为畜牧业生产提供有力保障。企业应高度重视自动化设备的维护工作，将其纳入日常生产管理的重要议程，以推动畜牧业的智能化转型和可持续发展。

## 五、自动化管理系统集成

### （一）自动化管理系统集成的原理

自动化管理系统集成是畜牧业智能化技术的核心之一，其原理在于将多个独立的自动化设备和系统通过先进的信息技术手段进行集成和整合，形成一个全面、高效、协同的自动化管理体系。这一体系能够实现对畜牧业生产过程的全面监控、精准控制和智能管理，从而提高生产效率、降低运营成本、保障产品质量。

在自动化管理系统集成的过程中，首先需要对畜牧业生产过程中的各个环节进行深入分析，明确各个环节的自动化需求和业务流程。然后，根据这些需求和流程，选择适合的自动化设备和系统，如自动化喂养系统、自动化清粪系统、环境监测系统等，并进行优化配置和布局。接着，利用物联网、大数据、云计算等信息技术手段，将这些设备和系统进行集成和整合，实现数据的实时采集、传输、处理和分析，以及对设备和系统的远程监控和智能控制。

### （二）实现全面自动化管理的优势

自动化管理系统集成在畜牧业中的应用，实现了对生产过程的全面自动化管理，带来了诸多优势。一方面，全面自动化管理提高了生产效率。通过自动化设备和系统的集成应用，畜牧业生产过程中的各项任务可以实现自动化执行和智能控制，减少了人工干预和劳动强度，提高了生产效率。同时，自动化管理系统还能够对生产过程进行实时监测和数据分析，及时发现和解决生产中的问题，确保生产过程的稳定性和连续性。另一方面，全面自动化管理降低了运营成本。通过自动化设备和系统的集成应用，畜牧业企业可以减少对人力资源的依赖，降低人工成本。同时，自动化管理系统还能够对设备和系统进行智能调度和优化配置，提高设备和系统的利用率和运行效率，降低能源消耗和维修成本。

此外，全面自动化管理还提高了产品质量。通过自动化管理系统对生产过程的全面监控和精准控制，可以确保产品生产的规范性和一致性，提高产品质量和安全性。同时，自动化管理系统还能够对产品质量进行实时监测和数据分析，及时发现和解决质量问题，保障产品质量的稳定性和可靠性。

### （三）自动化管理系统集成的技术支撑

自动化管理系统集成的实现离不开先进的信息技术支撑。物联网技术、大数据技术、云计算技术等先进技术的应用，为自动化管理系统集成提供了强大的技术支持。物联网技术能够实现设备和系统之间的互联互通，实现数据的实时采集和传输。大数据技术能够对海量数据进行处理和分析，挖掘出数据背后的规律和趋势。云计算技术能够提供强大的计算和存储能力，支持自动化管理系统的高效运行和智能决策。这些先进技术的应用，使得自动化管理系统集成能够实现对畜牧业生产过程的全面监控、精准控制和智能管理，为畜牧业的智能化发展提供了有力支撑。

### （四）自动化管理系统集成的未来发展

虽然本书不讨论未来趋势，但可以简要提及自动化管理系统集成在畜牧业中的未来发展前景。随着畜牧业智能化技术的不断发展和完善，自动化管理系统集成将不断向更高层次、更广领域拓展。未来，自动化管理系统集成将更加注重系统的智能化和自主化，实现更加精准、高效、协同的自动化管理。同时，自动化管理系统集成还将与其他智能化技术相结合，如人工智能、区块链等，共同推动畜牧业的智能化升级和可持续发展。

自动化管理系统集成在畜牧业中的应用具有重要意义。通过实现全面自动化管理，提高了生产效率、降低了运营成本、保障了产品质量，为畜牧业的智能化发展提供了有力支撑。未来，随着技术的不断进步和应用领域的不断拓展，自动化管理系统集成将在畜牧业中发挥更加重要的作用。

## 第四节　物联网应用

### 一、物联网技术在畜牧业中的应用

#### （一）物联网技术在动物追踪中的应用

物联网技术在畜牧业中的一个重要应用是动物追踪。通过在动物身上安装射频识别（RFID）标签、智能项圈或生物芯片等物联网设备，可以实现对动物的实时追踪和精准管理。这些设备能够记录动物的活动轨迹、健康状况以及繁殖状态等关键信息，为畜牧业者提供了重要的数据支持。在动物追踪方面，RFID 技术发挥了关键作用。RFID 标签能够存储动物的唯一标识信息，并通过无线方式与阅读器进行通信。当动物进入阅读器的有效范围时，阅读器会自动读取标签信息，并将其上传至云端服务器。这样，畜牧业者就可以通过手机或电脑等设备，随时查看动物的实时位置和相关信息。

智能项圈则集成了更多的传感器和通信模块，能够实时监测动物的体温、心率、活动量等生理参数。一旦发现异常数据，智能项圈会自动发送警报信息至云端服务器，提醒畜牧业者及时采取措施。这种实时的健康监测功能，对于预防动物疾病、提高动物存活率具有重要意义。

#### （二）物联网技术在环境监测中的应用

物联网技术在畜牧业中的另一个重要应用是环境监测。通过在养殖场内安装各种传感器，如温度传感器、湿度传感器、光照传感器等，可以实时监测养殖环境的关键参数。这些数据对于优化养殖环境、提高动物生产性能至关重要。例如，在奶牛养殖场中，物联网技术可以实时监测牛舍的温度、湿度和空气质量等参数。一旦发现环境参数异常，系统会自动调节通风设备、加热设备或照明设备，以保持牛舍内的环境舒适。这种智能化的环境控制策略，不仅能够提高奶牛的生产性能，还能够降低能源消耗和运营成本。

此外，物联网技术还可以用于监测养殖场的饲料和饮水质量。通过在饲料仓和饮水池中安装传感器，可以实时监测饲料和饮水的温度、湿度、pH值等参数。一旦发现质量异常，系统会自动发出警报，提醒畜牧业者及时更换或处理。这种智能化的监测方式，对于保障动物的饮食安全和健康具有重要意义。

### （三）物联网技术在饲料管理中的应用

物联网技术在饲料管理方面也发挥着重要作用。通过安装智能饲喂系统，畜牧业者可以实现对动物饲料的精准投喂和管理。智能饲喂系统能够根据动物的种类、生长阶段、生产性能以及环境参数等因素，自动计算并调整饲料的投喂量和投喂时间。这种智能化的饲料管理方式，不仅能够提高饲料的利用率和动物的生长速度，还能够减少饲料的浪费和污染。同时，智能饲喂系统还能够实时监测饲料的消耗情况，并自动补充库存，确保动物始终能够获得充足的营养供给。

### （四）物联网技术在动物健康管理中的应用

物联网技术在动物健康管理方面同样具有广阔的应用前景。通过安装智能健康监测设备，畜牧业者可以实时监测动物的体温、心率、呼吸等生理参数，以及动物的行为和活动状态。这些数据对于及时发现动物疾病、预防疫情暴发具有重要意义。一旦发现异常数据或行为模式，智能健康监测设备会自动发送警报信息至云端服务器，提醒畜牧业者及时采取措施。同时，这些数据还可以用于分析动物的健康状况和生产性能，为畜牧业者提供科学的决策支持。这种智能化的健康管理方式，不仅能够提高动物的存活率和生产性能，还能够降低疫情暴发的风险和损失。

物联网技术在畜牧业中的应用涵盖了动物追踪、环境监测、饲料管理和动物健康管理等多个方面。这些应用不仅提高了畜牧业的生产效率和管理水平，还为动物的健康和生产性能提供了有力保障。随着物联网技术的不断发展和完善，相信其在畜牧业中的应用将会更加广泛和深入。

## 二、物联网平台构建

在畜牧业智能化技术的发展中,物联网平台作为连接设备、数据与人的桥梁,发挥着至关重要的作用。物联网平台通过数据采集、处理、分析等功能,为畜牧业生产管理提供了全面、精准的支持,推动了畜牧业向智能化、高效化方向迈进。

### (一)物联网平台的构建方法

物联网平台的构建是一个复杂而系统的工程,涉及硬件设备的接入、通信协议的适配、数据处理与分析系统的搭建等多个方面。首先,需要确定物联网平台的架构,包括数据网关、实时服务、智能分析、数据呈现等核心组件。数据网关负责采集各类传感器、终端和网关的数据,通过协议适配技术,实现不同类型设备的数据接入。实时服务则提供实时数据的传输和处理能力,确保数据的时效性和准确性。智能分析模块则运用大数据、人工智能等技术,对海量数据进行深度挖掘和分析,提供有价值的洞察。数据呈现模块则以直观、易懂的方式展示分析结果,为决策者提供有力支持。

在硬件接入方面,物联网平台需要支持多种通信协议和接口标准,如MQTT、ModBus、TCP/UDP等,以便接入不同类型的传感器和设备。同时,还需要考虑数据的安全性和隐私保护,采用加密通信、身份认证等安全措施,确保数据在传输和存储过程中的安全性。

### (二)物联网平台的功能

物联网平台的功能涵盖了数据采集、处理、分析等多个方面。数据采集是物联网平台的基础功能,通过各类传感器和终端设备,实时采集畜牧业生产现场的温度、湿度、光照、动物生理参数等关键数据。数据处理则是对采集到的数据进行清洗、格式化、存储等操作,为后续的分析和决策提供数据支持。

智能分析是物联网平台的核心功能之一。通过对采集到的数据进行深度挖掘和分析,物联网平台能够发现数据中的潜在规律和趋势,为畜牧业生产管理提供精准指导。例如,通过分析动物的生理参数和生长环境数据,可以预测动物的健康状况和生长速度,从而制定科学的饲养策略。此外,物联网平台还可以对饲料消耗、水资源利用等生产数据进行分析，优化资源配置，提高生产效率。数据呈现功能则是将分析结果以图表、报告等形式直观地展示给用户。用户可以通过手机、电脑等终端设备随时随地查看生产数据和分析结果，及时做出决策和调整。

### （三）物联网平台对畜牧业生产管理的支持作用

物联网平台在畜牧业生产管理中的应用，极大地提高了生产效率和管理水平。通过实时监测和分析生产数据，物联网平台能够及时发现生产中的问题和异常，为决策者提供及时、准确的信息支持。例如，当动物出现健康问题或生长速度异常时，物联网平台能够迅速发出预警，提醒饲养员采取相应措施。同时，物联网平台还能够优化资源配置，提高资源利用效率。通过对饲料、水资源等生产数据进行分析，物联网平台能够制定科学的饲养计划和资源配置方案，减少浪费和损失。此外，物联网平台还能够实现远程监控和管理，降低了人力成本和时间成本。

物联网平台的构建和功能对于畜牧业智能化技术的发展具有重要意义。通过数据采集、处理、分析等功能，物联网平台为畜牧业生产管理提供了全面、精准的支持，推动了畜牧业向智能化、高效化方向迈进。未来，随着物联网技术的不断发展和完善，物联网平台将在畜牧业中发挥更加重要的作用，为畜牧业的可持续发展贡献力量。

## 三、物联网设备选型与部署

### （一）物联网设备的种类

物联网技术在畜牧业中的应用日益广泛，物联网设备的种类也愈发丰富。这些设备通过感知、传输、处理和分析数据，实现了对畜牧业生产过程的全面监控和管理。在畜牧业中，常见的物联网设备包括传感器、执行器、控制器、通信设备等。传感器用于感知养殖环境中的各种参数，如温度、湿度、光照、气体浓度等，为生产管理提供实时数据。执行器则根据控制器的指令，执行相应的操作，如调节温度、湿度、投喂饲料等。控制器作为物联网系统的核心，负责接收传感器数据，进行分析处理，并发出控制指令。通信设备则负责数据的传输，确保各个设备之间的信息互通。

此外，还有一些特定的物联网设备，如智能穿戴设备，可以实时监测动物的健康状况和行为模式；智能监控设备，可以实现对养殖环境的全方位监控；以及智能识别设备，如 RFID 标签和图像识别系统，可以实现对动物和饲料的精准识别和追踪。

### （二）物联网设备的选型原则

在畜牧业智能化技术的应用中，物联网设备的选型至关重要。合理的设备选型不仅可以提高生产效率，还可以降低运营成本，保障产品质量。选型时，要考虑设备的功能性和可靠性。设备应能够满足畜牧业生产过程中的实际需求，具有稳定可靠的性能，能够在恶劣的养殖环境中长时间运行而不出现故障。

要考虑设备的安全性和兼容性。畜牧业生产中的数据往往涉及动物的健康状况和隐私信息，因此设备必须具有良好的安全性能，能够保障数据传输和存储的安全。同时，设备还应具有良好的兼容性，能够与其他设备和系统进行无缝连接，实现数据的共享和互通。此外，设备的经济性和可扩展性也是选型时需要考虑的因素。在满足功能性和可靠性的前提下，应尽量选择性价比高的设备，以降低运营成本。同时，设备还应具有良好的可扩展性，以适应畜牧业生产规模的不断扩大和智能化技术的不断发展。

### （三）物联网设备的部署方法

物联网设备的部署是实现畜牧业智能化技术的关键环节。合理的设备部署可以确保数据的准确性和完整性，提高系统的稳定性和可靠性。在部署时，首先要根据畜牧业生产过程中的实际需求，确定设备的种类和数量。然后，根据养殖环境的实际情况，选择合适的安装位置和安装方式。例如，传感器应安装在能够准确反映养殖环境参数的位置，执行器则应安装在能够方便执行操作的位置。同时，还需要考虑设备的供电和通信问题。物联网设备通常需要稳定的电源供应和可靠的通信网络。在部署时，应确保设备的供电和通信线路的安全可靠，避免出现故障或数据丢失的情况。

### （四）物联网设备部署的注意事项

在物联网设备的部署过程中，还需要注意一些细节问题，以确保系统的正常运行和数据的准确性。首先，要注意设备的校准和维护。物联网设备在长时间运行过程中可能会出现误差或故障，因此需要定期进行校准和维护。

通过校准可以确保设备的准确性，通过维护可以延长设备的使用寿命。其次，要注意数据的备份和存储。畜牧业生产中的数据往往具有重要的价值，因此需要定期进行数据的备份和存储。备份可以确保数据的安全性，存储可以方便后续的数据分析和利用。此外，还需要注意设备的更新和升级。随着智能化技术的不断发展，物联网设备的功能和性能也在不断提高。因此，在部署过程中应关注设备的更新和升级情况，及时更换或升级设备，以适应畜牧业生产的需求和发展。

物联网设备选型与部署在畜牧业智能化技术的应用中具有重要意义。合理的设备选型和部署可以提高生产效率、降低运营成本、保障产品质量，为畜牧业的可持续发展提供有力支持。

## 四、物联网数据安全与隐私保护

### （一）物联网数据安全与隐私保护的重要性

在畜牧业智能化技术的快速发展中，物联网数据安全与隐私保护成为不可忽视的关键环节。物联网技术通过传感器、RFID 标签、智能设备等手段，实现了对畜牧业生产全过程的实时监测和精准管理。然而，随着物联网技术在畜牧业中的广泛应用，数据安全和隐私保护问题也日益凸显。

畜牧业物联网数据涉及动物的健康信息、生产数据、养殖环境参数等敏感内容。一旦这些数据被非法获取或滥用，将对畜牧业生产造成严重影响，甚至威胁到动物健康和食品安全。因此，加强物联网数据安全与隐私保护，对于维护畜牧业生产秩序、保障动物健康和食品安全具有重要意义。

### （二）数据加密技术的应用

为了保障物联网数据的安全性，数据加密技术成为一种有效的保护措施。数据加密技术通过对数据进行加密处理，使得数据在传输和存储过程中呈现为不可读的密文形式，从而防止未经授权的访问和滥用。在畜牧业物联网中，可以采用对称加密算法或非对称加密算法对数据进行加密。对称加密算法使用相同的密钥进行加密和解密，具有较高的加密效率和较低的计算成本。非对称加密算法则使用公钥和私钥对数据进行加密和解密，具有更高的安全性。畜牧业物联网可以根据实际需求选择合适的加密算法，以确保数据在传输和存储过程中的安全性。

### (三)访问控制机制的建立

除了数据加密技术外,建立有效的访问控制机制也是保障物联网数据安全的重要手段。访问控制机制通过限制对数据的访问权限,确保只有经过授权的用户和设备才能访问敏感数据。在畜牧业物联网中,可以采用基于角色的访问控制(RBAC)或基于属性的访问控制(ABAC)等策略来建立访问控制机制。RBAC通过为不同用户分配不同的角色,并为每个角色设置相应的权限,实现对数据访问的精细控制。ABAC则根据用户的属性(如身份、职位等)来动态分配权限,更加灵活和智能。通过建立有效的访问控制机制,可以大大降低数据泄露和滥用的风险。

### (四)隐私保护策略的实施

在保障物联网数据安全的同时,还需要关注隐私保护问题。隐私保护策略旨在保护用户的个人信息不被泄露或滥用,同时确保数据的合法合规使用。在畜牧业物联网中,可以采用数据脱敏和匿名化技术来保护用户隐私。数据脱敏是指对数据进行处理,使其在不改变数据整体特性的前提下,降低数据中的敏感信息含量。匿名化技术则是将数据中的个人标识信息替换为匿名标识符,从而保护用户的个人隐私。通过实施隐私保护策略,可以在保障数据安全和隐私的同时,促进数据的合法合规使用。此外,畜牧业物联网还需要建立完善的安全管理制度和应急预案,确保在发生数据泄露或安全事件时能够迅速响应和处理。同时,加强安全意识培训和技术培训,提高用户和管理员的安全意识和技能水平,也是保障物联网数据安全与隐私保护的重要措施。

物联网数据安全与隐私保护在畜牧业智能化技术中具有重要意义。通过采用数据加密技术、建立访问控制机制、实施隐私保护策略以及加强安全管理和培训等措施,可以有效保障物联网数据的安全性和隐私性,为畜牧业智能化技术的发展提供有力保障。

## 五、物联网技术在畜牧业中的未来发展趋势

### (一)技术融合推动畜牧业智能化升级

物联网技术与大数据、人工智能、区块链等先进技术的融合,将推动畜牧业智能化水平的大幅提升。通过物联网技术,畜牧业可以实时采集大量的

生产数据，包括动物的生理参数、生长环境数据、饲料消耗情况等。这些数据为大数据分析和人工智能算法提供了丰富的信息基础，使得畜牧业能够实现精准管理、智能决策。同时，区块链技术的应用将为畜牧业提供安全、透明的交易记录和溯源体系。区块链可以确保每一批产品的来源和生产过程都透明可查，这对于建立市场信任、保护消费者权益具有重要意义。

### （二）物联网技术在畜牧业管理中的应用拓展

物联网技术在畜牧业管理中的应用将不断拓展，从单一的动物健康监测、环境控制向饲料管理、疾病防控、物流追踪等多个领域延伸。物联网技术可以实现对饲料的精准投放和库存管理，提高饲料利用率，降低生产成本。同时，物联网技术还可以用于疾病防控，通过实时监测动物的生理参数和生长环境数据，及时发现疾病风险，采取预防措施。在物流追踪方面，物联网技术可以实现对运输中的动物进行实时追踪和监控，确保运输过程的安全和高效。这对于提高动物福利、减少运输损失具有重要意义。

### （三）物联网技术促进畜牧业可持续发展

物联网技术的应用将促进畜牧业的可持续发展。通过实时监测和分析生产数据，畜牧业可以优化资源配置，减少浪费和污染，实现绿色生产。同时，物联网技术还可以提高动物福利和生产效率，推动畜牧业向更加人性化、高效化的方向发展。此外，物联网技术还可以为畜牧业提供智能化的解决方案，如智能饲喂系统、智能环境控制系统等，这些系统的应用将进一步提高畜牧业的生产效率和智能化水平。

### （四）物联网技术面临的挑战与机遇

尽管物联网技术在畜牧业中的应用前景广阔，但仍面临一些挑战。例如，不同设备之间的通信协议和接口标准不统一，导致数据难以实现互联互通；物联网设备的安全性和隐私保护问题也备受关注。然而，这些挑战也为物联网技术的发展提供了机遇。通过加强技术研发和标准制定，可以推动物联网技术的不断成熟和完善。同时，随着畜牧业对智能化技术的需求日益增长，物联网技术将迎来更加广阔的市场空间和发展机遇。

物联网技术在畜牧业中的应用正在不断深化和拓展，为畜牧业的智能化发展提供了有力支持。未来，随着技术的不断进步和应用场景的不断拓展，物联网技术将在畜牧业中发挥更加重要的作用，推动畜牧业向更加智能化、高效化、可持续化的方向发展。

# 第五节　大数据分析与决策

## 一、畜牧业大数据收集与处理

### （一）畜牧业大数据的收集方法

在畜牧业智能化技术中，大数据的收集是核心环节之一。畜牧业大数据的来源广泛，主要包括养殖环境数据、动物生长数据、饲料消耗数据、疾病防控数据等多个方面。这些数据的收集依赖于多种技术手段，以确保数据的全面性和准确性。物联网技术是实现畜牧业大数据收集的重要手段。通过在养殖场部署各种传感器，如温度传感器、湿度传感器、光照传感器等，可以实时监测养殖环境的各项参数。同时，智能穿戴设备如耳标、项圈等，可以实时记录动物的健康状况、行为模式等关键信息。此外，饲料投喂系统、疾病防控系统等也能实时记录饲料消耗、疫苗接种等数据。

除了物联网技术外，畜牧业大数据的收集还可以通过传统的人工记录方式实现。例如，养殖场工作人员可以定期记录动物的生长情况、饲料消耗情况等信息，并将这些数据录入系统中。虽然这种方式相比物联网技术效率较低，但在一些特定情况下仍然具有不可替代的作用。

### （二）畜牧业大数据的处理流程

收集到的大数据需要经过一系列的处理流程，才能转化为有价值的信息和决策依据。畜牧业大数据的处理流程主要包括数据清洗、数据整合、数据分析和数据应用四个环节。数据清洗是处理流程的第一步。在收集过程中，由于各种原因（如传感器故障、人工记录错误等），数据中可能会存在错误、重复或缺失的情况。因此，需要对数据进行清洗，去除错误和重复的数据，填补缺失的数据，以确保数据的准确性和完整性。

数据整合是将多个来源的数据进行合并和统一格式的过程。在畜牧业中，数据可能来自不同的系统和设备，格式和单位也可能不同。因此，需要对这些数据进行整合，将其转换为统一的格式和单位，以便后续的分析和应用。数据分析是畜牧业大数据处理流程的核心环节。通过数据分析，可以从海量数据中提取出有价值的信息和规律，为决策提供依据。数据分析的方法包括统计分析、机器学习、数据挖掘等。这些方法可以帮助畜牧业从业者深入了解动物的生长规律、健康状况、饲料消耗情况等，从而优化养殖策略，提高生产效率。

数据应用是将数据分析结果转化为实际行动的过程。在畜牧业中，数据应用可能包括调整饲料配方、优化养殖环境、改进疾病防控措施等。通过数据应用，可以将大数据的价值转化为实际的生产效益。

### （三）数据质量的重要性

在畜牧业大数据的收集和处理过程中，数据质量至关重要。高质量的数据可以确保分析的准确性和可靠性，为决策提供有力的支持。而低质量的数据则可能导致错误的决策和不良的后果。数据质量的重要性体现在多个方面。首先，数据质量直接影响数据分析的准确性。如果数据中存在错误或缺失，那么分析的结果也会受到影响，从而导致错误的决策。其次，数据质量还影响数据应用的效果。如果数据不准确或不完整，那么基于这些数据的应用也会受到影响，可能导致生产效率的下降或成本的增加。

因此，在畜牧业大数据的收集和处理过程中，需要高度重视数据质量。通过采用先进的技术手段和方法，如物联网技术、数据清洗算法等，可以确保数据的准确性和完整性。同时，还需要建立完善的数据管理制度和流程，确保数据的采集、存储、分析和应用都符合规范和要求。

畜牧业大数据的收集与处理是畜牧业智能化技术的重要组成部分。通过合理的收集方法和处理流程，可以确保数据的全面性和准确性；而数据质量的高低则直接影响数据分析的准确性和可靠性。因此，在畜牧业智能化技术的发展过程中，需要高度重视大数据的收集与处理工作，为畜牧业的可持续发展提供有力的支持。

## 二、大数据分析技术与方法

### （一）大数据分析技术概览

大数据分析技术是现代畜牧业智能化不可或缺的一环，它通过对海量数据的收集、整合、分析和挖掘，为畜牧业生产提供了科学决策的依据。大数据分析技术涵盖了数据挖掘、机器学习、统计建模等多个方面，这些技术在畜牧业中的应用，不仅提高了生产效率，还优化了资源配置，保障了动物健康和食品安全。

### （二）数据挖掘技术在畜牧业的应用

数据挖掘技术是大数据分析的核心之一，它通过特定的算法和模型，从海量数据中提取有价值的信息和模式。在畜牧业中，数据挖掘技术被广泛应用于动物健康监测、生产性能分析、饲料配方优化等方面。例如，通过对动物的行为数据、生理参数和环境数据进行挖掘，可以建立动物健康预警模型，及时发现潜在的健康问题，并采取有效的防治措施。同时，数据挖掘技术还可以用于分析动物的生长曲线、繁殖性能等生产性能指标，为制定科学的饲养管理方案提供依据。

### （三）机器学习在畜牧业智能化中的作用

机器学习是大数据分析技术的另一个重要组成部分，它通过学习数据的内在规律和模式，实现对新数据的预测和分类。在畜牧业中，机器学习技术被广泛应用于疾病预测、精准饲喂、环境控制等方面。

通过训练机器学习模型，可以实现对动物疾病的早期预警和精准诊断。例如，基于动物的体温、食欲、运动量等生理和行为数据，机器学习模型可以预测动物是否患有某种疾病，并给出相应的治疗建议。此外，机器学习技术还可以用于优化饲料配方，提高饲料的利用率和动物的生长速度。通过分析动物的饲养记录和生长数据，机器学习模型可以自动调整饲料配比，确保动物获得最佳的营养供给。

### （四）大数据分析技术在畜牧业中的综合应用

大数据分析技术在畜牧业中的综合应用，不仅提高了生产效率，还优化了资源配置，保障了动物健康和食品安全。通过整合动物健康数据、生产性能数据、环境数据等多源信息，大数据分析技术可以为畜牧业生产提供全面的决策支持。例如，在疾病防控方面，大数据分析技术可以实现对动物疫情的实时监测和预警，为制定科学的防控策略提供依据。在生产管理方面，大数据分析技术可以用于优化饲养管理方案，提高饲料的利用率和动物的生长速度。同时，大数据分析技术还可以用于优化养殖环境，提高动物的舒适度和生产性能。

此外，大数据分析技术还可以为畜牧业智能化提供技术支持。通过构建智能化的畜牧业管理系统，实现对畜牧业生产全过程的实时监测和精准管理。这些系统可以基于大数据分析技术，对动物的健康状态、生产性能、环境参数等进行实时监测和分析，为畜牧业者提供科学决策的依据。

大数据分析技术与方法在畜牧业智能化技术中发挥着重要作用。通过数据挖掘、机器学习等技术手段，实现对畜牧业生产数据的全面分析和挖掘，为畜牧业生产提供了科学决策的依据。随着大数据技术的不断发展和完善，相信其在畜牧业中的应用将会更加广泛和深入。

## 三、畜牧业大数据应用方向

在畜牧业智能化技术的快速发展中，大数据的应用正逐步成为推动行业变革的重要力量。大数据以其强大的数据处理和分析能力，为畜牧业提供了前所未有的洞察力和决策支持。

### （一）生产优化

大数据在生产优化方面的应用，主要体现在对畜牧业生产过程的精准管理上。通过收集和分析动物的生长数据、饲料消耗数据、环境参数等多维度信息，大数据可以帮助畜牧业实现生产过程的精细化管理。例如，通过对动物生长数据的分析，可以精确计算出动物在不同生长阶段的营养需求，从而制订更加科学的饲养计划，提高饲料利用率和动物生长速度。同时，大数据还可以用于优化生产流程，减少生产过程中的浪费和损耗，提高整体生产效率。

### （二）疾病预测

大数据在疾病预测方面的应用，对于畜牧业来说具有重要意义。通过对动物生理参数、生长环境数据以及历史疾病记录的综合分析，大数据可以构建出疾病预测模型，提前发现疾病风险。这种预测能力不仅可以帮助畜牧业及时采取预防措施，降低疾病发生率，还可以减少因疾病导致的经济损失。此外，大数据还可以用于疾病溯源和疫情监控，为动物疫病的防控提供有力支持。

## （三）资源管理

在资源管理方面，大数据的应用可以帮助畜牧业实现资源的优化配置和高效利用。通过对饲料、水资源、土地资源等关键生产要素的实时监测和分析，大数据可以精确计算出各生产要素的消耗量和利用率，从而制定出更加合理的资源分配方案。这种优化配置不仅可以降低生产成本，还可以提高资源的利用效率，实现可持续发展。

## （四）市场策略

大数据在市场策略方面的应用，为畜牧业提供了更加精准的营销手段。通过对市场需求、消费者偏好、竞争对手动态等信息的实时监测和分析，大数据可以帮助畜牧业制定出更加符合市场需求的营销策略。例如，通过对消费者购买行为的分析，可以预测出未来市场的变化趋势，从而提前调整产品结构，满足消费者需求。同时，大数据还可以应用于客户关系管理，提高客户满意度和忠诚度，增强企业的市场竞争力。

大数据在畜牧业中的应用方向广泛且深入，涵盖了生产优化、疾病预测、资源管理和市场策略等多个方面。这些应用不仅提高了畜牧业的生产效率和管理水平，还为畜牧业的可持续发展提供了有力支持。未来，随着大数据技术的不断发展和完善，其在畜牧业中的应用将更加广泛和深入，为畜牧业的智能化转型和高质量发展注入新的动力。

# 四、基于大数据的决策支持系统

## （一）决策支持系统的原理

基于大数据的决策支持系统（DSS）是畜牧业智能化技术的关键组成部分。该系统通过将大数据技术应用于畜牧业数据的收集、整合、分析和解读，为畜牧业从业者提供智能化、自动化的决策支持。其基本原理在于利用先进的算法和模型，对海量数据进行深度挖掘和分析，从而揭示数据背后的隐藏规律和模式，为优化生产策略、提高生产效率提供科学依据。

决策支持系统的核心在于数据驱动。它通过实时收集和处理畜牧业中的各类数据，包括动物生长数据、饲料消耗数据、疾病防控数据等，形成一个全面的数据仓库。这些数据经过清洗、整合和预处理后，被输入决策支持系统的核心算法中。这些算法可能包括统计分析、机器学习、数据挖掘等多种技术，它们能够自动识别数据中的关联性和趋势，为决策提供依据。

### （二）提供决策建议

基于大数据的决策支持系统能够为畜牧业从业者提供精准、实时的决策建议。这些建议可能涉及多个方面，如饲料配方优化、养殖环境调整、疾病防控策略等。在饲料配方优化方面，决策支持系统可以根据动物的生长阶段、营养需求以及市场价格等因素，自动调整饲料配方，以达到最佳的经济效益。通过对比不同配方下的动物生长情况和饲料消耗情况，系统可以推荐出最优的饲料配方，帮助畜牧业从业者降低成本、提高生产效率。

在养殖环境调整方面，决策支持系统可以根据实时监测的环境数据（如温度、湿度、光照等），自动调整养殖环境，以创造最适宜动物生长的条件。系统可以根据动物的生理需求和环境适应性，提供精确的环境调整建议，从而提高动物的生长速度和健康状况。在疾病防控策略方面，决策支持系统可以通过分析动物健康数据和疾病发生规律，提前预警潜在的健康风险，并提供相应的防控措施。这不仅可以降低疾病的发生率，还可以减少因疾病导致的经济损失。

### （三）优化生产策略

除了提供决策建议外，基于大数据的决策支持系统还能够帮助畜牧业从业者优化生产策略。通过对历史数据的分析和模拟，系统可以预测未来的市场趋势和动物生长情况，为畜牧业从业者制订科学、合理的生产计划提供依据。在生产计划制订方面，决策支持系统可以根据市场需求、动物生长周期和饲料供应情况等因素，自动计算出最佳的生产批次和生产规模。这不仅可以确保产品的市场供应，还可以避免生产过剩或不足导致的经济损失。同时，决策支持系统还可以帮助畜牧业从业者优化资源配置。通过对各种生产要素（如人力、物力、财力）的监测和分析，系统可以自动识别资源使用的瓶颈和浪费情况，并提供相应的优化建议。这不仅可以提高资源的利用效率，还可以降低生产成本。

### （四）决策支持系统的意义

基于大数据的决策支持系统在畜牧业智能化技术中发挥着重要作用。它不仅能够帮助畜牧业从业者提高生产效率、降低成本、优化资源配置，还能够提高动物健康状况和市场竞争力。通过智能化、自动化的决策支持，系统可以实时监测和分析畜牧业中的各类数据，为畜牧业从业者提供全面、精准的决策依据。

基于大数据的决策支持系统是畜牧业智能化技术的重要组成部分。它通过智能化、自动化的决策支持，为畜牧业从业者提供了全面、精准的决策依据，帮助畜牧业实现高效、可持续的发展。

## 五、大数据在畜牧业中的挑战与机遇

### （一）大数据在畜牧业中的挑战

大数据在畜牧业中的应用虽然带来了诸多机遇，但同时也面临着一系列挑战。数据安全是其中最为突出的问题之一。畜牧业大数据涵盖了动物的健康信息、生产数据、市场趋势等敏感内容，一旦这些数据被非法获取或滥用，将对畜牧业生产造成严重影响，甚至威胁到动物健康和食品安全。因此，如何确保大数据的安全存储和传输，防止数据泄露和滥用，是畜牧业大数据应用面临的重要挑战。此外，数据质量也是大数据在畜牧业中面临的一个难题。畜牧业数据具有多样性、复杂性和不确定性等特点，数据的准确性和完整性直接影响到大数据分析的准确性和可靠性。然而，在实际应用中，由于数据采集、处理和存储等环节存在诸多不确定性因素，导致畜牧业数据质量参差不齐。这不仅增加了大数据分析的难度，也降低了大数据在畜牧业中的应用效果。

### （二）大数据在畜牧业中的数据安全策略

面对大数据在畜牧业中的数据安全挑战，需要采取一系列措施来加强数据安全保护。首先，应建立完善的数据安全管理制度和应急预案，明确数据安全责任和义务，确保数据在采集、存储、传输和处理等各个环节的安全可控。其次，应采用先进的数据加密技术和访问控制机制，对敏感数据进行加密处理，限制对数据的访问权限，防止数据泄露和滥用。同时，还应加强数据备份和恢复能力，确保在数据丢失或损坏时能够及时恢复。

### (三)大数据在畜牧业中的数据质量提升途径

针对大数据在畜牧业中的数据质量问题,可以从以下几个方面着手提升数据质量。首先,应加强数据采集的规范性和准确性,确保采集到的数据真实、完整、准确。其次,应建立数据清洗和校验机制,对采集到的数据进行清洗和校验,剔除错误数据和异常数据,提高数据的准确性和可靠性。最后,还应加强数据共享和整合能力,实现不同来源、不同格式的数据之间的共享和整合,提高数据的完整性和一致性。

### (四)大数据对畜牧业发展的推动作用

尽管大数据在畜牧业中面临诸多挑战,但其对畜牧业发展的推动作用仍然不容忽视。大数据的应用可以实现对畜牧业生产全过程的实时监测和精准管理,提高生产效率和管理水平。大数据分析可以深入挖掘畜牧业数据的内在规律和模式,为畜牧业生产提供科学决策的依据。例如,在动物健康监测方面,大数据可以实现对动物健康状况的实时监测和预警,为制定科学的防治策略提供依据;在生产管理方面,大数据可以用于优化饲养管理方案,提高饲料的利用率和动物的生长速度;在市场分析方面,大数据可以分析市场趋势和消费者需求,为畜牧业者提供市场导向和决策支持。此外,大数据的应用还可以推动畜牧业的智能化和数字化转型。通过构建智能化的畜牧业管理系统,实现对畜牧业生产数据的全面采集、分析和挖掘,为畜牧业者提供更加便捷、高效的管理工具和服务。同时,大数据的应用还可以促进畜牧业与其他行业的融合发展,推动畜牧业向更高层次、更广领域的发展。

大数据在畜牧业中既面临挑战也蕴含机遇。通过加强数据安全保护、提升数据质量、推动智能化和数字化转型等措施,可以充分发挥大数据在畜牧业中的优势和作用,为畜牧业的发展注入新的动力和活力。

# 参考文献

[1] 王晓平，李晓燕，胡影．现代畜牧业生态化循环发展研究 [M]．咸阳：西北农林科学技术大学出版社，2020．

[2] 徐立波，程灵豪，方卉．现代畜牧业信息化建设 [M]．哈尔滨：东北林业大学出版社，2019．

[3] 贺生中．互联网＋现代畜牧业 [M]．北京：中国农业出版社，2017．

[4] 席磊，武书彦，朱坤华．现代畜牧业信息化关键技术 [M]．郑州：中原农民出版社，2016．

[5] 陈振林．现代畜牧水产品加工利用技术 [M]．长春：吉林大学出版社，2016．

[6] 王晓力，周学辉．现代畜牧业高效养殖技术 [M]．兰州：甘肃科学技术出版社，2016．

[7] 陈天泽．现代畜牧产业园动物防疫体系构建 [J]．福建畜牧兽医，2023（5）：86-87．

[8] 陈艳玲．加快现代畜牧经济发展的思路与对策 [J]．数字农业与智能农机，2023（2）：111-113．

[9] 郭晨．推动现代畜牧经济发展为乡村振兴蓄势发力 [J]．山西农经，2022（8）：156-157．

[10] 谢燕妮，王海波，林莉．乡村振兴背景下现代畜牧专业职业本科人才培养路径的探索 [J]．当代畜牧，2022（6）：60-63．

[11] 熊贤艳．浅析传统畜牧兽医与现代畜牧兽医的区别 [J]．花溪，2021（27）：298．

[12] 焦文文，杨巾帼，方晓峰．现代畜牧经济管理中存在的问题及对策分析 [J]．农民致富之友，2021（20）：161．

[13] 曲晓燕．现代畜牧经济管理中存在的问题及对策 [J]．畜牧业环境，2021

（12）：30.

[14] 张楠，王熠略，张甜，等.现代畜牧产业园发展存在的问题与建议[J].河南畜牧兽医，2021（9）：7-8.

[15] 曾诗淇.现代畜牧技术推广工作会在重庆召开[J].农产品市场，2021（9）：34-35.

[16] 武师良.浅谈现代畜牧养殖管理问题与对策[J].饲料博览，2021（5）：67-68.

[17] 崔永红，贾永宏，牛隽.加快现代畜牧经济发展的思路与对策[J].农家致富顾问，2021（4）：227.

[18] 魏华，麦合麦提·达吾提.和田地区现代畜牧产业建设的实践与思考[J].新疆畜牧业，2021（2）：28-30，41.

[19] 郭永宝.试论传统畜牧兽医与现代畜牧兽医的区别[J].农民致富之友，2020（29）：161.

[20] 李杨，门亮亮.现代畜牧生产现状与发展对策[J].兽医导刊，2020（17）：90.

[21] 韩海军.现代畜牧养殖场管理存在问题及对策[J].畜牧兽医科学，2020（13）：15-16.

[26] 周宇靖.现代畜牧养殖技术培训发展现状及对策[J].畜牧兽医科学（电子版），2020（1）：31-32.

[27] 田子贺.浅析现代畜牧产业档案管理的新要求[J].农民致富之友，2019（22）：168.

[28] 张景军，陈先银.试论现代畜牧养殖中存在的问题及其解决建议[J].兽医导刊，2019（18）：55.

[29] 王烨.促进现代畜牧产业发展注重补齐五大短板[J].现代农业，2019(12)：64.